Photoshop CS6 标准培训教程

数字艺术教育研究室 编著

人民邮电出版社

北京

图书在版编目（CIP）数据

Photoshop CS6标准培训教程 / 数字艺术教育研究室编著. -- 北京 : 人民邮电出版社, 2018.10 （2020.11重印）
ISBN 978-7-115-49109-1

Ⅰ. ①P… Ⅱ. ①数… Ⅲ. ①图象处理软件－教材
Ⅳ. ①TP391.413

中国版本图书馆CIP数据核字(2018)第192127号

内 容 提 要

本书全面系统地介绍 Photoshop CS6 的基本操作方法和图形图像处理技巧，包括图像处理基础知识、初识 Photoshop CS6、绘制和编辑选区、绘制图像、修饰图像、编辑图像、绘制图形和路径、调整图像的色彩和色调、图层的应用、应用文字、通道与蒙版、滤镜效果，以及商业案例实训等内容。

本书将案例融入软件功能的介绍过程，力求通过课堂案例演练，使读者快速掌握软件的应用技巧。在学习了基础知识和基本操作后，读者可通过课堂练习和课后习题实践，提高实际应用能力。在本书的最后一章，精心安排了专业设计公司的几个精彩实例，力求通过这些实例的制作，使读者提高艺术设计创意能力。

本书附带学习资源，内容包括书中所有案例的素材及效果文件，读者可通过在线方式获取这些资源，具体方法请参看本书前言。

本书适合作为高等院校数字媒体艺术类专业 Photoshop 课程的教材，也可供相关人员自学参考。

◆ 编　　著　数字艺术教育研究室
责任编辑　张丹丹
责任印制　陈　犇

◆ 人民邮电出版社出版发行　　北京市丰台区成寿寺路 11 号
邮编　100164　　电子邮件　315@ptpress.com.cn
网址　http://www.ptpress.com.cn
北京虎彩文化传播有限公司印刷

◆ 开本：700×1000　1/16
印张：16
字数：375 千字　　2018 年 10 月第 1 版
印数：8 601-9 800 册　　2020 年 11 月北京第 8 次印刷

定价：49.80 元

读者服务热线：(010)81055410　印装质量热线：(010)81055316
反盗版热线：(010)81055315
广告经营许可证：京东市监广登字 20170147 号

前　言

Photoshop CS6是由Adobe公司开发的图形图像处理和编辑软件。它功能强大、易学易用，深受图形图像处理爱好者和平面设计人员的喜爱，已经成为这一领域非常流行的软件。目前，我国很多院校和培训机构的艺术专业，都将Photoshop作为一门重要的专业课程。为了帮助院校和培训机构的教师比较全面、系统地讲授这门课程，使学生能够熟练地使用Photoshop CS6来进行设计创意，数字艺术教育研究室组织院校从事Photoshop教学的教师和专业平面设计公司经验丰富的设计师共同编写了本书。

我们对本书的编写体系做了精心的设计，按照"课堂案例－软件功能解析－课堂练习－课后习题"这一思路进行编排，力求通过课堂案例演练，使读者快速熟悉软件功能和艺术设计思路；通过软件功能解析，使读者深入学习软件功能和制作特色；通过课堂练习和课后习题，拓展读者的实际应用能力。在内容编写方面，我们力求通俗易懂，细致全面；在文字叙述方面，我们注意言简意赅、突出重点；在案例选取方面，我们强调案例的针对性和实用性。

本书附带学习资源，内容包括书中所有案例的素材及效果文件。读者在学完本书内容以后，可以调用这些资源进行深入练习。这些学习资源文件均可在线获取，扫描"资源获取"二维码，关注我们的微信公众号，即可得到资源文件获取方式。另外，购买本书作为授课教材的教师也可以通过该方式获得教师专享资源，其中包括教学大纲、教案、PPT课件，以及课堂案例、课堂练习和课后习题的教学视频等相关教学资源包。如需资源获取技术支持，请致函szys@ptpress.com.cn。同时，读者可以扫描"在线视频"二维码观看本书所有案例视频。本书的参考学时为52学时，其中实训环节为24学时，各章的参考学时可以参见下面的学时分配表。

资源获取

在线视频

章　序	课程内容	学时分配	
		讲　授	实　训
第1章	图像处理基础知识	1	
第2章	初识Photoshop CS6	2	
第3章	绘制和编辑选区	1	2
第4章	绘制图像	2	2
第5章	修饰图像	2	2
第6章	编辑图像	2	2

续表

章 序	课程内容	学时分配	
		讲 授	实 训
第7章	绘制图形和路径	2	2
第8章	调整图像的色彩和色调	3	2
第9章	图层的应用	2	2
第10章	应用文字	2	2
第11章	通道与蒙版	2	2
第12章	滤镜效果	3	2
第13章	商业案例实训	4	4
学时总计		28	24

由于时间仓促，编者水平有限，书中难免存在错误和不妥之处，敬请广大读者批评指正。

注：本书讲解Photoshop CS6的常用功能和命令，对于不常用或不重要的功能和命令将简要介绍或不做说明。

编 者

2018年8月

目 录

第 1 章

图像处理基础知识

本章介绍

本章主要介绍Photoshop CS6图像处理的基础知识，包括位图与矢量图、分辨率、图像色彩模式和文件常用格式等。通过对本章的学习，读者可以快速掌握这些基础知识，从而更快、更准确地处理图像。

学习目标

◆ 了解位图、矢量图和分辨率。
◆ 熟悉图像的不同色彩模式。
◆ 熟悉软件常用的文件格式。

技能目标

◆ 掌握位图和矢量图的分辨方法。
◆ 掌握图像颜色模式的转换。

1.1 位图和矢量图

图像文件可以分为两大类：位图和矢量图。在绘图或处理图像的过程中，这两种类型的图像可以相互交叉使用。

1.1.1 位图

位图图像也叫点阵图像，是由许多单独的小方块组成的，这些小方块被称为像素。每个像素都有特定的位置和颜色值，位图图像的显示效果与像素是紧密联系在一起的，不同排列和着色的像素组合在一起就构成了一幅色彩丰富的图像。像素越多，图像的分辨率越高，图像文件的数据量也会越大。

一幅位图图像的原始效果如图1-1所示，使用放大工具将其放大后，可以清晰地看到像素的小方块，效果如图1-2所示。

图1-1

图1-2

位图与分辨率有关，如果在屏幕上以较大的倍数放大显示图像，或以低于创建时的分辨率打印图像，图像就会出现锯齿状的边缘，并且会丢失细节。

1.1.2 矢量图

矢量图也叫向量图，它是一种基于图形的几何特性来描述的图像。矢量图中的各种图形元素被称为对象，每一个对象都是独立的个体，都具有大小、颜色、形状和轮廓等属性。

矢量图与分辨率无关，将它设置为任意大小时其清晰度不变，也不会出现锯齿状的边缘。在任何分辨率下显示或打印，矢量图都不会损失细节。一幅矢量图的原始效果如图1-3所示，使用放大工具放大后，其清晰度不变，效果如图1-4所示。

图1-3

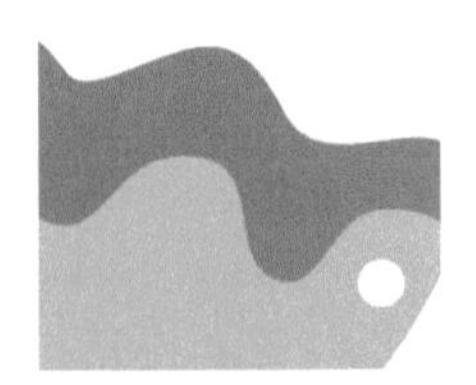

图1-4

矢量图所占的容量较小，但这种图形的缺点是不易制作色调丰富的图像，而且绘制出来的图形无法像位图那样精确地描绘各种绚丽的景象。

1.2 分辨率

分辨率是用于描述图像文件信息的术语。分辨率分为图像分辨率、屏幕分辨率和输出分辨率。下面将分别对其进行讲解。

1.2.1 图像分辨率

在Photoshop CS6中，图像中每单位长度上的像素数目被称为图像的分辨率，其单位为像素/英寸或像素/厘米。

在相同尺寸的两幅图像中，高分辨率的图像包含的像素比低分辨率的图像包含的像素多。例如，一幅尺寸为1英寸×1英寸的图像，其分辨率为72像素/英寸，这幅图像包含5184（72×72=5184）

像素。同样尺寸，分辨率为300像素/英寸的图像包含90000像素。相同尺寸下，分辨率为72像素/英寸的图像效果如图1-5所示；分辨率为10像素/英寸的图像效果如图1-6所示。由此可见，在相同尺寸下，高分辨率的图像更能清晰地表现图像内容。（注：1英寸=2.54厘米）

图1-5

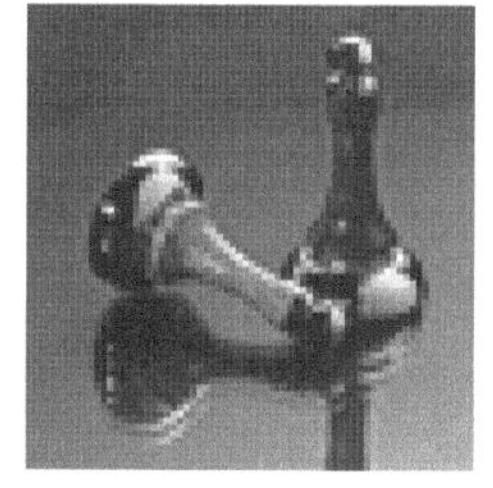
图1-6

提示

如果一幅图像所包含的像素是固定的，那么增大图像尺寸后会降低图像的分辨率。

1.2.2　屏幕分辨率

屏幕分辨率是显示器上每单位长度显示的像素数目。屏幕分辨率取决于显示器大小及其像素设置。PC显示器的分辨率一般约为96像素/英寸，Mac显示器的分辨率一般约为72像素/英寸。在Photoshop CS6中，图像像素被直接转换成显示器像素，当图像分辨率高于显示器分辨率时，屏幕中显示的图像比实际图像的尺寸大。

1.2.3　输出分辨率

输出分辨率是照排机或打印机等输出设备产生的每英寸的油墨点数（dpi）。打印机的分辨率在720 dpi以上的，可以使图像获得比较好的效果。

1.3　图像的色彩模式

Photoshop CS6提供了多种色彩模式，这些色彩模式正是作品能够在屏幕和印刷品上成功表现的重要保障。在这些色彩模式中，经常使用到的有CMYK模式、RGB模式以及灰度模式。另外，还有索引模式、Lab模式、HSB模式、位图模式、双色调模式和多通道模式等。这些模式都可以在模式菜单下选取，每种色彩模式都有不同的色域，并且各个模式之间可以相互转换。下面将介绍主要的色彩模式。

1.3.1　CMYK模式

CMYK代表了印刷上用的4种油墨颜色：C代表青色，M代表洋红色，Y代表黄色，K代表黑色。CMYK颜色控制面板如图1-7所示。

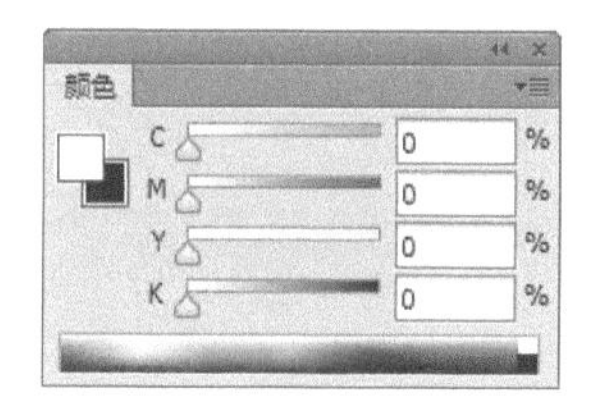

图1-7

CMYK模式在印刷时应用了色彩学中的减法混合原理，即减色色彩模式，是图片、插图和其他Photoshop作品中常用的一种印刷方式。因为在印刷中通常都要进行四色分色，出四色胶片，然后再进行印刷。

1.3.2　RGB模式

与CMYK模式不同的是，RGB模式是一种加色模式，通过红、绿、蓝3种色光相叠加而形成更多的颜色。RGB是色光的彩色模式，一幅24bit的RGB图像有3个色彩信息通道：红色（R）、绿色（G）和蓝色（B）。RGB颜色控制面板如图1-8所示。

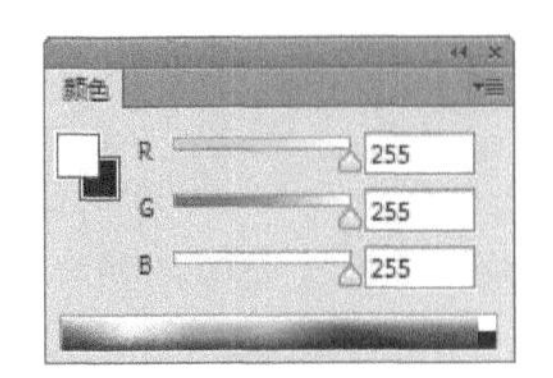

图1-8

每个通道都有8 bit的色彩信息，即一个0～255的亮度值色域。也就是说，每一种色彩都有256个亮度水平级。3种色彩相叠加，可以有256×256×256=16 777 216种可能的颜色。这么多种颜色足以表现出绚丽多彩的世界。

在Photoshop CS6中编辑图像时，建议选择RGB模式。因为它可以提供全屏幕的多达24 bit的色彩范围。一些计算机领域的色彩专家称之为“True Color（真彩显示）”。

1.3.3 灰度模式

灰度图又被称为8 bit深度图。每个像素用8个二进制位表示，能产生2^8（即256）级灰色调。当一个彩色文件被转换为灰度模式文件时，所有的颜色信息都将从文件中丢失。尽管Photoshop CS6允许将一个灰度模式文件转换为彩色模式文件，但不可能将原来的颜色完全还原。所以，当要转换为灰度模式时，应先做好图像的备份。

与黑白照片一样，一个灰度模式的图像只有明暗值，没有色相和饱和度这两种颜色信息。0%代表白，100%代表黑。其中的K值用于衡量黑色油墨用量，颜色控制面板如图1-9所示。

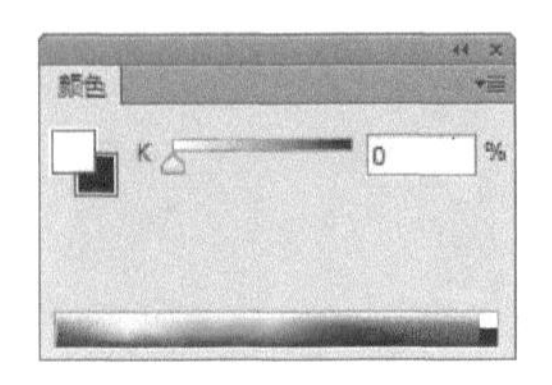

图1-9

提示

将彩色模式转换为双色调（Duotone）模式或位图（Bitmap）模式时，必须先将其转换为灰度模式，然后由灰度模式转换为双色调模式或位图模式。

1.4 常用的图像文件格式

当用Photoshop CS6制作或处理好一幅图像后，就要对其进行存储。这时，选择一种合适的文件格式就显得十分重要。Photoshop CS6有20多种文件格式可供选择。在这些文件格式中，既有Photoshop CS6的专用格式，也有用于应用程序交换的文件格式，还有一些比较特殊的格式。下面将介绍几种常用的文件格式。

1.4.1 PSD格式

PSD格式和PDD格式是Photoshop CS6自身的专用文件格式，能够支持从线图到CMYK的所有图像类型，但由于这两种格式在一些图形处理软件中不能很好地被支持，所以其通用性不强。PSD格式和PDD格式能够保存图像数据的细小部分，如图层、附加的遮膜通道等Photoshop CS6对图像进行特殊处理的信息。在没有最终决定图像存储的格式前，建议先以这两种格式存储。另外，Photoshop CS6打开和存储这两种格式的文件比其他格式更快。但是这两种格式也有缺点，就是它们所存储的图像文件容量大，占用的磁盘空间较多。

1.4.2 TIFF格式

TIFF格式是标签图像格式。TIFF格式对于色彩通道图像来说是非常有用的格式，具有很强的可移植性，可以用于PC、Macintosh以及UNIX工作站3大平台，是这3大平台上使用较广泛的绘图格式。

使用TIFF格式存储时应考虑到文件的大小，因为TIFF格式的结构要比其他格式更复杂。但TIFF格式支持24个通道，能存储多于4个通道的文件格式。TIFF格式还允许使用Photoshop CS6中的复杂工具和滤镜特效。TIFF格式非常适合印刷和输出。

1.4.3　BMP格式

BMP是Windows Bitmap的缩写，它可以用于绝大多数Windows下的应用程序。

BMP格式使用索引色彩，并且可以使用16MB色彩渲染图像。BMP格式能够存储黑白图、灰度图和16MB色彩的RGB图像等，这种格式的图像具有极为丰富的色彩。此格式一般在多媒体演示、视频输出等情况下使用。在存储BMP格式的图像文件时，还可以进行无损压缩，这样能够节省磁盘空间。

1.4.4　GIF格式

GIF（Graphics Interchange Format）格式的图像文件容量比较小，形成一种压缩的8 bit图像文件。正因为这样，一般用这种格式的文件来缩短图形的加载时间。在网络中传送图像文件时，GIF格式的图像文件要比其他格式的图像文件快得多。

1.4.5　JPEG格式

JPEG（Joint Photographic Experts Group）的中文意思为“联合摄影专家组”。JPEG格式既是Photoshop支持的一种文件格式，也是一种压缩方案。JPEG格式是压缩格式中的“佼佼者”。与TIFF文件格式采用的LIW无损压缩相比，JPEG的压缩比例更大，但JPEG使用的有损压缩会丢失部分数据。用户可以在存储前选择图像的最好质量，控制数据的损失程度。

1.4.6　EPS格式

EPS（Encapsulated Post Script）格式是Illustrator和Photoshop之间可交换的文件格式。Illustrator软件制作出来的流动曲线、简单图形和专业图像一般都存储为EPS格式。Photoshop可以获取这种格式的文件。在Photoshop中，也可以把其他图形文件存储为EPS格式，在排版类的PageMaker和绘图类的Illustrator等其他软件中使用。

1.4.7　选择合适的图像文件存储格式

可以根据工作任务的需要选择合适的图像文件存储格式，下面就根据图像的不同用途介绍应该选择的图像文件存储格式。

印刷：TIFF、EPS。

出版物：PDF。

Internet图像：GIF、JPEG、PNG。

Photoshop CS6工作：PSD、PDD、TIFF。

第2章

初识Photoshop CS6

本章介绍

本章对Photoshop CS6的功能特色进行讲解。通过对本章的学习，读者可以初步了解Photoshop CS6的多种功能，有助于在制作图像的过程中快速定位，并应用相应的知识完成图像的制作任务。

学习目标

- ◆ 了解软件的工作界面和基本操作。
- ◆ 掌握图像的显示方法。
- ◆ 掌握辅助线和绘图颜色的设置。
- ◆ 掌握图层的基本操作方法。

技能目标

- ◆ 熟练掌握文件的新建、打开、保存和关闭方法。
- ◆ 掌握图像显示效果的操作方法。
- ◆ 掌握标尺、参考线和网格的应用。
- ◆ 熟练掌握图像和画布尺寸的调整技巧。

2.1 工作界面的介绍

2.1.1 菜单栏及其快捷方式

熟悉工作界面是学习Photoshop CS6的基础。熟练掌握工作界面的内容，有助于初学者日后得心应手地驾驭Photoshop CS6。Photoshop CS6的工作界面主要由菜单栏、属性栏、工具箱、控制面板和状态栏组成，如图2-1所示。

菜单栏
属性栏
工具箱
控制面板
状态栏

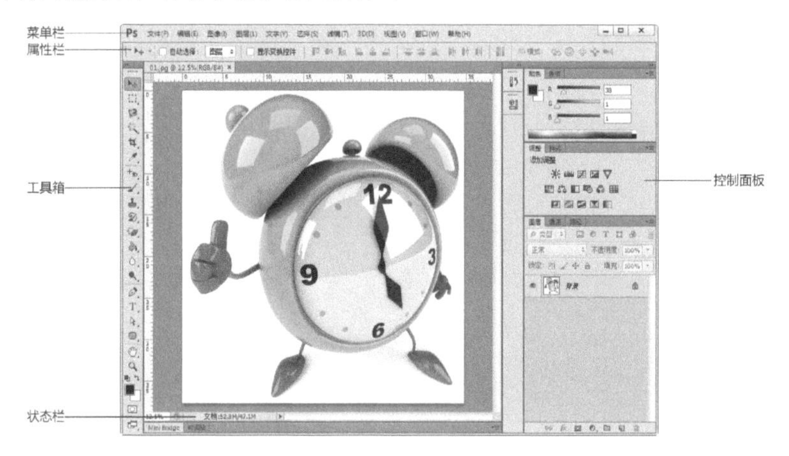

图2-1

菜单栏：菜单栏共包含11个菜单命令。利用菜单命令可以完成编辑图像、调整色彩和添加滤镜效果等操作。

属性栏：属性栏是工具箱中各个工具的功能扩展。通过在属性栏中设置不同的选项，可以快速地完成多样化的操作。

工具箱：工具箱包含了多个工具。利用不同的工具可以完成对图像的绘制、观察和测量等操作。

控制面板：控制面板是Photoshop CS6的重要组成部分。通过不同的功能面板，可以完成在图像中填充颜色、设置图层和添加样式等操作。

状态栏：状态栏可以提供当前文件的显示比例、文档大小、当前工具和暂存盘大小等提示信息。

1. 菜单分类

Photoshop CS6的菜单栏依次分为："文件"菜单、"编辑"菜单、"图像"菜单、"图层"菜单、"文字"菜单、"选择"菜单、"滤镜"菜单、"3D"菜单、"视图"菜单、"窗口"菜单及"帮助"菜单，如图2-2所示。

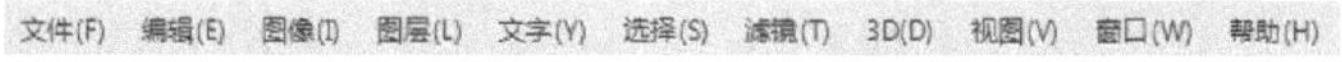
文件(F) 编辑(E) 图像(I) 图层(L) 文字(Y) 选择(S) 滤镜(T) 3D(D) 视图(V) 窗口(W) 帮助(H)

图2-2

"文件"菜单包含了各种文件的操作命令。

"编辑"菜单包含了各种编辑文件的操作命令。

"图像"菜单包含了各种改变图像的大小、颜色等的操作命令。

"图层"菜单包含了各种调整图像中图层的操作命令。

"文字"菜单包含了各种对文字编辑和调整的功能。

"选择"菜单包含了各种关于选区的操作命令。

"滤镜"菜单包含了各种添加滤镜效果的操作命令。

"3D"菜单包含了各种创建3D模型、控制框架和编辑光线的操作命令。

“视图”菜单包含了各种对视图进行设置的操作命令。

“窗口”菜单包含了各种显示或隐藏控制面板的操作命令。

“帮助”菜单提供了各种帮助信息。

2. 菜单命令的不同状态

子菜单命令：有些菜单命令包含了更多相关的菜单命令，包含子菜单的菜单命令右侧会显示黑色的三角形▶，单击带有三角形的菜单命令，就会显示出其子菜单，如图2-3所示。

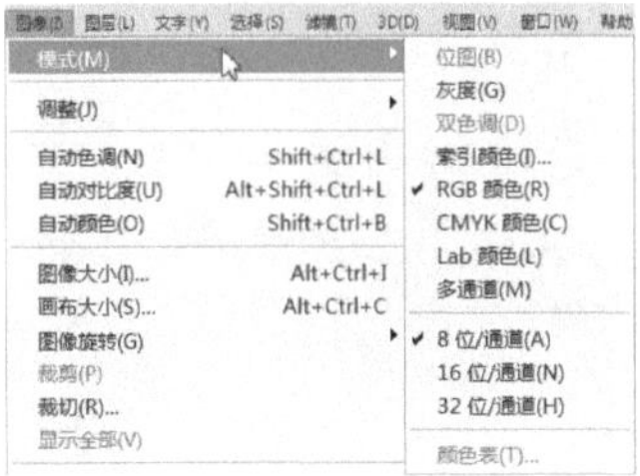

图2-3

不可执行的菜单命令：当菜单命令不符合运行的条件时，就会显示为灰色，即不可执行状态。例如，在CMYK模式下，滤镜菜单中的部分菜单命令将变为灰色，不能使用。

可弹出对话框的菜单命令：当菜单命令后面显示有省略号“…”时，如图2-4所示，表示单击此菜单能够弹出相应的对话框，可以在对话框中进行设置。

图2-4

3. 显示或隐藏菜单命令

可以根据操作需要隐藏或显示指定的菜单命令。不经常使用的菜单命令可以暂时隐藏。选择“窗口 > 工作区 > 键盘快捷键和菜单”命令，弹出“键盘快捷键和菜单”对话框，如图2-5所示。

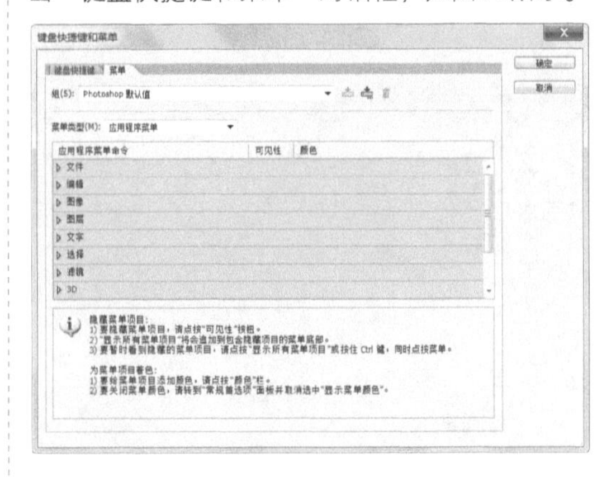

图2-5

单击“应用程序菜单命令”栏中的命令左侧的三角形按钮▶，将展开详细的菜单命令，如图2-6所示。单击“可见性”选项下方的眼睛图标，将其相对应的菜单命令隐藏，如图2-7所示。

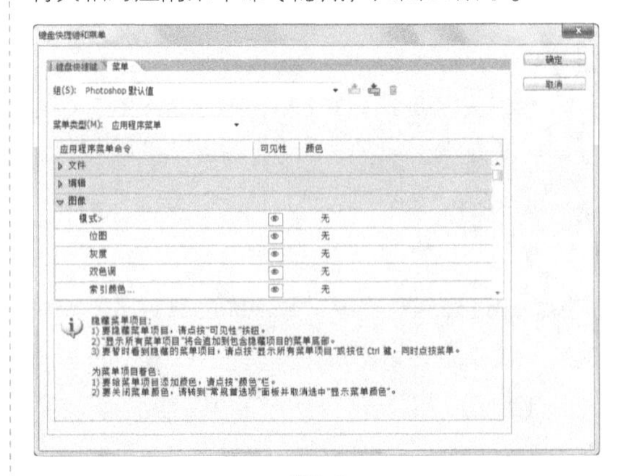

图2-6

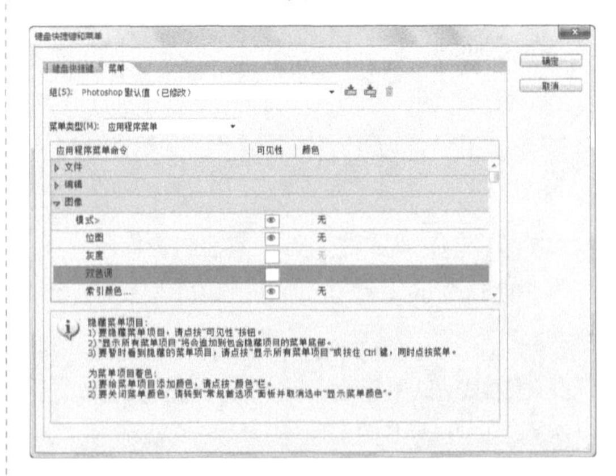

图2-7

设置完成后，单击“存储对当前菜单组的

所有更改”按钮，保存当前的设置。也可单击“根据当前菜单组创建一个新组”按钮，将当前的修改创建为一个新组。隐藏应用程序菜单命令前后的菜单效果如图2-8和图2-9所示。

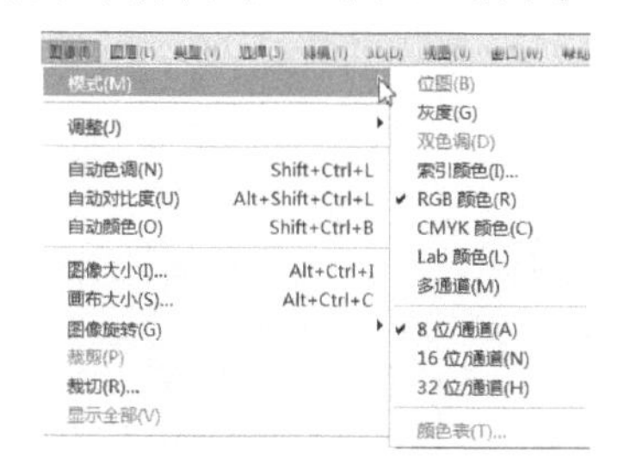

图2-8

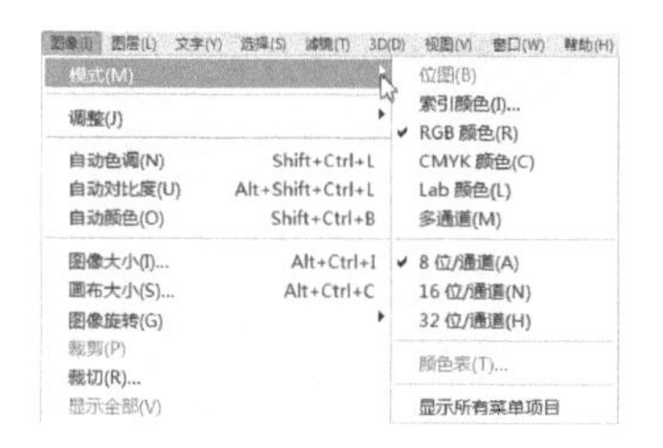

图2-9

4. 突出显示菜单命令

为了突出显示需要的菜单命令，可以为其设置颜色。选择“窗口 > 工作区 > 键盘快捷键和菜单”命令，弹出“键盘快捷键和菜单”对话框，在要突出显示的菜单命令后面单击“无”下拉按钮，在弹出的下拉列表中可以选择需要的颜色标注命令，如图2-10所示。可以为不同的菜单命令设置不同的颜色，如图2-11所示。设置好颜色后，菜单命令的效果如图2-12所示。

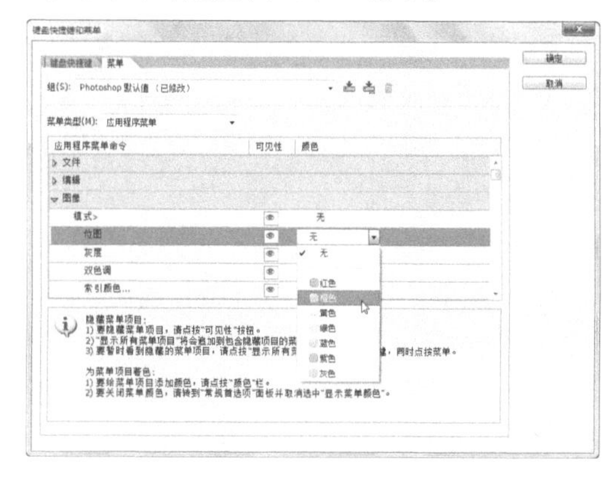

图2-10

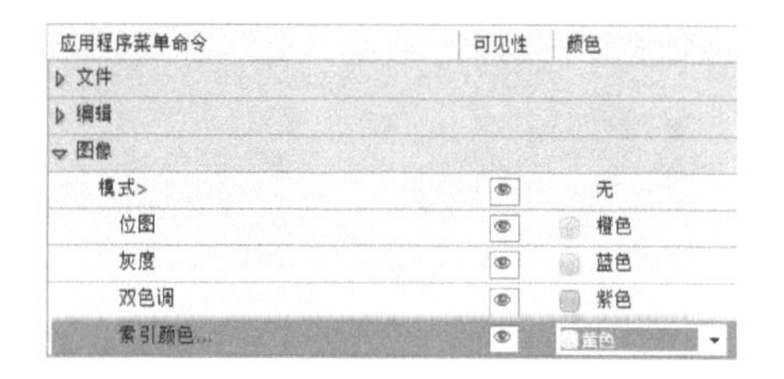

图2-11

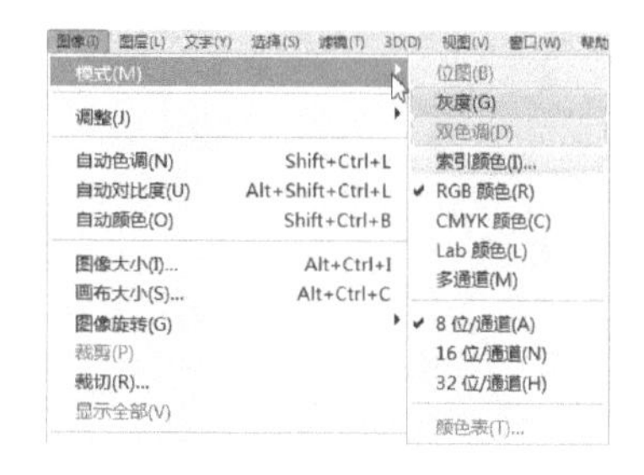

图2-12

提示

如果要暂时取消显示菜单命令的颜色，可以选择“编辑 > 首选项 > 常规”命令，在弹出的对话框中选择“界面”选项，然后取消勾选“显示菜单颜色”复选框。

5. 键盘快捷方式

使用键盘快捷方式：当要选择命令时，可以使用菜单命令旁标注的快捷键。例如，要选择“文件 > 打开”命令，直接按Ctrl+O组合键即可。

按住Alt键的同时，单击菜单栏中文字后面带括号的字母，可以打开相应的菜单，再按菜单命令中带括号的字母即可执行相应的命令。例如，要选择“选择”命令，按Alt+S组合键即可弹出菜单，要想选择菜单中的“色彩范围”命令，再按C键即可。

自定义键盘快捷方式：为了更方便地使用常用的命令，Photoshop CS6提供了自定义键盘快捷方式和保存键盘快捷方式的功能。

选择“窗口 > 工作区 > 键盘快捷键和菜单”命令，弹出“键盘快捷键和菜单”对话框，如图2-13所示。在对话框下面的信息栏中说明了快捷键的设置方法，在“组”选项中可以选择要设置快捷键的组合，在“快捷键用于”选项中可以选择需要设置快捷键的菜单或工具，在下面的选项窗口中选择需要设置的命令或工具进行设置，如图2-14所示。

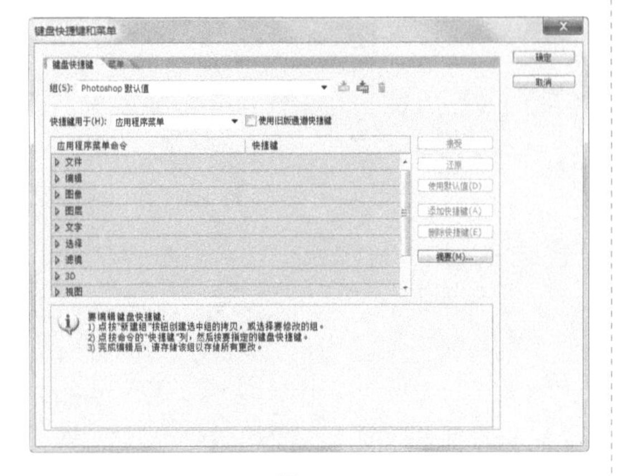

图2-13

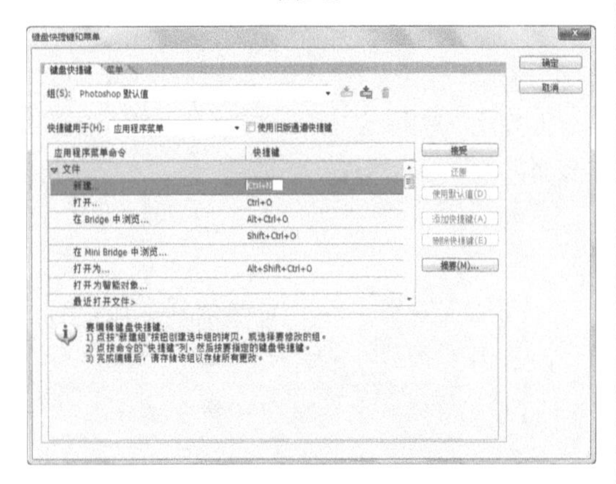

图2-14

设置新的快捷键后，单击对话框右上方的“根据当前的快捷键组创建一组新的快捷键”按钮，弹出“存储”对话框，在“文件名”文本框中输入名称，如图2-15所示。单击“保存”按钮则存储新的快捷键设置。这时，在“组”选项中即可选择新的快捷键设置，如图2-16所示。

更改快捷键设置后，需要单击“存储对当前快捷键组的所有更改”按钮对设置进行存储，单击“确定”按钮，应用更改的快捷键设置。要将快捷键的设置删除，可以在对话框中单击“删除当前的快捷键组合”按钮，Photoshop CS6会自动还原为默认设置。

图2-15

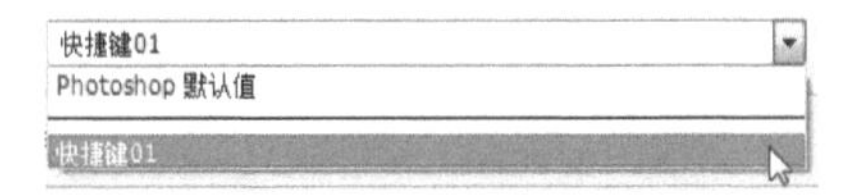

图2-16

提 示

在为控制面板或应用程序菜单中的命令定义快捷键时，这些快捷键必须包括Ctrl键或一个功能键；在为工具箱中的工具定义快捷键时，必须使用A～Z的字母。

2.1.2 工具箱

Photoshop CS6的工具箱包括选择工具、绘图工具、填充工具、编辑工具、颜色选择工具、屏幕视图工具和快速蒙版工具等，如图2-17所示。想要了解每个工具的具体名称，可以将鼠标指针放置在具体工具的上方，此时会出现一个黄色的图标，上面会显示该工具的具体名称，如图2-18所示。工具名称后面括号中的字母代表选择此工具的快捷键，只要在键盘上按该字母，就可以快速切换到相应的工具上。

切换工具箱的显示状态：Photoshop CS6的工具箱可以根据需要在单栏与双栏之间自由切换。当工具箱显示为双栏时，如图2-19所示。单击工具箱上方的双箭头图标，工具箱即可转换为单栏，以节省工作空间，如图2-20所示。

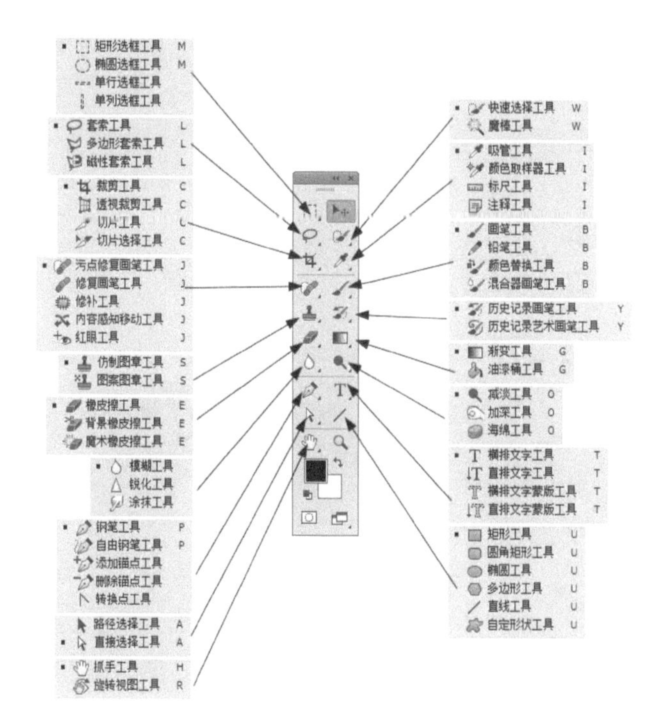

图2-17

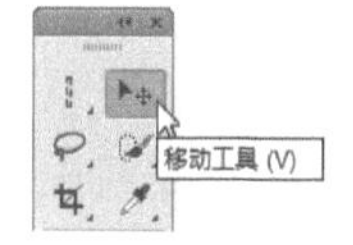

图2-18

图2-19

图2-20

显示隐藏的工具： 在工具箱中，部分工具图标的右下方有一个黑色的小三角◢，表示在该工具下还有隐藏的工具。用鼠标在工具箱中有小三角的工具图标上单击，并按住鼠标不放，弹出隐藏的工具选项，如图2-21所示。将鼠标指针移动到需要的工具图标上，即可选择该工具。

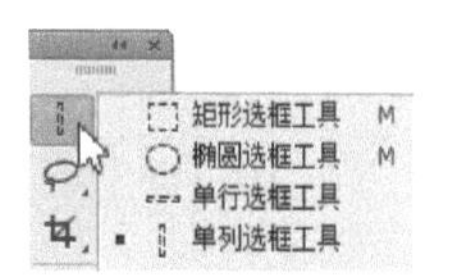

图2-21

恢复工具的默认设置： 要想恢复工具默认的设置，可以选择该工具后，在相应的工具属性栏中，用鼠标右键单击工具图标，在弹出的菜单中选择“复位工具”命令，如图2-22所示。

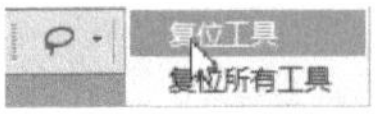

复位工具
复位所有工具

图2-22

鼠标指针的显示状态：当选择工具箱中的工具后，鼠标指针就变为工具图标。例如，选择“裁剪”工具，图像窗口中的鼠标指针也随之显示为裁剪工具的图标，如图2-23所示。选择“画笔”工具，鼠标指针显示为画笔工具的对应图标，如图2-24所示。按Caps Lock键，鼠标指针转换为精确的十字形图标，如图2-25所示。

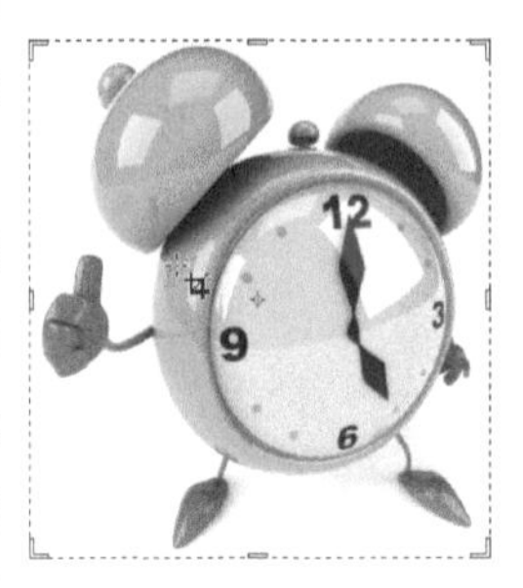

图2-23

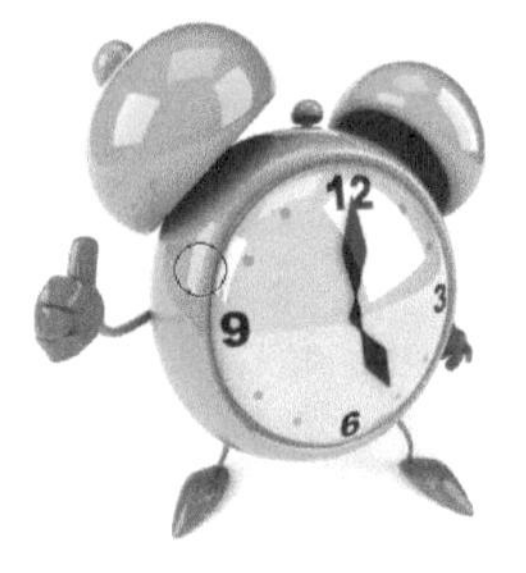

图2-24

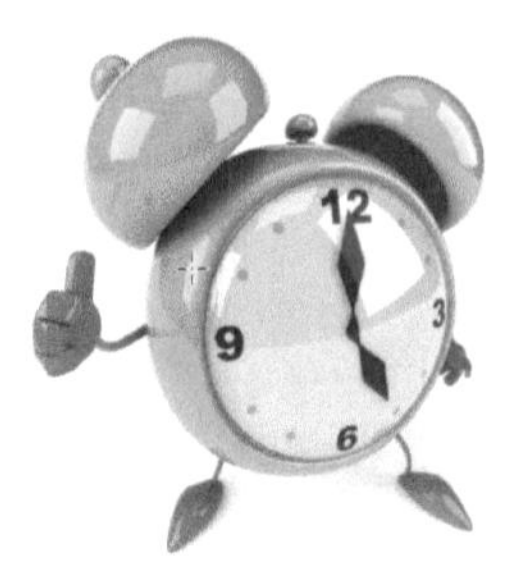

图2-25

2.1.3 属性栏

当选择某个工具后，会出现相应的工具属性栏，可以通过属性栏对工具进行进一步的设置。例如，当选择“魔棒”工具时，工作界面的上方会出现相应的魔棒工具属性栏，可以应用属性栏中的各个命令对工具做进一步的设置，如图2-26所示。

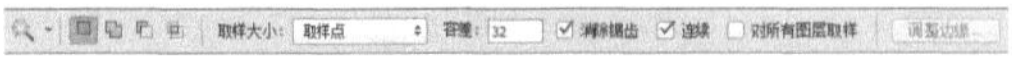

图2-26

2.1.4 状态栏

打开一幅图像，图像的下方会出现该图像的状态栏，如图2-27所示。

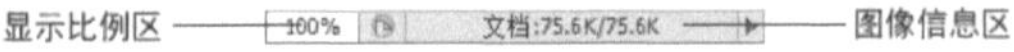

显示比例区
100%
文档:75.6K/75.6K
图像信息区

图2-27

状态栏的左侧显示当前图像缩放显示的百分数。在显示区的文本框中输入数值，可改变图像窗口的显示比例。

在状态栏的中间部分显示当前图像的文件信息，单击三角形图标，在弹出的菜单中可以选择当前图像的相关信息，如图2-28所示。

100%
文档:75.6K/75.6K
Adobe Drive
文档大小
文档配置文件
文档尺寸
暂存盘大小
效率
计时
当前工具
32 位曝光
存储进度

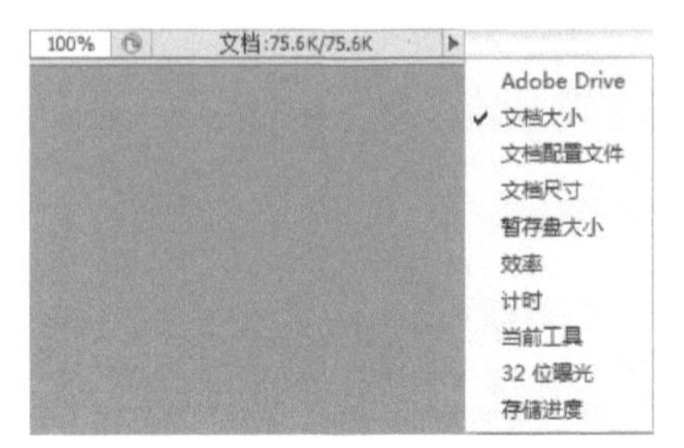

图2-28

2.1.5 控制面板

控制面板是处理图像时另一个不可或缺的部分。Photoshop CS6界面为用户提供了多个控制面板组。

收缩与展开控制面板：控制面板可以根据需要进行伸缩。面板的展开状态如图2-29所示。单击控制面板上方的双箭头图标，可以将控制面板收缩，如图2-30所示。如果要展开某个控制面板，可以直接单击其标签，相应的控制面板会自动弹出，如图2-31所示。

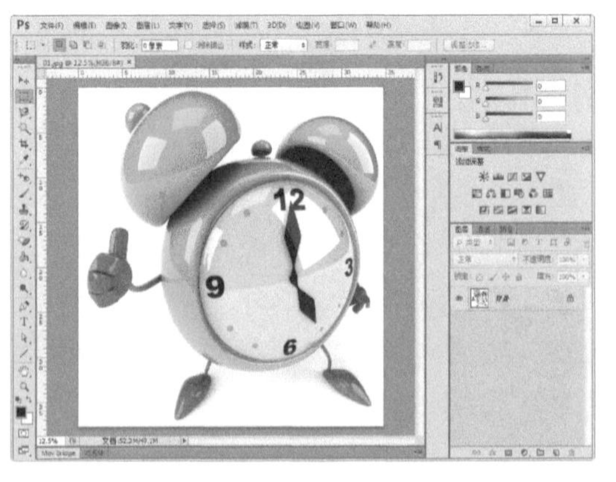

图2-29

图2-30

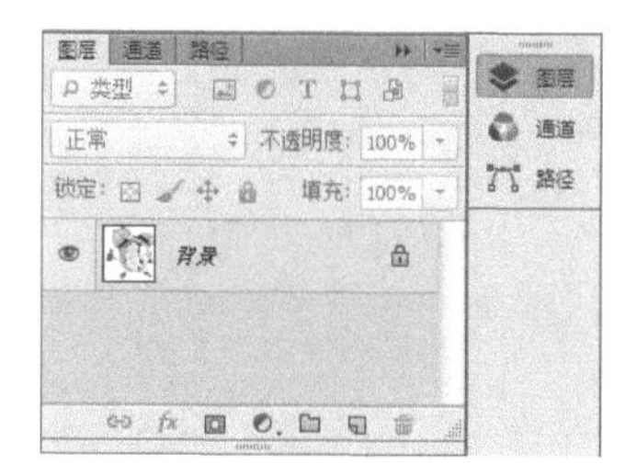

图2-31

拆分控制面板：若需要单独拆分出某个控制面板，可用鼠标选中该控制面板的选项卡并向工作区拖曳，如图2-32所示，选中的控制面板将被单独地拆分出来，如图2-33所示。

组合控制面板：可以根据需要将两个或多个控制面板组合到一个面板组中，这样可以节省操作的空间。要组合控制面板，可以选中外部控制面板的选项卡，用鼠标将其拖曳到要组合的面板组中，面板组周围出现蓝色的边框，如图2-34所示。此时，释放鼠标，控制面板将被组合到面板组中，如图2-35所示。

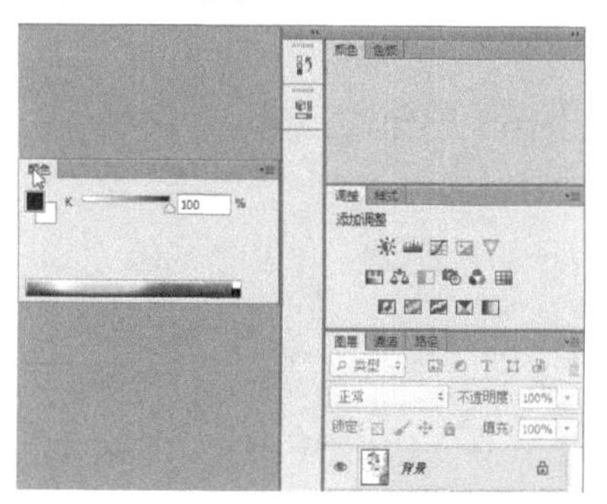

图2-32

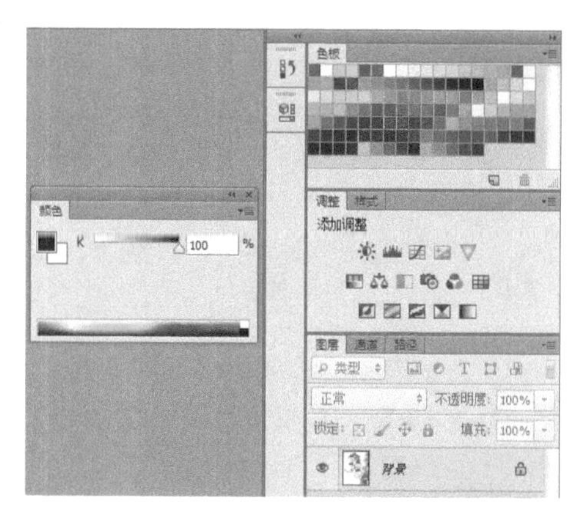

图2-33

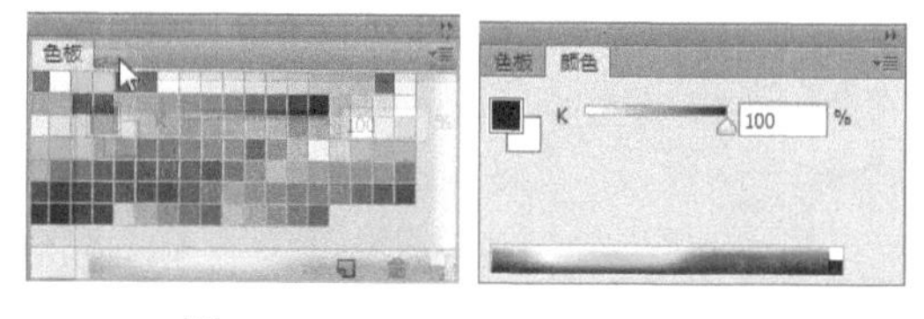

图2-34　　图2-35

控制面板弹出式菜单：单击控制面板右上方的图标，可以弹出控制面板的相关命令菜单，应用这些菜单可以提高控制面板的功能性，如图2-36所示。

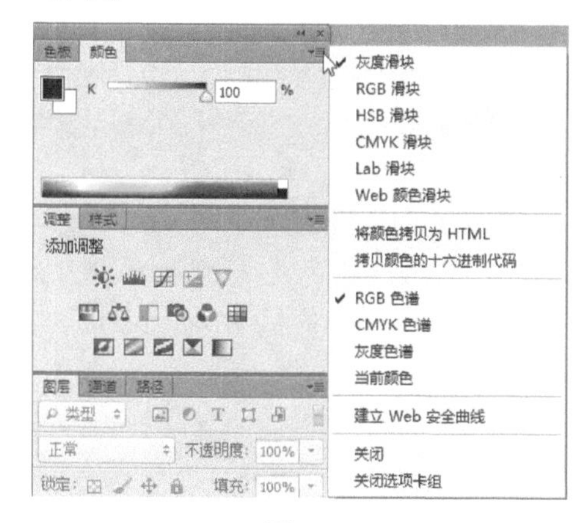

图2-36

隐藏与显示控制面板：按Tab键，可以隐藏工具箱和控制面板；再次按Tab键，可以显示出隐藏的部分。按Shift+Tab组合键，可以隐藏控制面板；再次按Shift+Tab组合键，可以显示出隐藏的部分。

提示

按F5键显示或隐藏“画笔”控制面板，按F6键显示或隐藏“颜色”控制面板，按F7键显示或隐藏“图层”控制面板，按F8键显示或隐藏“信息”控制面板。按Alt+F9组合键显示或隐藏“动作”控制面板。

自定义工作区：可以依据操作习惯自定义工作区、存储控制面板及设置工具的排列方式，设计出个性化的Photoshop CS6界面。

设置完工作区后，选择“窗口 > 工作区 > 新建工作区”命令，弹出“新建工作区”对话框，如图2-37所示。输入工作区名称，单击“存储”按钮，即可将自定义的工作区进行存储。

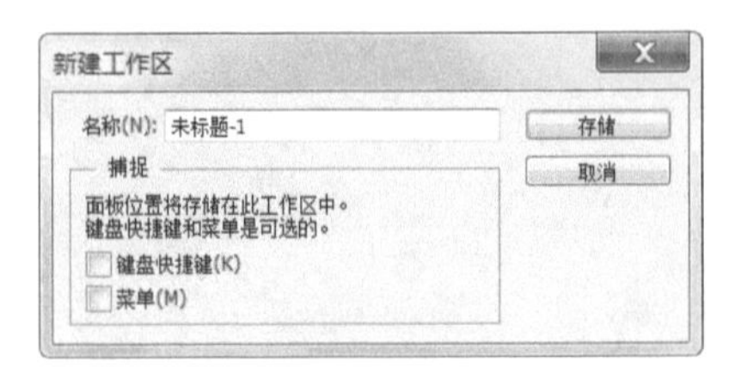

图2-37

使用自定义工作区时，在“窗口 > 工作区”的子菜单中可选择新保存的工作区名称。如果要恢复使用Photoshop CS6默认的工作区状态，可以选择“窗口 > 工作区 > 复位基本功能”命令进行恢复。选择“窗口 > 工作区 > 删除工作区”命令，可以删除自定义的工作区。

2.2 文件操作

掌握文件的基本操作方法是开始设计和制作作品所必需的技能。下面将具体介绍Photoshop CS6软件的基本操作方法。

2.2.1 新建图像

新建图像是使用Photoshop CS6进行设计的第一步。如果要在一个空白的图像上绘图，就要在Photoshop CS6中新建一个图像文件。

选择“文件 > 新建”命令，或按Ctrl+N组合键，弹出“新建”对话框，如图2-38所示。在对话框中可以设置新建图像的名称、图像的宽度和高度、分辨率和颜色模式等选项，设置完成后单击“确定”按钮，即可新建图像，如图2-39所示。

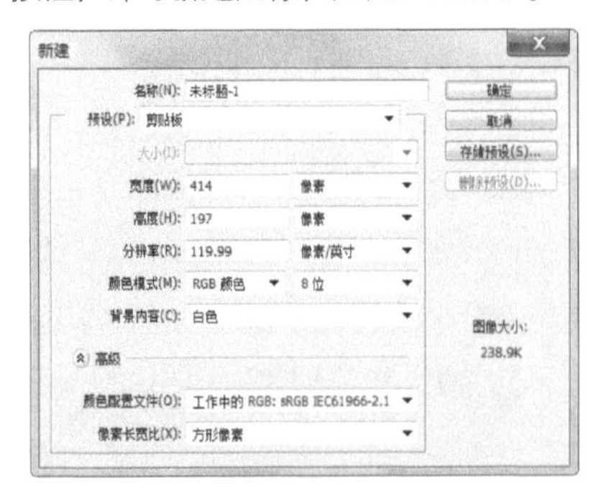

图2-38

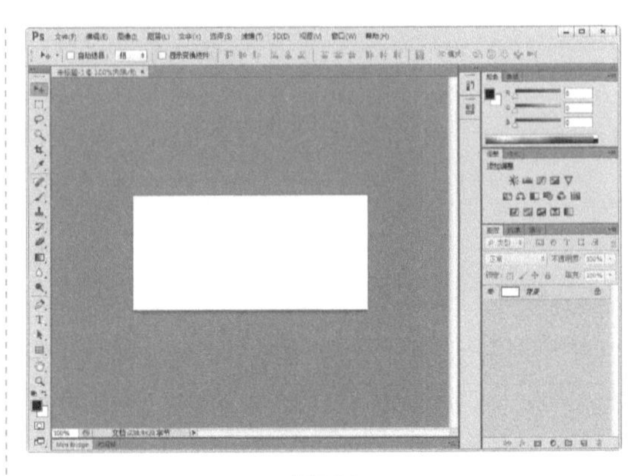

图2-39

2.2.2 打开图像

如果要对照片或图片进行修改和处理，就要在Photoshop CS6中打开需要的图像。

选择“文件 > 打开”命令，或按Ctrl+O组合键，弹出“打开”对话框，在对话框中搜索路径和文件，确认文件类型和名称，如图2-40所示，然后单击“打开”按钮，或直接双击文件，即可打开所指定的图像文件，如图2-41所示。

图2-40

图2-41

提示

在“打开”对话框中，也可以一次同时打开多个文件，只要在文件列表中将所需的几个文件选中，并单击“打开”按钮即可。在“打开”对话框中选择文件时，按住Ctrl键的同时，用鼠标单击，可以选择不连续的多个文件；按住Shift键的同时，用鼠标单击，可以选择连续的多个文件。

2.2.3　保存图像

编辑和制作完图像后，就需要将图像进行保存，以便于下次打开继续操作。

选择“文件 > 存储”命令，或按Ctrl+S组合键，可以存储文件。当设计好的作品进行第一次存储时，选择“文件 > 存储”命令，将弹出“存储为”对话框，如图2-42所示。在对话框中输入文件名、选择文件格式后，单击“保存”按钮，即可将图像保存。

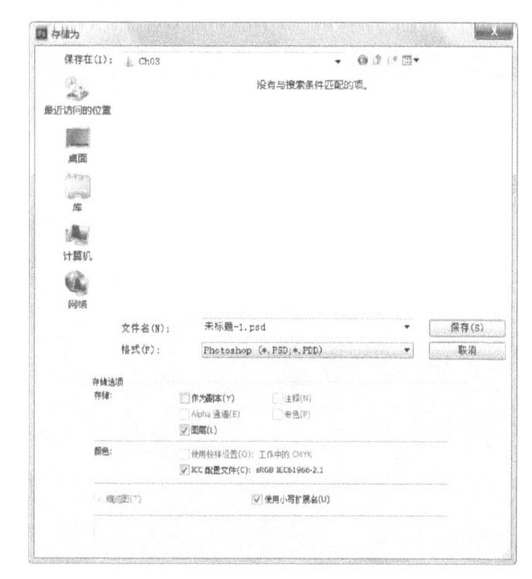

图2-42

提示

当对已经存储过的图像文件进行各种编辑操作后，选择“存储”命令，将不弹出“存储为”对话框，计算机直接保存最终确认的结果，并覆盖原始文件。

2.2.4　关闭图像

将图像进行存储后，可以将其关闭。选择“文件 > 关闭”命令，或按Ctrl+W组合键，可以关闭文件。关闭图像时，若当前文件被修改过或是新建的文件，则会弹出提示对话框，如图2-43所示，单击“是”按钮即可存储并关闭图像。

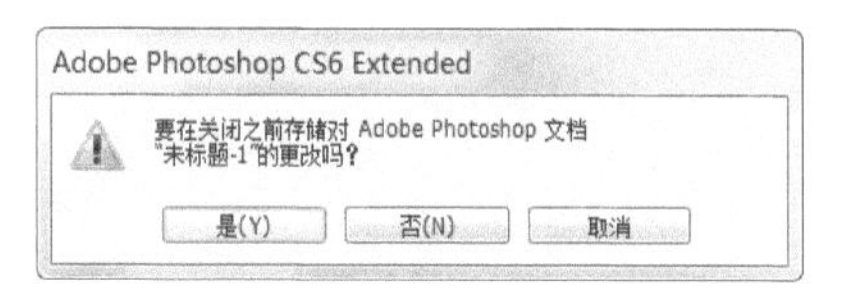

图2-43

2.3 图像的显示效果

使用Photoshop CS6编辑和处理图像时，可以通过改变图像的显示比例，使工作更便捷、高效。

2.3.1 100%显示图像

100%显示图像，如图2-44所示。在此状态下可以对文件进行精确编辑。

图2-44

2.3.2 放大显示图像

选择“缩放”工具，当图像中指针变为放大图标时，每单击一次鼠标，图像就会放大一倍。当图像以100%的比例显示时，用鼠标在图像窗口中单击一次，图像则以200%的比例显示，效果如图2-45所示。

图2-45

当要放大一个指定的区域时，在需要的区域按住鼠标不放，选中的区域会进行放大显示，当放大到需要的大小后松开鼠标。取消勾选“细微缩放”复选框，可在图像上框选出矩形选区，如图2-46所示，以将选中的区域放大。

图2-46

按Ctrl++组合键，可逐次放大图像，如图2-47所示。例如，从100%的显示比例放大到200%、300%、400%。

图2-47

2.3.3 缩小显示图像

缩小显示图像，一方面可以用有限的屏幕空

间显示出更多的图像；另一方面可以看到一个较大图像的全貌。

选择“缩放”工具，在图像中鼠标指针变为放大工具图标，按住Alt键不放，指针变为缩小工具图标。每单击一次鼠标，图像将缩小显示一级。缩小显示后效果如图2-48所示。按Ctrl+−组合键，可逐次缩小图像，如图2-49所示。

图2-48

图2-49

也可在缩放工具属性栏中单击“缩小工具”按钮，如图2-50所示，则鼠标指针变为缩小工具图标。每单击一次鼠标，图像将缩小显示一级。

图2-50

2.3.4　全屏显示图像

如果要将图像窗口放大到填满整个屏幕，可以在缩放工具的属性栏中单击“适合屏幕”按钮 适合屏幕 ，再勾选“调整窗口大小以满屏显示”选项，如图2-51所示。这样在放大图像时，窗口就会和屏幕的尺寸相适应，效果如图2-52所示。单击“实际像素”按钮 实际像素 ，图像将以实际像素比例显示。单击“填充屏幕”按钮 填充屏幕 ，缩放图像以适合屏幕。单击“打印尺寸”按钮 打印尺寸 ，图像将以打印分辨率显示。

图2-51

图2-52

2.3.5　图像窗口显示

当打开多个图像文件时，会出现多个图像文件窗口，这就需要对窗口进行布置和摆放。

同时打开多幅图像，如图2-53所示。按Tab键，关闭操作界面中的工具箱和控制面板，如图2-54所示。

图2-53

图2-54

选择“窗口 > 排列 > 全部垂直拼贴”命令，图像的排列效果如图2-55所示。选择“窗口 > 排列 > 全部水平拼贴”命令，图像的排列效果如图2-56所示。

选择“窗口 > 排列 > 双联水平”命令，图像的排列效果如图2-57所示。选择“窗口 > 排列 > 双联垂直”命令，图像的排列效果如图2-58所示。

图2-55

图2-56

图2-57

图2-58

选择“窗口 > 排列 > 三联水平”命令，图像的排列效果如图2-59所示。选择“窗口 > 排列 > 三联垂直”命令，图像的排列效果如图2-60所示。

图2-59

图2-60

选择“窗口 > 排列 > 三联堆积”命令，图像的排列效果如图2-61所示。选择“窗口 > 排列 > 四联”命令，图像的排列效果如图2-62所示。

选择“窗口 > 排列 > 将所有内容合并到选项卡中”命令，图像的排列效果如图2-63所示。选择“窗口 > 排列 > 在窗口中浮动”命令，图像的排列效果如图2-64所示。

图2-61

图2-62

图2-63

图2-64

选择“窗口 > 排列 > 使所有内容在窗口中浮动”命令，图像的排列效果如图2-65所示。选择“窗口 > 排列 > 层叠”命令，图像的排列效果与图2-65所示相同。选择“窗口 > 排列 > 平铺”命令，图像的排列效果如图2-66所示。

图2-65

图2-66

“匹配缩放”命令可以将所有窗口都匹配到与当前窗口相同的缩放比例。如图2-67所示，将03素材图片放大到20%显示，再选择“窗口 > 排列 > 匹配缩放”命令，所有图像窗口都将以20%显示图像，如图2-68所示。

图2-67

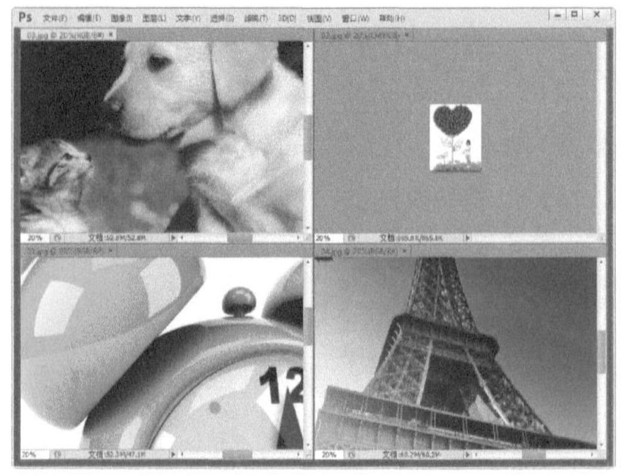

图2-68

“匹配位置”命令可以将所有窗口都匹配到与当前窗口相同的显示位置。如图2-69所示，调整图像的显示位置，选择“窗口 > 排列 > 匹配位置”命令，所有图像窗口显示相同的位置，如图2-70所示。

图2-69

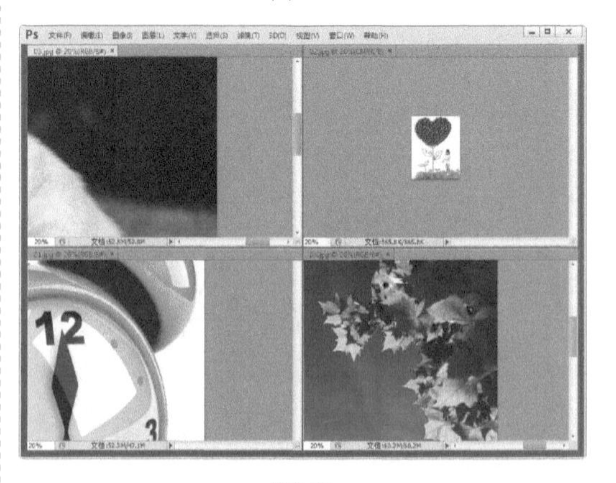

图2-70

“匹配旋转”命令可以将所有窗口的视图旋转角度都匹配到与当前窗口相同。在工具箱中选择“旋转视图”工具，将03素材图片的视图旋转，如图2-71所示。选择“窗口 > 排列 > 匹配旋转”命令，所有图像窗口都以相同的角度旋转，如图2-72所示。

图2-71

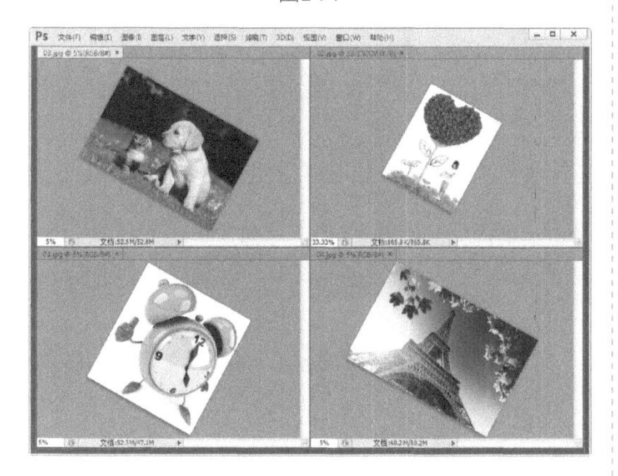

图2-72

“全部匹配”命令是将所有窗口的缩放比例、图像显示位置、画布旋转角度与当前窗口进行匹配。

2.3.6　观察放大图像

选择“抓手”工具，在图像中鼠标指针变为形状，用鼠标拖曳图像，可以观察图像的每个部分，效果如图2-73所示。直接用鼠标拖曳图像周围的垂直和水平滚动条，也可观察图像的每个部分，效果如图2-74所示。如果正在使用其他的工具进行工作，按住Spacebar（空格）键，可以快速切换到“抓手”工具。

图2-73

图2-74

2.4　标尺、参考线和网格线的设置

标尺、参考线和网格线的设置可以使图像处理更加精确。实际设计任务中的许多问题，都需要使用标尺、参考线和网格线来解决。

2.4.1 标尺的设置

设置标尺可以精确地编辑和处理图像。选择“编辑 > 首选项 > 单位与标尺”命令，弹出相应的对话框，如图2-75所示。

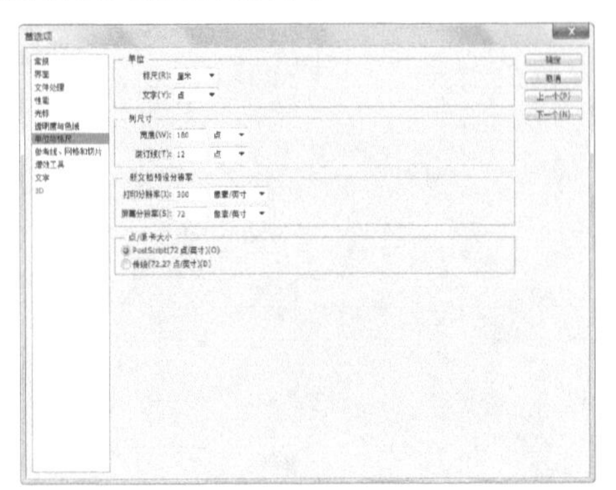

图2-75

单位：用于设置标尺和文字的显示单位，有不同的显示单位可以选择。

列尺寸：用列来精确确定图像的尺寸。

点/派卡大小：与输出有关。

选择“视图 > 标尺”命令，可以将标尺显示或隐藏，如图2-76和图2-77所示。

图2-76

图2-77

将鼠标指针放在标尺的x轴和y轴的0点处，如图2-78所示。单击并按住鼠标不放，向右下方拖曳鼠标到适当的位置，如图2-79所示，释放鼠标，标尺的x轴和y轴的0点就变为鼠标移动后的位置，如图2-80所示。

图2-78

图2-79

图2-80

2.4.2 参考线的设置

设置参考线：将鼠标指针放在水平标尺上，按住鼠标不放，向下拖曳出水平的参考线，如图2-81所示。将鼠标指针放在垂直标尺上，按住鼠标不放，向右拖曳出垂直的参考线，如图2-82所示。

图2-81

图2-82

显示或隐藏参考线：选择“视图 > 显示 > 参考线”命令，可以显示或隐藏参考线。此命令只在存在参考线的前提下才能应用。

移动参考线：选择“移动”工具，将指针放在参考线上，指针变为时，按住鼠标拖曳，可以移动参考线。

锁定、清除、新建参考线：选择“视图 > 锁定参考线”命令或按Alt +Ctrl+; 组合键，可以将参考线锁定，参考线锁定后将不能被移动。选择“视图 > 清除参考线”命令，可以将参考线清除。选择“视图 > 新建参考线”命令，弹出“新建参考线”对话框，如图2-83所示，设定后单击“确定”按钮，图像中出现新建的参考线。

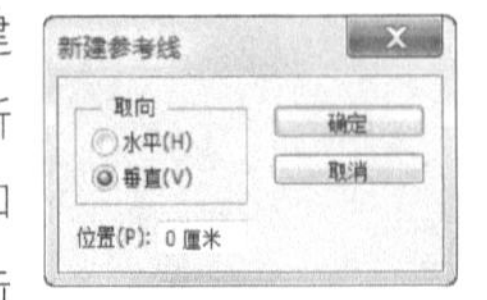

图2-83

2.4.3 网格线的设置

选择“编辑 > 首选项 > 参考线、网格和切片”命令，弹出相应的对话框，如图2-84所示。

参考线：用于设定参考线的颜色和样式。

网格：用于设定网格的颜色、样式、网格线间隔和子网格等。

切片：用于设定切片的颜色和显示切片的编号。

选择“视图 > 显示 > 网格”命令，可以显示或隐藏网格，如图2-85和图2-86所示。

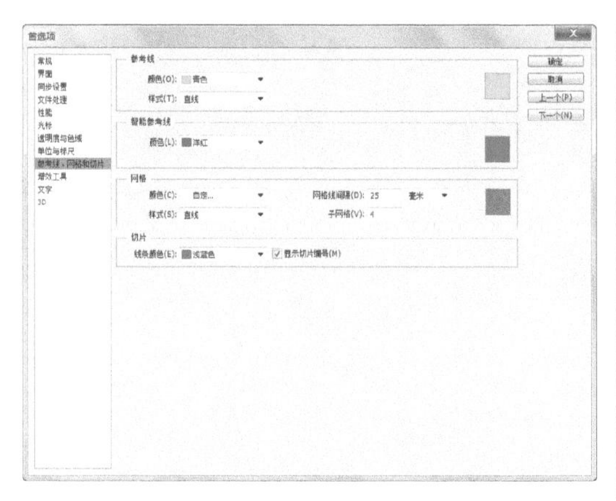

图2-84

图2-85

图2-86

提示

反复按Ctrl+R组合键，可以将标尺显示或隐藏。反复按Ctrl+；组合键，可以将参考线显示或隐藏。反复按Ctrl+’组合键，可以将网格显示或隐藏。

2.5 图像和画布尺寸的调整

根据制作过程中不同的需求，可以随时调整图像与画布的尺寸。

2.5.1 图像尺寸的调整

打开一幅图像，选择“图像 > 图像大小”命令，弹出“图像大小”对话框，如图2-87所示。

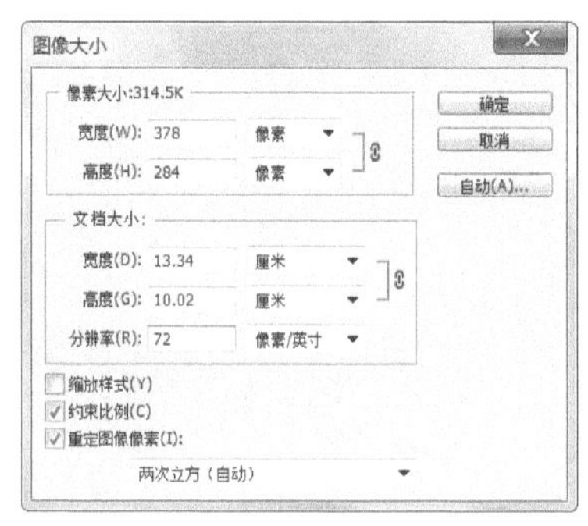

图2-87

像素大小：通过改变“宽度”和“高度”选项的数值，改变图像在屏幕上显示的大小，图像的尺寸也相应改变。

文档大小：通过改变“宽度”“高度”和“分辨率”选项的数值，改变图像的文档大小，图像的尺寸也相应改变。

缩放样式：选中此复选框，若在图像操作中添加了图层样式，可以在调整图像大小时自动缩放样式大小。

约束比例：选中此复选框，在“宽度”和“高度”选项右侧出现锁链标志，表示改变其中一项设置时，两项会成比例地同时改变。

重定图像像素：不勾选此复选框，像素的数值将不能单独设置，“文档大小”选项组中的“宽度”“高度”和“分辨率”选项右侧将出现锁链标志，改变数值时3项会同时改变，如图2-88所示。

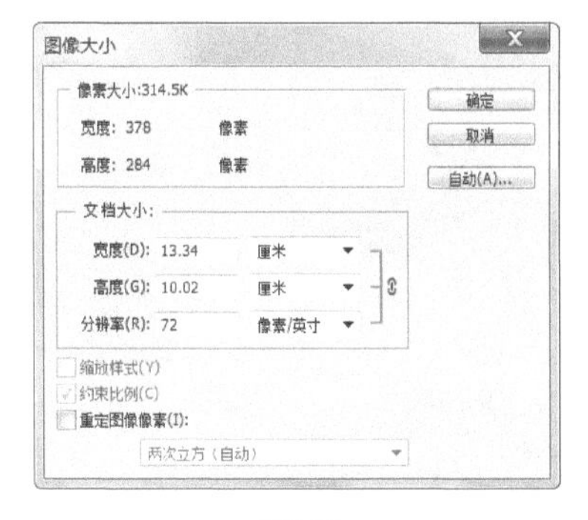

图2-88

在“图像大小”对话框中可以改变选项数值的计量单位，在选项右侧的下拉列表中进行选择，如图2-89所示。单击“自动”按钮，弹出

“自动分辨率”对话框，系统将自动调整图像的分辨率和品质效果，如图2-90所示。

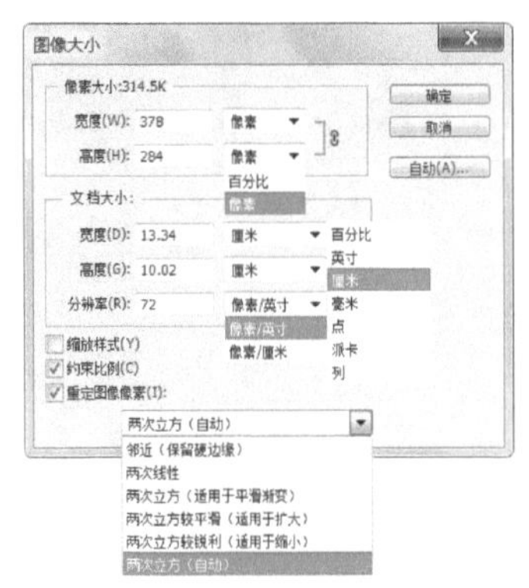

图2-89

图2-90

2.5.2 画布尺寸的调整

图像画布尺寸的大小是指当前图像周围工作空间的大小。选择“图像 > 画布大小”命令，弹出“画布大小”对话框，如图2-91所示。

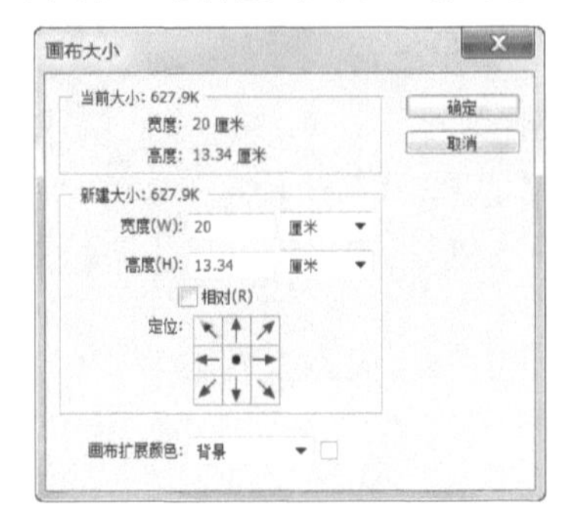

图2-91

当前大小：显示的是当前文件的大小和尺寸。

新建大小：用于重新设定图像画布的大小。

定位：可调整图像在新画面中的位置，可偏左、居中或在右上角等，如图2-92所示。

设置不同的调整方式，图像调整后的效果如图2-93所示。

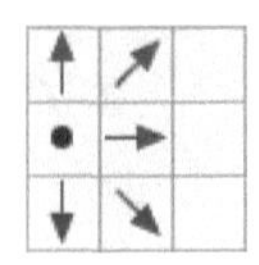
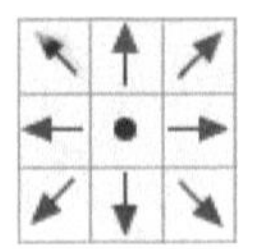
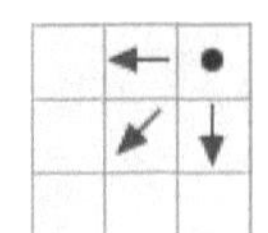

图2-92

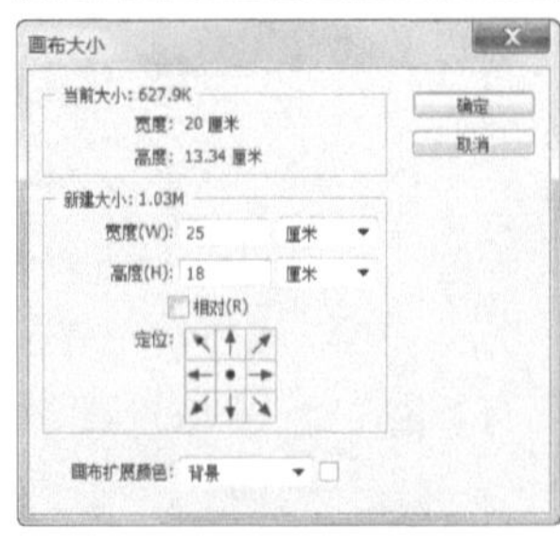

图2-93

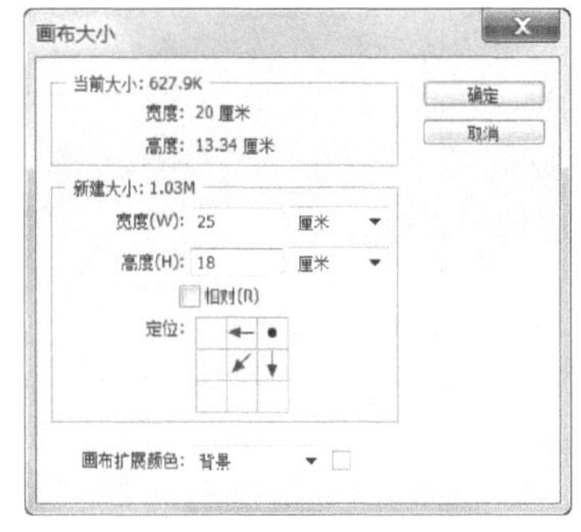

图2-93（续）

画布扩展颜色：在此选项的下拉列表中可以选择填充图像周围扩展部分的颜色。在列表中可以选择前景色、背景色或Photoshop CS6中的默认颜色，也可以自己调整所需颜色。在对话框中进行设置，如图2-94所示，单击“确定”按钮，效果如图2-95所示。

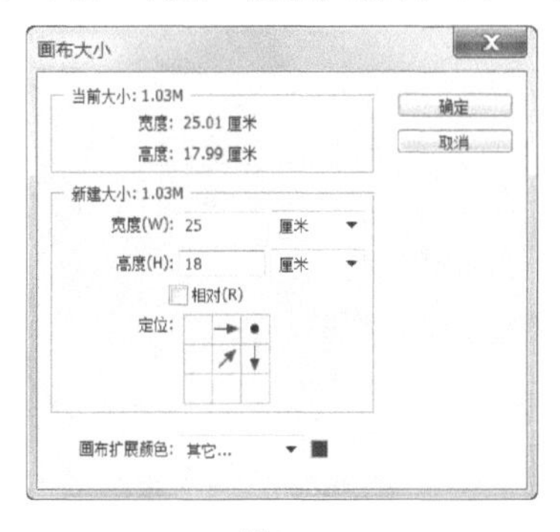

图2-94

图2-95

2.6 设置绘图颜色

在Photoshop CS6中，可以使用“拾色器”对话框、“颜色”控制面板和“色板”控制面板对图像进行色彩的设置。

2.6.1 使用“拾色器”对话框设置颜色

单击工具箱中的“设置前景色/设置背景色”图标，弹出“拾色器”对话框，用鼠标在颜色色带上单击或拖曳两侧的三角形滑块，如图2-96所示，可以使颜色的色相产生变化。

在“拾色器”对话框左侧的颜色选择区中，可以选择颜色的明度和饱和度，垂直方向表示的是明度的变化，水平方向表示的是饱和度的变化。

在“拾色器”对话框右侧上方的颜色框中会显示所选择的颜色，右侧下方是所选颜色的HSB、RGB、CMYK和Lab值。选择好颜色后，单击“确定”按钮，所选择的颜色将变为工具箱中的前景或背景色。

在“拾色器”对话框右侧下方的HSB、RGB、CMYK和Lab色彩模式后面都带有可以输入数值的数值框，在其中输入所需颜色的数值也可以得到希望的颜色。

在“拾色器”对话框中勾选左下方的“只

有Web颜色”复选框，颜色选择区中出现供网页使用的颜色，如图2-97所示，在右侧的数值框 # 66ccff 中，显示的是网页颜色的数值。

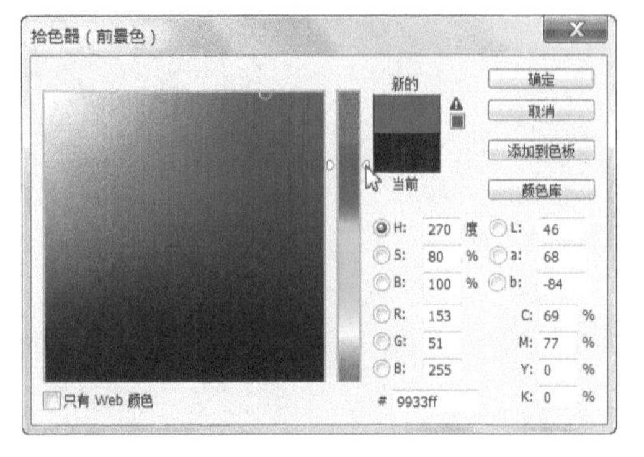

图2-96

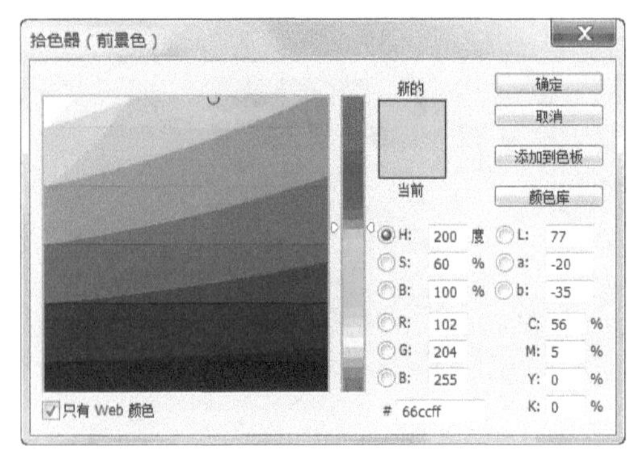

图2-97

在“拾色器”对话框中单击“颜色库”按钮 颜色库 ，弹出“颜色库”对话框，如图2-98所示。在对话框中，“色库”下拉菜单中是一些常用的印刷颜色体系，如图2-99所示，其中“TRUMATCH”是为印刷设计提供服务的印刷颜色体系。

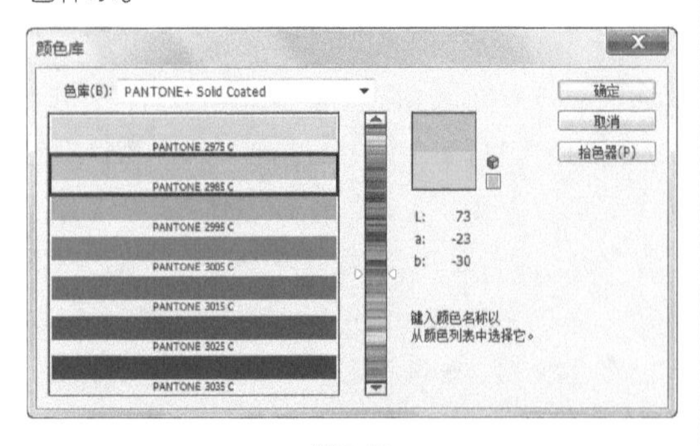

图2-98

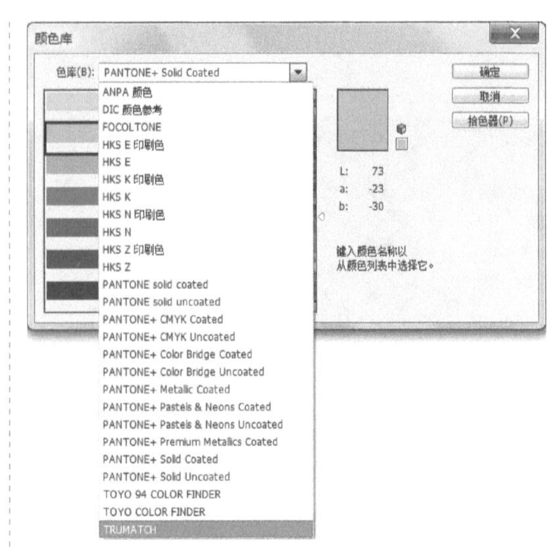

图2-99

在“颜色库”对话框中，单击或拖曳颜色色相区域内两侧的三角形滑块，可以使颜色的色相产生变化。在颜色选择区中选择带有编码的颜色，在对话框的右侧上方颜色框中会显示出所选择的颜色，右侧下方是所选择颜色的色值。

2.6.2 使用“颜色”控制面板设置颜色

选择“窗口 > 颜色”命令，弹出“颜色”控制面板，如图2-100所示，可以改变前景色和背景色。

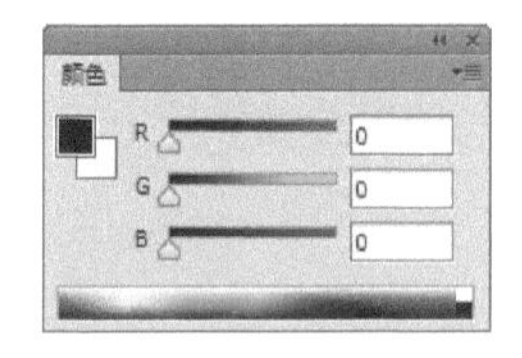

图2-100

单击左侧的设置前景色或设置背景色图标，确定所调整的是前景色还是背景色，拖曳三角滑块或在色带中选择所需的颜色，也可直接在颜色的数值框中输入数值调整颜色。

单击“颜色”控制面板右上方的图标，弹出下拉命令菜单，如图2-101所示。此菜单用于设定“颜色”控制面板中显示的颜色模式，可以在不同的颜色模式中调整颜色。

图2-101

2.6.3 使用“色板”控制面板设置颜色

选择“窗口 > 色板”命令，弹出“色板”控制面板，如图2-102所示，可以选取一种颜色来改变前景色或背景色。单击“色板”控制面板右上方的图标，弹出下拉命令菜单，如图2-103所示。

新建色板：用于新建一个色板。

小/大缩览图：可使控制面板显示为小/大图标方式。

小/大列表：可使控制面板显示为小/大列表方式。

预设管理器：用于对色板中的颜色进行管理。

复位色板：用于恢复系统的初始设置状态。

载入色板：用于向“色板”控制面板中增加色板文件。

存储色板：用于将当前“色板”控制面板中的色板文件存入硬盘。

替换色板：用于替换“色板”控制面板中现有的色板文件。

“ANPA颜色”选项以下都是配置的颜色库。

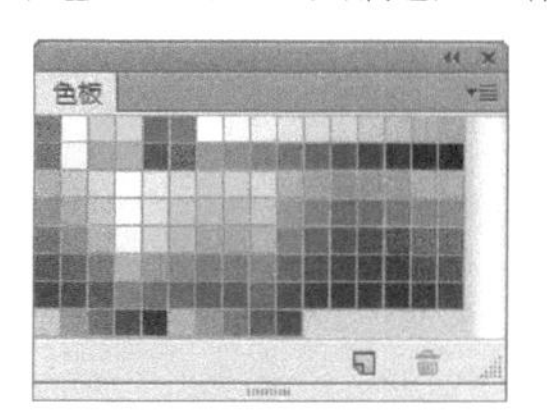

图2-102

新建色板...
✔ 小缩览图
大缩览图
小列表
大列表
预设管理器...
复位色板...
载入色板...
存储色板...
存储色板以供交换...
替换色板...
ANPA 颜色
DIC 颜色参考
FOCOLTONE 颜色
HKS E 印刷色
HKS E
HKS K 印刷色
HKS K
HKS N 印刷色
HKS N
HKS Z 印刷色
HKS Z
Mac OS
绘画色板
PANTONE solid coated
PANTONE solid uncoated
PANTONE+ CMYK Coated
PANTONE+ CMYK Uncoated
PANTONE+ Color Bridge Coated
PANTONE+ Color Bridge Uncoated
PANTONE+ Metallic Coated
PANTONE+ Pastels & Neons Coated
PANTONE+ Pastels & Neons Uncoated
PANTONE+ Premium Metallics Coated
PANTONE+ Solid Coated
PANTONE+ Solid Uncoated
照片滤镜颜色
TOYO 94 COLOR FINDER
TOYO COLOR FINDER
TRUMATCH 颜色
VisiBone
VisiBone2
Web 色相
Web 安全颜色
Web 色谱
Windows
关闭
关闭选项卡组

图2-103

在“色板”控制面板中，将指针移到空白处，指针变为油漆桶，如图2-104所示，此时单击鼠标，弹出“色板名称”对话框，如图2-105所示。单击“确定”按钮，即可将当前的前景色添加到“色板”控制面板中，如图2-106所示。

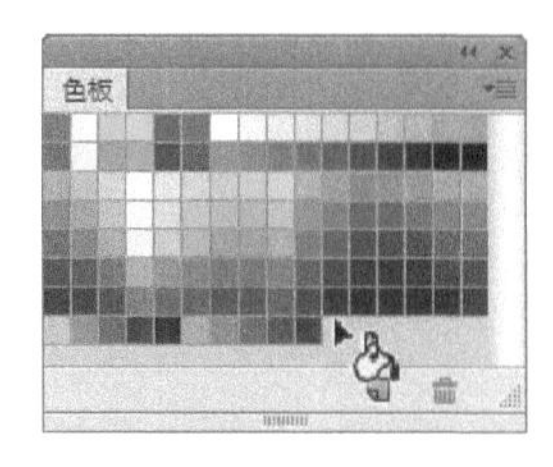

图2-104

图2-105

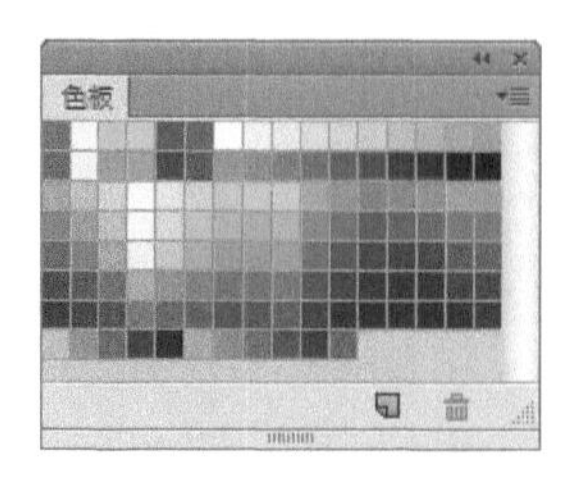

图2-106

在“色板”控制面板中，将鼠标指针移到色标上，指针变为吸管，如图2-107所示，此时单击鼠标，将设置吸取的颜色为前景色，如图2-108所示。

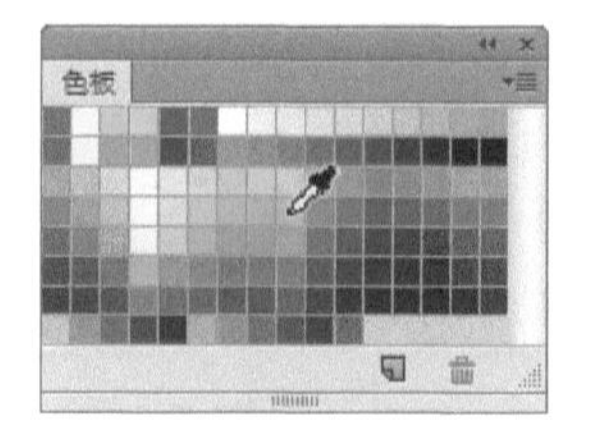

图2-107

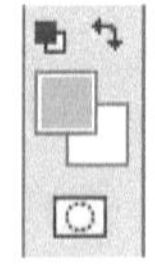

图2-108

提示

在“色板”控制面板中，按住Alt键的同时，将鼠标指针移到颜色色标上，指针变为剪刀，此时单击鼠标，将删除当前的颜色色标。

2.7 图层的基本操作

使用图层可在不影响图像中其他图像元素的情况下处理某一图像元素。可以将图层想象成是一张张叠起来的硫酸纸，透过图层的透明区域看到下面的图层，通过更改图层的顺序和属性改变图像的合成。图像效果如图2-109所示，其图层原理图如图2-110所示。

图2-109

图2-110

2.7.1 控制面板

“图层”控制面板列出了图像中的所有图层、组和图层效果，如图2-111所示。可以使用“图层”控制面板来搜索图层、显示和隐藏图层、创建新图层以及处理图层组。还可以在“图层”控制面板的弹出式菜单中设置其他命令和选项。

图2-111

图层搜索功能：在类型框中可以选取6种不同的搜索方式。类型：可以通过单击“像素图层”按钮、“调整图层”按钮、“文字图层”按钮、“形状图层”按钮和“智能对象”按钮来搜索需要的图层类型。名称：可以通过在右侧的框中输入图层名称来搜索图层。效果：通过图层应用的图层样式来搜索图层。模式：通过图层设定的混合模式来搜索图层。属性：通过图层的可见性、锁定、链接、混合和蒙版等属性来搜索图层。颜色：通过不同的图层颜色来搜索图层。

图层的混合模式正常：用于设定图层

的混合模式，共包含有27种混合模式。

不透明度：用于设定图层的不透明度。

填充：用于设定图层的填充百分比。

眼睛图标：用于打开或隐藏图层中的内容。

锁链图标：表示图层与图层之间的链接关系。

图标T：表示此图层为可编辑的文字层。

图标fx：为图层添加了样式。

在“图层”控制面板的上方有4个工具图标，如图2-112所示。

锁定：

图2-112

锁定透明像素：用于锁定当前图层中的透明区域，使透明区域不能被编辑。

锁定图像像素：使当前图层和透明区域不能被编辑。

锁定位置：使当前图层不能被移动。

锁定全部：使当前图层或序列完全被锁定。

在“图层”控制面板的下方有7个工具按钮图标，如图2-113所示。

图2-113

链接图层：使所选图层和当前图层成为一组，当对一个链接图层进行操作时，将影响一组链接图层。

添加图层样式：为当前图层添加图层样式效果。

添加图层蒙版：将在当前层上创建一个蒙版。在图层蒙版中，黑色代表隐藏图像，白色代表显示图像。可以使用画笔等绘图工具对蒙版进行绘制，还可以将蒙版转换成选择区域。

创建新的填充或调整图层：可对图层进行颜色填充和效果调整。

创建新组：用于新建一个文件夹，可在其中放入图层。

创建新图层：用于在当前图层的上方创建一个新层。

删除图层：可以将不需要的图层拖曳到此处进行删除。

2.7.2　面板菜单

单击“图层”控制面板右上方的图标，弹出命令菜单，如图2-114所示。

图2-114

2.7.3　新建图层

使用控制面板弹出式菜单：单击“图层”控制面板右上方的图标，弹出面板菜单，选择“新建图层”命令，弹出“新建图层”对话框，如图2-115所示。

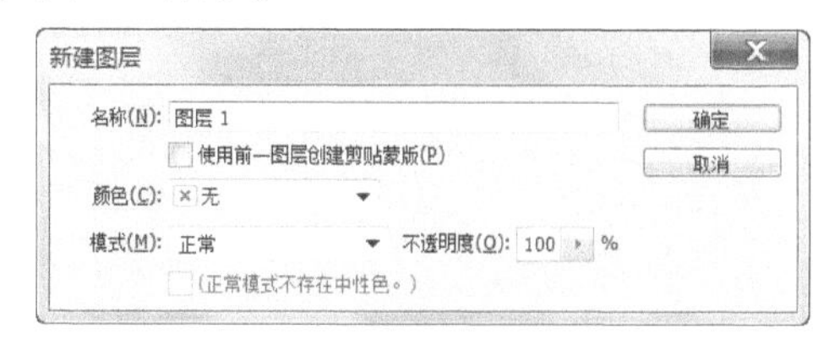

图2-115

名称：用于设定新图层的名称，可以选择与前一图层创建剪贴蒙版。

颜色： 用于设定新图层的颜色。

模式： 用于设定当前图层的合成模式。

不透明度： 用于设定当前图层的不透明度值。

使用控制面板按钮或快捷键： 单击“图层”控制面板下方的“创建新图层”按钮，可以创建一个新图层。按住Alt键的同时，单击“创建新图层”按钮，将弹出“新建图层”对话框，创建一个新图层。

使用“图层”菜单命令或快捷键： 选择“图层 > 新建 > 图层”命令，弹出“新建图层”对话框。按Shift+Ctrl+N组合键，也可以弹出“新建图层”对话框，创建一个新图层。

2.7.4 复制图层

使用控制面板弹出式菜单： 单击“图层”控制面板右上方的图标，弹出面板菜单，选择“复制图层”命令，弹出“复制图层”对话框，如图2-116所示。

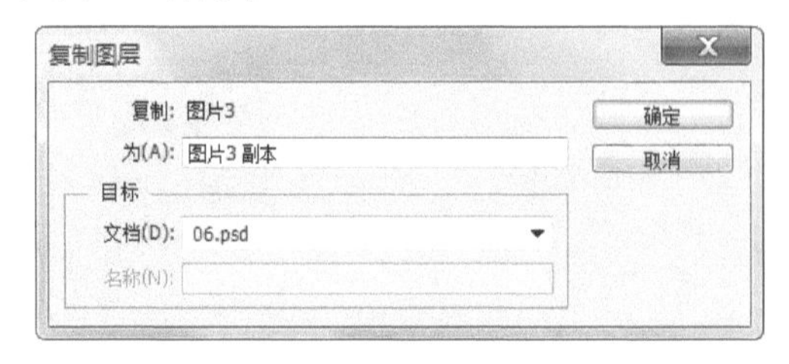

图2-116

为：用于设定复制层的名称。

文档：用于设定复制层的文件来源。

使用控制面板按钮： 将需要复制的图层拖曳到控制面板下方的“创建新图层”按钮上，可以将所选的图层复制为一个新图层。

使用菜单命令： 选择“图层 > 复制图层”命令，弹出“复制图层”对话框，复制图层。

使用鼠标拖曳的方法复制不同图像之间的图层：打开目标图像和需要复制的图像。将需要复制的图像中的图层直接拖曳到目标图像的图层中，图层复制完成。

2.7.5 删除图层

使用控制面板弹出式菜单： 单击“图层”控制面板右上方的图标，弹出面板菜单，选择“删除图层”命令，弹出提示对话框，如图2-117所示，单击“是”按钮，删除图层。

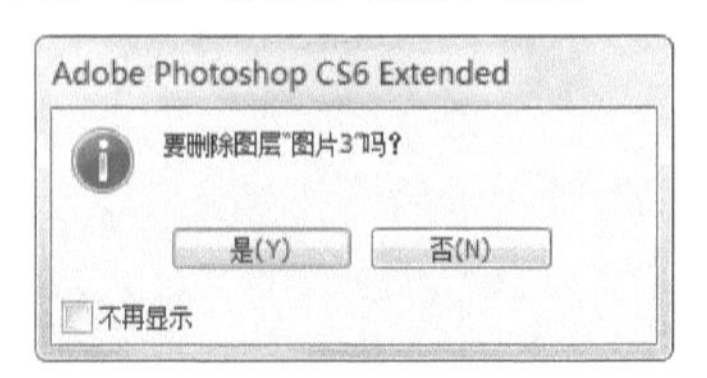

图2-117

使用控制面板按钮： 选中要删除的图层，单击“图层”控制面板下方的“删除图层”按钮，即可删除图层。将需要删除的图层直接拖曳到“删除图层”按钮上进行删除。

使用菜单命令： 选择“图层 > 删除 > 图层”命令，即可删除图层。

2.7.6 图层的显示和隐藏

单击“图层”控制面板中任意图层左侧的眼睛图标，可以隐藏或显示这个图层。

按住Alt键的同时，单击“图层”控制面板中的任意图层左侧的眼睛图标，此时，图层控制面板中将只显示这个图层，其他图层被隐藏。

2.7.7 图层的选择、链接和排列

选择图层： 用鼠标单击“图层”控制面板中的任意一个图层，可以选择这个图层。

选择“移动”工具，用鼠标右键单击窗口中的图像，弹出一组供选择的图层选项菜单，选择所需要的图层即可。

链接图层： 当要同时对多个图层中的图像进行操作时，可以将多个图层进行链接，方便操作。选中要链接的图层，如图2-118所示，单击“图层”控制面板下方的“链接图层”按钮，选中的图层被链接，如图2-119所示。再次单击“链接图层”按钮，可取消链接。

图2-118

图2-119

排列图层：单击“图层”控制面板中的任意图层并按住鼠标不放，拖曳鼠标可将其调整到其他图层的上方或下方。

选择“图层 > 排列”命令，弹出“排列”命令的子菜单，选择其中的排列方式即可。

> **提示**
>
> 按Ctrl+［组合键，可以将当前图层向下移动一层；按Ctrl+］组合键，可以将当前图层向上移动一层；按Shift+Ctrl+［组合键，可以将当前图层移动到除了背景图层以外的所有图层的下方；按Shift +Ctrl+］组合键，可以将当前图层移动到所有图层的上方。背景图层不能随意移动，可以将其转换为普通图层后再移动。

2.7.8　合并图层

“向下合并”命令用于向下合并图层。单击“图层”控制面板右上方的图标，在弹出的菜单中选择“向下合并”命令，或按Ctrl+E组合键即可完成操作。

“合并可见图层”命令用于合并所有可见层。单击“图层”控制面板右上方的图标，在弹出的菜单中选择“合并可见图层”命令，或按Shift+Ctrl+E组合键即可完成操作。

“拼合图像”命令用于合并所有的图层。单击“图层”控制面板右上方的图标，在弹出的菜单中选择“拼合图像”命令即可完成操作。

2.7.9　图层组

当编辑多层图像时，为了方便操作，可以将多个图层建立在一个图层组中。单击“图层”控制面板右上方的图标，在弹出的菜单中选择“新建组”命令，弹出“新建组”对话框，单击“确定”按钮，新建一个图层组，如图2-120所示。选中要放置到组中的多个图层，如图2-121所示。将其拖曳到图层组中，选中的图层被放置在图层组中，如图2-122所示。

图2-120

图2-121

图2-122

> **提示**
>
> 单击“图层”控制面板下方的“创建新组”按钮，或选择“图层 > 新建 > 组”命令，可以新建图层组。还可选中要放置在图层组中的所有图层，按Ctrl+G组合键，自动生成新的图层组。

2.8 恢复操作的应用

在绘制和编辑图像的过程中，经常会错误地执行一个步骤或对制作的一系列效果不满意。当希望恢复到前一步或原来的图像效果时，可以使用恢复操作命令。

2.8.1 恢复到上一步的操作

在编辑图像的过程中可以随时将操作返回到上一步，也可以将图像还原到恢复前的效果。选择“编辑 > 还原”命令，或按Ctrl+Z组合键，可以恢复到图像的上一步操作。如果想将图像还原到恢复前的效果，再按Ctrl+Z组合键即可。

2.8.2 中断操作

当Photoshop CS6正在处理图像时，可以按Esc键中断正在进行的操作。

2.8.3 恢复到操作过程的任意步骤

“历史记录”控制面板可以将进行过多次处理操作的图像恢复到任一步操作时的状态，即所谓的“多次恢复功能”。选择“窗口 > 历史记录”命令，弹出“历史记录”控制面板，如图2-123所示。

图2-123

控制面板下方的按钮从左至右依次为“从当前状态创建新文档”按钮、“创建新快照”按钮和“删除当前状态”按钮。

单击控制面板右上方的图标，弹出面板菜单，如图2-124所示。

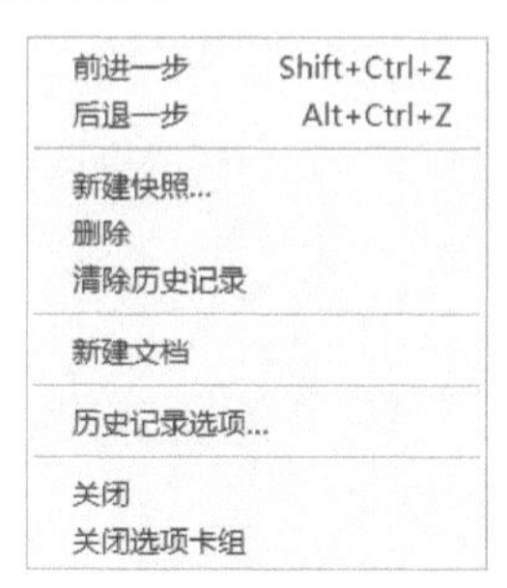

图2-124

前进一步：用于将滑块向下移动一位。

后退一步：用于将滑块向上移动一位。

新建快照：用于根据当前滑块所指的操作记录建立新的快照。

删除：用于删除控制面板中滑块所指的操作记录。

清除历史记录：用于清除控制面板中除最后一条记录外的所有记录。

新建文档：用于由当前状态或者快照建立新的文件。

历史记录选项：用于设置“历史记录”控制面板。

“关闭”和“关闭选项卡组”：用于关闭“历史记录”控制面板和控制面板所在的选项卡组。

第 3 章

绘制和编辑选区

本章介绍

本章将主要介绍Photoshop CS6中绘制选区的方法以及编辑选区的技巧。通过对本章的学习，读者可以学会绘制规则与不规则的选区，并对选区进行移动、反选和羽化等调整操作，为今后的编辑工作提供帮助。

学习目标

◆ 掌握选择工具的使用方法。
◆ 熟练掌握选区的操作技巧。

技能目标

◆ 掌握“空中楼阁”的制作方法。
◆ 掌握“温馨家庭照片模板”的制作方法。

3.1 选择工具的使用

对图像进行编辑，首先要进行选择图像的操作。能够快捷、精确地选择图像是提高处理图像效率的关键。

3.1.1 课堂案例——制作空中楼阁

【案例学习目标】学习使用不同的选择工具来选择不同外形的图像，并应用移动工具将其合成一张图像。

【案例知识要点】使用磁性套索工具抠出建筑物和云彩图像，使用魔棒工具抠出山脉，使用矩形选框工具和渐变工具添加山脉图像的颜色，使用收缩和羽化命令制作云彩图像虚化效果，最终效果如图3-1所示。

【效果所在位置】Ch03/效果/制作空中楼阁.psd。

图3-1

（1）按Ctrl+O组合键，打开本书学习资源中的“Ch03 > 素材 > 制作空中楼阁 > 01、02”文件，01文件如图3-2所示。选择“多边形套索”工具，在02图像中沿着建筑边缘拖曳鼠标绘制选区，如图3-3所示。

图3-2

图3-3

（2）选择“移动”工具，将选区中的图像拖曳到01图像窗口中适当的位置，如图3-4所示。按Ctrl+T组合键，图像周围出现变换框，按住Shift键的同时，向外拖曳右上角的控制手柄等比例放大图片，按Enter键确认操作，效果如图3-5所示。在“图层”控制面板中生成新的图层并将其命名为“楼阁”，如图3-6所示。

图3-4

图3-5

图3-6

（3）按Ctrl+O组合键，打开本书学习资源中的“Ch03 > 素材 > 制作空中楼阁 > 03”文件。选择“磁性套索”工具，在图像窗口中沿着云朵图像绘制选区，如图3-7所示。选择“选择 > 修改 > 收缩”命令，在弹出的对话框中进行设置，如图3-8所示，单击“确定”按钮，收缩选区。

图3-7

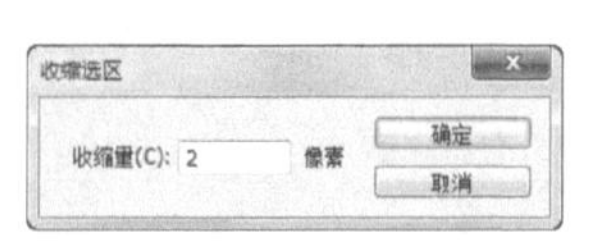

图3-8

（4）选择“选择 > 修改 > 羽化”命令，在弹出的对话框中进行设置，如图3-9所示，单击“确定”按钮，羽化选区。按Ctrl+J组合键，复制选区内图像，如图3-10所示。单击“背景”图层左侧的眼睛图标，隐藏图层，如图3-11所示。

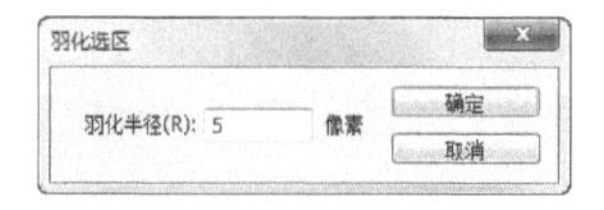

图3-9

图3-10

图3-11

（5）按Ctrl+ +组合键，放大图像，如图3-12所示。按Ctrl+L组合键，在弹出的“色阶”对话框中进行设置，如图3-13所示，单击“确定”按钮，效果如图3-14所示。

图3-12

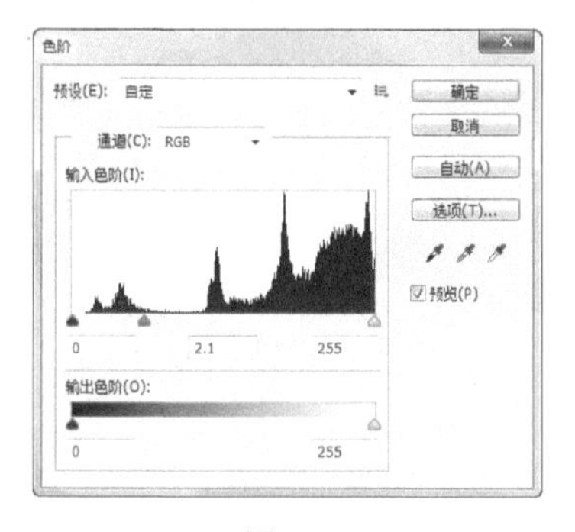

图3-13

图3-14

（6）单击“背景”图层左侧的空白图标，显示图层。选取该图层，如图3-15所示。选择“磁性套索”工具，在图像窗口中沿着云朵图像绘制选区，如图3-16所示。

图3-15 图3-16

（7）收缩并羽化选区后，复制选区中的图像，并隐藏其他图层，效果如图3-17所示。按Ctrl+L组合键，在弹出的“色阶”对话框中进行设置，如图3-18所示，单击“确定”按钮，效果如图3-19所示。用相同的方法制作另一朵云朵图像，效果如图3-20所示。

图3-17

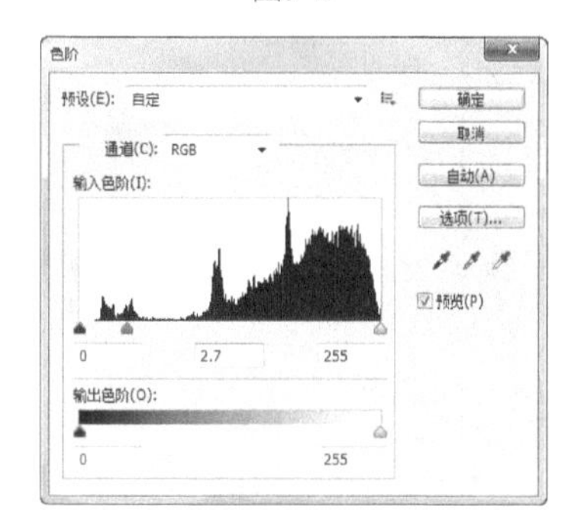

图3-18

图3-19 图3-20

（8）选择“移动”工具，分别将选择出的云朵图像拖曳到图像窗口的适当位置，并调整其大小，效果如图3-21所示。在“图层”控制面板中生成新的图层并将其命名为“云朵”“云朵2”“云朵3”。选择“云朵2”图层，按住Alt键的同时，在图像窗口中将其拖曳到适当的位置，复制图像，效果如图3-22所示。

图3-21

图3-22

（9）按Ctrl＋O组合键，打开本书学习资源中的“Ch03 > 素材 > 制作空中楼阁 > 04”文件，如图3-23所示。选择“魔棒”工具，选择属性栏中的“添加到选区”按钮，在图像窗口中多次单击鼠标生成选区，如图3-24所示。

图3-23

图3-24

（10）按Shift+ Ctrl+I组合键，反选选区，如图3-25所示。单击“图层”控制面板下方的“添加图层蒙版”按钮，为图层添加蒙版，如图3-26所示，图像效果如图3-27所示。

图3-25

图3-26

图3-27

（11）选择“云朵3”图层。选择“移动”工具，将山峰图像拖曳到图像窗口的适当位置，并调整其大小，效果如图3-28所示。在“图层”控制面板中生成新的图层并将其命名为“山峰”。

（12）新建图层并将其命名为“渐变”。选择“矩形选框”工具，在图像窗口下方绘制矩形选区，如图3-29所示。选择“渐变”工具，在选区中从上向下拖曳渐变色，效果如图3-30所示。按Ctrl+D组合键，取消选区，效果如图3-31所示。

图3-28

图3-29

图3-30

图3-31

（13）在“图层”控制面板上方，将该图层的混合模式选项设为“正片叠底”，“不透明度”选项设为80%，如图3-32所示，按Enter键确认操作，效果如图3-33所示。

图3-32

图3-33

（14）选择“横排文字”工具，在图像窗口中单击插入光标，分别输入需要的白色和青灰色（其R、G、B的值分别为80、154、209）文字并选取文字，在属性栏中选择合适的字体并设置文字大小，效果如图3-34所示，在“图层”控制面板中生成新的文字图层。按住Shift键的同时，将两个文字图层同时选取，如图3-35所示。

图3-34

图3-35

（15）选择“窗口 > 字符”命令，弹出“字符”面板，选项的设置如图3-36所示，按Enter键确认操作，文字效果如图3-37所示。空中楼阁制作完成。

图3-36

图3-37

3.1.2　选框工具

矩形选框工具可以在图像或图层中绘制矩形选区。

选择“矩形选框”工具，或反复按Shift+M组合键，其属性栏状态如图3-38所示。

图3-38

新选区：去除旧选区，绘制新选区。

添加到选区：在原有选区的上面增加新的选区。

从选区减去：在原有选区上减去新选区的部分。

与选区交叉：选择新旧选区重叠的部分。

羽化：用于设定选区边界的羽化程度。

消除锯齿：用于清除选区边缘的锯齿。

样式：用于选择绘制类型。

选择“矩形选框”工具，在图像窗口中适当的位置单击并按住鼠标不放，向右下方拖曳鼠标绘制选区；松开鼠标，矩形选区绘制完成，如图3-39所示。按住Shift键的同时，在图像窗口中可以绘制出正方形选区，如图3-40所示。

图3-39

图3-40

在属性栏中选择“样式”选项下拉列表中的“固定比例”，将“宽度”选项设为1，“高度”选项设为3，如图3-41所示。在图像窗口中绘制固定比例的选区，效果如图3-42所示。单击“高度和宽度互换”按钮，可以快速地将宽度和高度比的数值互相置换，互换后绘制的选区效果如图3-43所示。

图3-41

图3-42

图3-43

在属性栏中选择“样式”选项下拉列表中的“固定大小”，在“宽度”和“高度”选项中输入数值，单位只能是像素，如图3-44所示。绘制固定大小的选区，效果如图3-45所示。单击“高度和宽度互换”按钮，可以快速地将宽度和高度的数值互相置换，互换后绘制的选区效果如图3-46所示。

因“椭圆选框”工具的应用与“矩形选框”工具基本相同，这里就不再赘述。

图3-44

图3-45

图3-46

3.1.3 套索工具

套索工具可以在图像或图层中绘制不规则形状的选区，选取不规则形状的图像。

选择“套索”工具，或反复按Shift+L组合键，其属性栏状态如图3-47所示。

图3-47

选择“套索”工具，在图像窗口中适当的位置单击并按住鼠标不放，拖曳鼠标在图像上进行绘制，如图3-48所示，松开鼠标，选择区域自动封闭生成选区，效果如图3-49所示。

图3-48

图3-49

3.1.4 魔棒工具

魔棒工具可以用来选取图像中的某一点，并将与这一点颜色相同或相近的点自动融入选区中。

选择“魔棒”工具，或反复按Shift+W组合键，其属性栏状态如图3-50所示。

图3-50

取样大小：用于设置取样范围的大小。

容差：用于控制色彩的范围，数值越大，可容许的颜色范围越大。

连续：用于选择单独的色彩范围。

对所有图层取样：用于将所有可见层中颜色容许范围内的色彩加入选区。

选择“魔棒”工具，在图像窗口中单击需要选择的颜色区域，即可得到需要的选区，如图3-51所示。调整属性栏中的容差值，再次单击需要选择的区域，得到的选区效果如图3-52所示。

图3-51

图3-52

3.2 选区的操作技巧

在建立选区后，可以对选区进行一系列的操作，如移动选区、调整选区和羽化选区等。

3.2.1 课堂案例——制作温馨家庭照片模板

【案例学习目标】学习调整选区的方法和技巧，并应用羽化选区命令制作柔和的图像效果。

【案例知识要点】使用羽化选区命令制作柔和的图像效果，使用魔棒工具、反选命令、收缩命令和移动工具添加人物图片，最终效果如图3-53所示。

【效果所在位置】Ch03/效果/制作温馨家庭照片模板.psd。

图3-53

（1）按Ctrl＋O组合键，打开本书学习资源中的“Ch03 > 素材 > 制作温馨家庭照片模板 > 01”文件，如图3-54所示。单击“图层”控制面板下方的“创建新图层”按钮，生成新的图层并将其命名为“暗角”，如图3-55所示。将前景色设为白色，按Alt+Delete组合键，用前景色填充“暗角”图层。

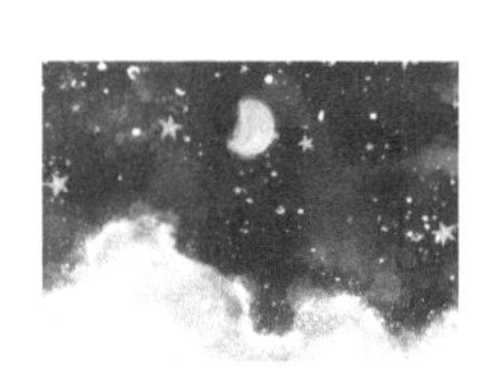
图3-54

图3-55

（2）选择“椭圆选框”工具，在图像窗口中绘制椭圆选区，如图3-56所示。选择“选择 > 修改 > 羽化”命令，弹出“羽化选区”对话框，选项的设置如图3-57所示，单击“确定”按钮，羽化选区。按多次Delete键，删除选区中的图像。按Ctrl+D组合键，取消选区，效果如图3-58所示。

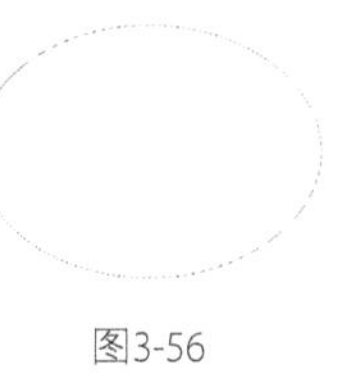
图3-56

图3-57

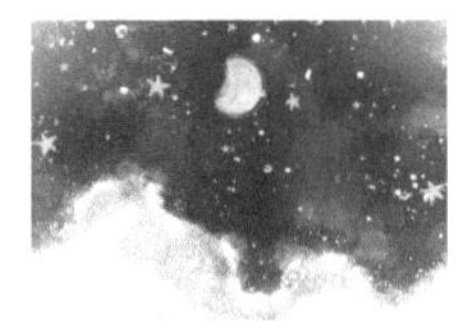
图3-58

（3）按Ctrl＋O组合键，打开本书学习资源中的“Ch03 > 素材 > 制作温馨家庭照片模板 > 02”文件，如图3-59所示。选择“魔棒”工具，选择属性栏中的“添加到选区”按钮，在图像窗口中的蓝色背景区域单击，图像周围生成选区，如图3-60所示。

（4）按Shift+Ctrl+I组合键，反选选区，如图3-61所示。选择“选择 > 修改 > 收缩”命令，在弹出的对话框中进行设置，如图3-62所示，单击“确定”按钮，收缩选区。选择“移动”工具，将选区中的图像拖曳到图像窗口的适当位置，如图3-63所示，在“图层”控制面板中生成新的图层并将其命名为“人物”。

图3-59

图3-60

图3-61

图3-62

图3-63

（5）按Ctrl＋O组合键，打开本书学习资源中的“Ch03 > 素材 > 制作温馨家庭照片模板 > 03”文件，如图3-64所示。选择“魔棒”工具，在图像窗口中的绿色背景区域单击，图像周围生成选区，如图3-65所示。

图3-64

图3-65

（6）按Shift+Ctrl+I组合键，反选选区，如图3-66所示。选择“选择 > 修改 > 收缩”命令，在弹出的对话框中进行设置，如图3-67所示，单击“确定”按钮，收缩选区。

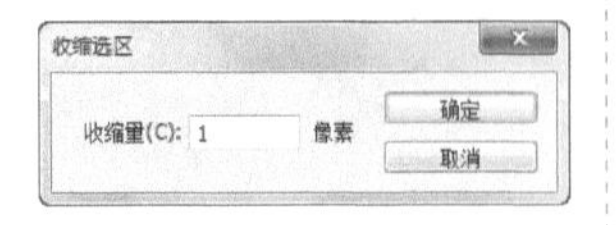

图3-66　　图3-67

（7）选择“移动”工具，将选区中的图像拖曳到图像窗口的适当位置，如图3-68所示，在“图层”控制面板中生成新的图层并将其命名为“人物2”。按Ctrl+O组合键，打开本书学习资源中的“Ch03 > 素材 > 制作温馨家庭照片模板 > 04、05”文件。选择“移动”工具，将图片分别拖曳到图像窗口的适当位置，如图3-69所示，在“图层”控制面板中生成新的图层并将其命名为“装饰”和“文字”。温馨家庭照片模板制作完成。

图3-68　　图3-69

3.2.2　移动选区

选择选框工具绘制选区，将鼠标放在选区中，鼠标指针变为图标，如图3-70所示。按住鼠标并进行拖曳，鼠标指针变为图标，将选区拖曳到其他位置，如图3-71所示。松开鼠标，即可完成选区的移动，效果如图3-72所示。

图3-70

图3-71　　图3-72

当使用矩形和椭圆选框工具绘制选区时，不要松开鼠标，按住Spacebar（空格）键的同时拖曳鼠标，即可移动选区。绘制出选区后，使用键盘中的方向键可以将选区沿各方向移动1个像素，使用Shift+方向组合键可以将选区沿各方向移动10个像素。

3.2.3　羽化选区

羽化选区可以使图像产生柔和的效果。

在图像中绘制不规则选区，如图3-73所示。选择“选择 > 修改 > 羽化”命令，弹出“羽化选区”对话框，设置羽化半径的数值，如图3-74所示，单击“确定”按钮，选区被羽化。按Shift+Ctrl+I组合键，将选区反选，如图3-75所示。

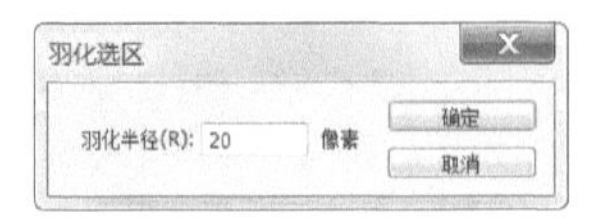

图3-73　　图3-74

图3-75

在选区中填充颜色后，效果如图3-76所示。还可以在绘制选区前在所使用工具的属性栏中直接输入羽化的数值，如图3-77所示。此时，绘制的选区自动成为带有羽化边缘的选区。

图3-76

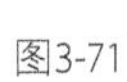

图3-77

3.2.4　创建和取消选区

选择“选择 > 取消选择”命令，或按Ctrl+D组合键，可以取消选区。

3.2.5　全选和反选选区

选择“选择 > 全部”命令，或按Ctrl+A组合键，可以选取全部图像，效果如图3-78所示。

选择“选择 > 反向”命令，或按Shift+Ctrl+I组合键，可以对当前选区进行反向选取，效果分别如图3-79和图3-80所示。

图3-78

图3-79

图3-80

课堂练习——制作足球插画

【练习知识要点】使用椭圆选框工具将足球图像抠出，使用磁性套索工具将标题图像抠出，使用多边形套索工具将人物图像抠出，最终效果如图3-81所示。

【效果所在位置】Ch03/效果/制作足球插画.psd。

图3-81

课后习题——制作果汁广告

【习题知识要点】使用椭圆选框工具和羽化选区命令制作投影效果，使用魔棒工具选取图像，使用反选命令反选图像，使用移动工具移动选区中的图像，最终效果如图3-82所示。

【效果所在位置】Ch03/效果/制作果汁广告.psd。

图3-82

第 4 章

绘制图像

本章介绍

本章主要介绍Photoshop CS6画笔工具的使用方法以及填充工具的使用技巧。通过对本章的学习，读者可以用画笔工具绘制出丰富多彩的图像效果，用填充工具制作出多样的填充效果。

学习目标

- ◆ 掌握绘图工具和历史记录画笔工具的使用。
- ◆ 掌握渐变工具和油漆桶工具的操作。
- ◆ 掌握填充工具和描边命令的使用。

技能目标

- ◆ 掌握“趣味音乐”的制作方法。
- ◆ 掌握“油画效果”的制作方法。
- ◆ 掌握“彩虹”的制作方法。
- ◆ 掌握“踏板车插画”的制作方法。

4.1 绘图工具的使用

使用绘图工具是绘画和编辑图像的基础。画笔工具可以绘制出各种绘画效果。铅笔工具可以绘制出各种硬边效果的图像。

4.1.1 课堂案例——制作趣味音乐

【案例学习目标】学习使用画笔工具绘制趣味表情。

【案例知识要点】使用画笔工具绘制表情，使用横排文字工具添加文字，最终效果如图4-1所示。

【效果所在位置】Ch04/效果/制作趣味音乐.psd。

图4-1

（1）按Ctrl+O组合键，打开本书学习资源中的“Ch04 > 素材 > 制作趣味音乐 > 01、02”文件，01文件如图4-2所示。选择“移动”工具，将02图片拖曳到01图像窗口中适当的位置，效果如图4-3所示，在“图层”控制面板中生成新的图层并将其命名为“橙子”。

图4-2

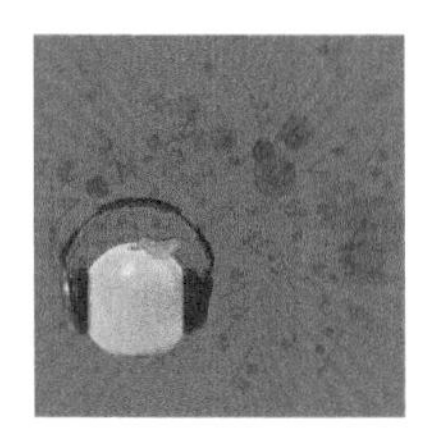

图4-3

（2）新建图层并将其命名为“笑脸”。将前景色设为黑色。选择“画笔”工具，在属性栏中单击“画笔”选项右侧的按钮，弹出画笔选择面板，单击面板右上方的按钮，在弹出的下拉菜单中选择“方头画笔”命令，弹出提示对话框，单击“追加”按钮。在面板中选择需要的画笔形状，如图4-4所示，在图像窗口中绘制表情，效果如图4-5所示。

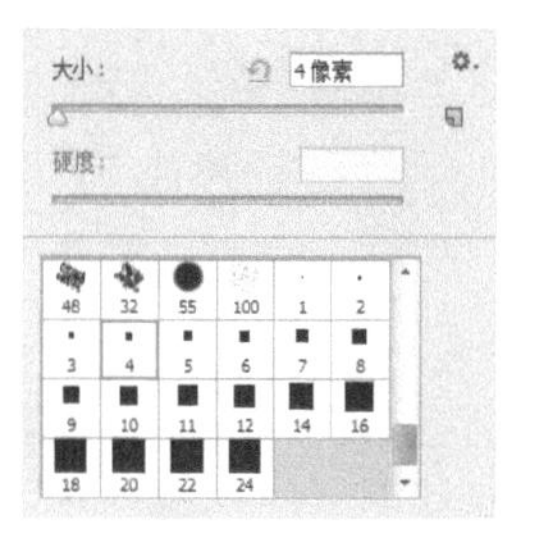

图4-4

图4-5

（3）新建图层并将其命名为“投影”。选择“椭圆选框”工具，在图像窗口中绘制椭圆选区，如图4-6所示。选择“选择 > 修改 > 羽化”命令，在弹出的对话框中进行设置，如图4-7所示，单击“确定”按钮，羽化选区。按Alt+Delete组合键，用前景色填充选区。按Ctrl+D组合键，取消选区，效果如图4-8所示。将“阴影”图层拖曳到“橙子”图层的下方，图像效果如图4-9所示。

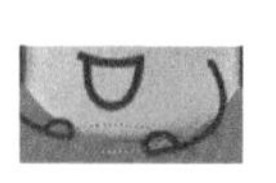

图4-6

图4-7

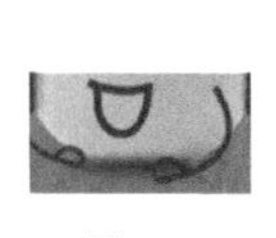

图4-8

图4-9

（4）用相同的方法制作如图4-10所示的效果。将前景色设为白色。选择“横排文字”工具，在适当的位置输入需要的文字并选取文字，在属性栏中选择合适的字体并设置文字大小，效果如图4-11所示。趣味音乐制作完成。

图4-10

图4-11

4.1.2 画笔工具

选择“画笔”工具，或反复按Shift+B组合键，其属性栏状态如图4-12所示。

图4-12

画笔预设：用于选择和设置预设的画笔。

模式：用于选择绘画颜色与下面现有像素的混合模式。

不透明度：可以设定画笔颜色的不透明度。

流量：用于设定喷笔压力，压力越大，喷色越浓。

启用喷枪模式：可以启用喷枪功能。

绘图板压力控制大小：使用压感笔压力可以覆盖“画笔”面板中的“不透明度”和“大小”的设置。

选择“画笔”工具，在属性栏中设置画笔，如图4-13所示，在图像窗口中单击鼠标并按住不放，拖曳鼠标可以绘制出如图4-14所示的效果。

图4-13

图4-14

单击“画笔”选项右侧的按钮，弹出如图4-15所示的画笔选择面板，可以选择画笔形状。拖曳“大小”选项下方的滑块或直接输入数值，可以设置画笔的大小。如果选择的画笔是基于样本的，将显示“恢复到原始大小”按钮，单击此按钮，可以使画笔的大小恢复到初始的大小。

单击画笔选择面板右上方的按钮，在弹出的下拉菜单中选择“描边缩览图”命令，如图4-16所示，“画笔”选择面板的显示效果如图4-17所示。

图4-15

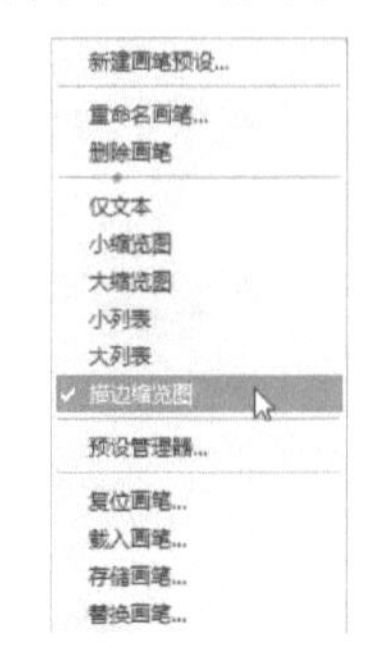

图4-16

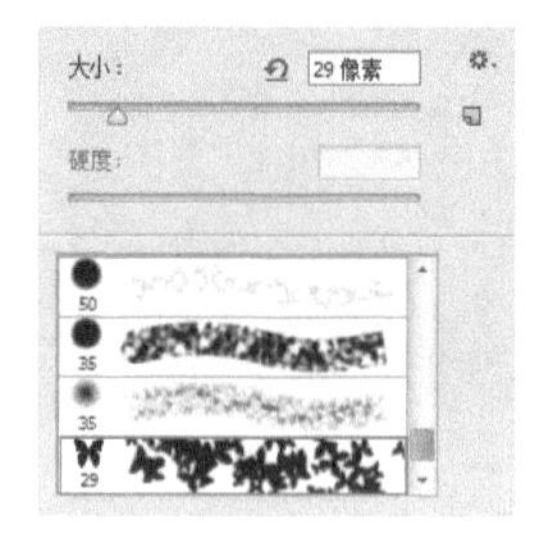

图4-17

新建画笔预设：用于建立新画笔。

重命名画笔：用于重新命名画笔。

删除画笔：用于删除当前选中的画笔。

仅文本：以文字描述方式显示画笔选择面板。

小/大缩览图：以小/大图标方式显示画笔选择面板。

小/大列表：以小/大文字和图标列表方式显示画笔选择面板。

描边缩览图：以笔划的方式显示画笔选择面板。

预设管理器：用于在弹出的预置管理器对话框中编辑画笔。

复位画笔：用于恢复默认状态的画笔。

载入画笔：用于将存储的画笔载入面板。

存储画笔：用于将当前的画笔进行存储。

替换画笔：用于载入新画笔并替换当前画笔。

在画笔选择面板中单击“从此画笔创建新的预设”按钮，弹出如图4-18所示的“画笔名称”对话框。单击属性栏中的“切换画笔面板”按钮，弹出如图4-19所示的“画笔”控制面板。

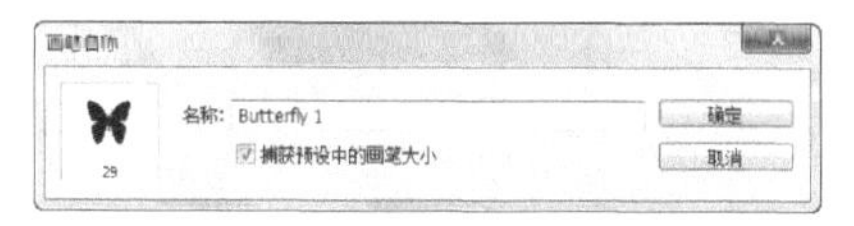

图4-18

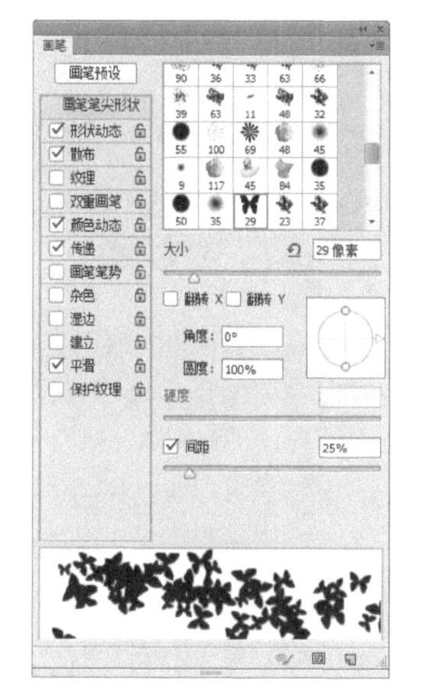

图4-19

4.1.3　铅笔工具

选择“铅笔”工具，或反复按Shift+B组合键，其属性栏状态如图4-20所示。

图4-20

自动抹除：用于自动判断绘画时的起始点颜色，如果起始点颜色为背景色，则铅笔工具将以前景色绘制，反之如果起始点颜色为前景色，铅笔工具则会以背景色绘制。

选择“铅笔”工具，在属性栏中选择笔触大小，勾选“自动抹除”复选框，如图4-21所示，此时绘制效果与鼠标所单击的起始点颜色有关，当鼠标单击的起始点像素与前景色相同时，“铅笔”工具将等同于“橡皮擦”工具的功能，以背景色绘图；如果鼠标单击的起始点颜色不是前景色，绘图时仍然会保持以前景色绘制的方式。

图4-21

将前景色和背景色分别设定为紫色和土黄色，在图像窗口中单击鼠标，画出一个紫色图形，在紫色图形上单击绘制下一个图形，用相同的方法继续绘制，效果如图4-22所示。

图4-22

4.2 应用历史记录画笔工具

历史记录画笔工具主要用于将图像恢复到以前某一历史状态，以形成特殊的图像效果。

4.2.1　课堂案例——制作油画效果

【案例学习目标】学会应用历史记录艺术画笔工具、调色命令和滤镜命令制作油画效果。

【案例知识要点】使用新建快照命令、不透明度选项和历史记录艺术画笔工具制作油画效果，使用去色命令和色相/饱和度命令调整图片的颜色，使用混合模式选项和浮雕效果滤镜命令为图片添加浮雕效果，最终效果如图4-23所示。

【效果所在位置】Ch04/效果/制作油画效果.psd。

图4-23

（1）按Ctrl＋O组合键，打开本书学习资源中的“Ch04 > 素材 > 制作油画效果 > 01”文件，如图4-24所示。选择“窗口 > 历史记录”命令，弹出“历史记录”控制面板，单击面板右上方的图标，在弹出的菜单中选择“新建快照”命令，弹出“新建快照”对话框，如图4-25所示，单击“确定”按钮。

图4-24

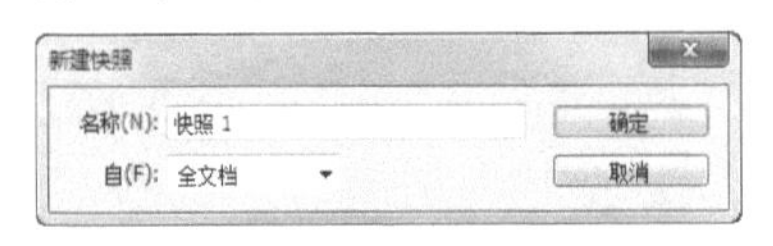

图4-25

（2）新建图层并将其命名为“黑色填充”。将前景色设为黑色。按Alt+Delete组合键，用前景色填充图层。在“图层”控制面板上方，将“黑色填充”图层的“不透明度”选项设为80%，如图4-26所示，按Enter键确认操作，图像效果如图4-27所示。

图4-26

图4-27

（3）新建图层并将其命名为“画笔”。选择“历史记录艺术画笔”工具，在属性栏中单击“画笔”选项右侧的按钮，弹出画笔选择面板，单击面板右上方的按钮，在弹出的菜单中选择“干介质画笔”选项，弹出提示对话框，单击“追加”按钮。在画笔选择面板中选择需要的画笔形状，设置如图4-28所示，属性栏的设置如图4-29所示。在图像窗口中拖曳鼠标绘制图形，效果如图4-30所示。

图4-28

图4-29

图4-30

（4）单击“黑色填充”和“背景”图层左侧的眼睛图标，将“黑色填充”和“背景”图层隐藏，观看绘制的情况，如图4-31所示。拖曳鼠标涂抹，直到笔刷铺满图像窗口，显示出隐藏的图层，效果如图4-32所示。

图4-31

图4-32

（5）选择“图像 > 调整 > 色相/饱和度”命令，在弹出的对话框中进行设置，如图4-33所示，单击“确定”按钮，效果如图4-34所示。

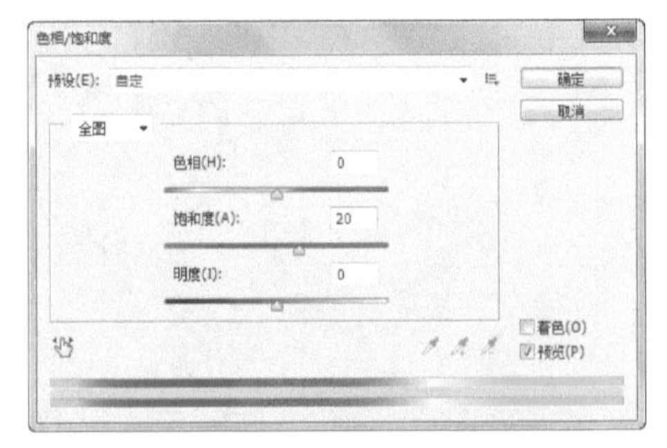

图4-33

图4-34

（6）将“画笔”图层拖曳到控制面板下方的“创建新图层”按钮 上进行复制，生成新的图层“画笔 副本”。选择“图像 > 调整 > 去色”命令，去除图像颜色，效果如图4-35所示。在“图层”控制面板上方，将“画笔 副本”图层的混合模式选项设为“叠加”，如图4-36所示，图像效果如图4-37所示。

图4-35

图4-36

图4-37

（7）选择“滤镜 > 风格化 > 浮雕效果”命令，在弹出的对话框中进行设置，如图4-38所示，单击“确定”按钮，效果如图4-39所示。

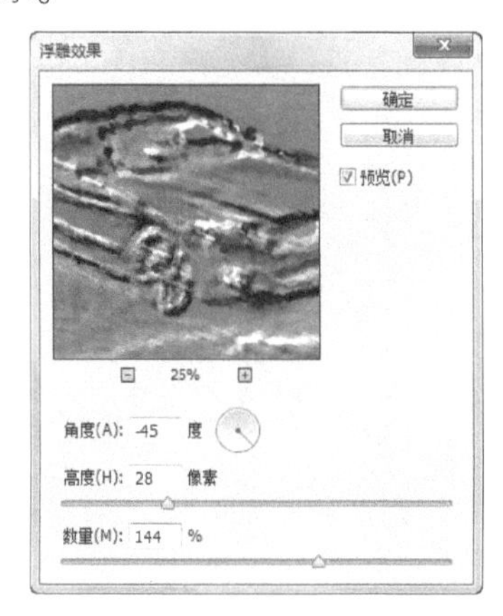

图4-38

图4-39

（8）选择“横排文字”工具T，在图像窗口中输入需要的文字并选取文字，在属性栏中选择合适的字体并设置大小，效果如图4-40所示，在“图层”控制面板中生成新的文字图层。选择“滤镜 > 风格化 > 浮雕效果”命令，弹出提示对话框，如图4-41所示，单击“确定”按钮。在弹出的对话框中进行设置，如图4-42所示，单击“确定”按钮，效果如图4-43所示。油画效果制作完成。

图4-40

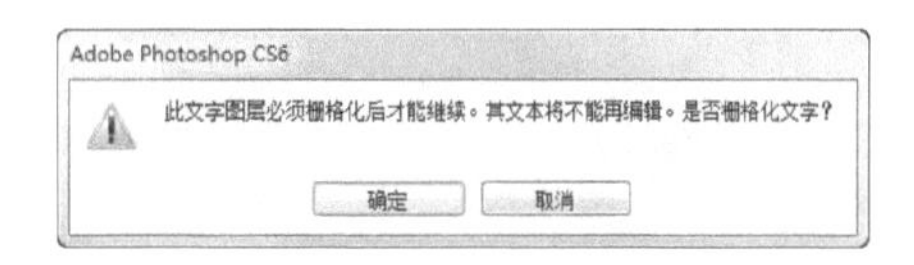

图4-41

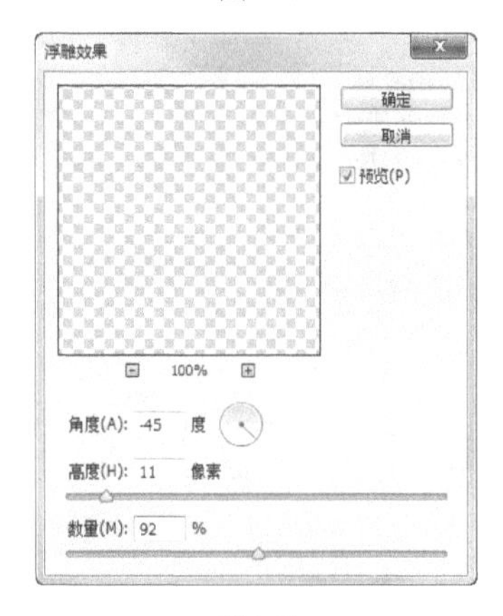

图4-42

图4-43

4.2.2 历史记录画笔工具

历史记录画笔工具是与“历史记录”控制面板结合起来使用的，主要用于将图像的部分区域恢复到以前某一历史状态，以形成特殊的图像效果。

打开一张图片，如图4-44所示。为图片添加滤镜效果，如图4-45所示。“历史记录”控制面板如图4-46所示。

图4-44

图4-45

图4-46

选择“椭圆选框”工具，在属性栏中将“羽化”选项设为50，在图像上绘制椭圆选区，如图4-47所示。选择“历史记录画笔”工具，在“历史记录”控制面板中单击“打开”步骤左侧的方框，设置历史记录画笔的源，显示出图标，如图4-48所示。

图4-47

图4-48

用“历史记录画笔”工具在选区中涂抹，如图4-49所示。取消选区后效果如图4-50所示。“历史记录”控制面板如图4-51所示。

图4-49

图4-50

图4-51

4.2.3 历史记录艺术画笔工具

历史记录艺术画笔工具和历史记录画笔工具的用法基本相同。区别在于使用历史记录艺术画笔绘图时可以产生艺术效果。

选择“历史记录艺术画笔”工具，其属性栏状态如图4-52所示。

图4-52

样式：用于选择一种艺术笔触。

区域：用于设置画笔绘制时所覆盖的像素范围。

容差：用于设置画笔绘制时的间隔时间。

打开一张图片，如图4-53所示。用颜色填充图像，效果如图4-54所示。“历史记录”控制面板如图4-55所示。

图4-53

图4-54

图4-55

在“历史记录”控制面板中单击“打开”步骤左侧的方框，设置历史记录画笔的源，显示出图标，如图4-56所示。选择“历史记录艺术画笔”工具，在属性栏中进行设置，如图4-57所示。

图4-56

图4-57

使用“历史记录艺术画笔”工具在图像上进行涂抹，效果如图4-58所示。“历史记录”控制面板如图4-59所示。

图4-58

图4-59

4.3 渐变工具和油漆桶工具

应用渐变工具可以创建多种颜色间的渐变效果，油漆桶工具可以改变图像的色彩，吸管工具可以吸取需要的色彩。

4.3.1　课堂案例——制作彩虹

【案例学习目标】学习使用渐变工具制作彩虹。

【案例知识要点】使用渐变工具制作彩虹，使用橡皮擦工具和不透明度命令制作渐隐效果，使用混合模式改变彩虹的颜色，最终效果如图4-60所示。

【效果所在位置】Ch04/效果/制作彩虹.psd。

图4-60

（1）按Ctrl+O组合键，打开本书学习资源中的“Ch04 > 素材 > 制作彩虹 > 01”文件，如图4-61所示。新建图层并将其命名为“彩虹”。选择“渐变”工具，在属性栏中单击“渐变”图标右侧的按钮，在弹出的面板中选中“圆形彩虹”渐变，如图4-62所示。在图像窗口中由中心向下拖曳渐变色，效果如图4-63所示。

图4-61

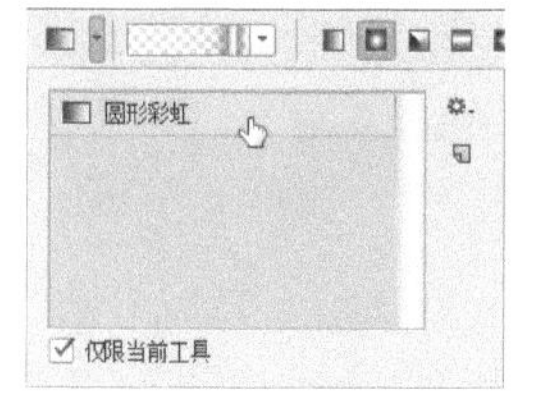

图4-62

图4-63

（2）按Ctrl+T组合键，图形周围出现变换框，适当调整控制手柄将图形变形，将鼠标指针置于控制手柄外侧，拖曳鼠标旋转其角度，按Enter键确认操作，如图4-64所示。选择“橡皮擦”工具，在属性栏中单击“画笔”选项右侧的按钮，弹出画笔选择面板，选择需要的画笔形状，设置如图4-65所示。在图像窗口中拖曳鼠标擦除不需要的图像，效果如图4-66所示。

图4-64

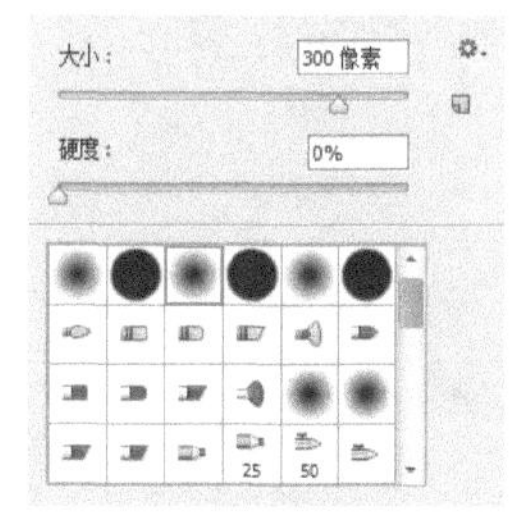

图4-65

图4-66

（3）在“图层”控制面板上方，将“彩虹”图层的混合模式选项设为“滤色”，“不透明度”选项设为60%，如图4-67所示，按Enter键确认操作，效果如图4-68所示。

图4-67

图4-68

（4）新建图层并将其命名为“画笔”。将前景色设为白色。按Alt+Delete组合键，用前景色填充图层。在“图层”控制面板上方，将“画笔”

图层的混合模式选项设为“溶解”，“不透明度”选项设为30%，如图4-69所示，按Enter键确认操作，效果如图4-70所示。

图4-69

图4-70

（5）单击“图层”控制面板下方的“添加图层蒙版”按钮，为图层添加蒙版。将前景色设为黑色。选择“画笔”工具，在属性栏中单击“画笔”选项右侧的按钮，在弹出的面板中选择需要的画笔形状，设置如图4-71所示，在图像窗口中拖曳鼠标擦除不需要的图像，效果如图4-72所示。

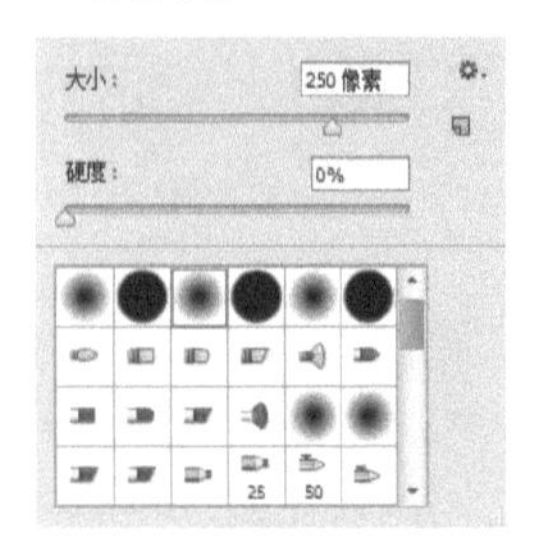

图4-71

图4-72

（6）选择“横排文字”工具，在属性栏中选择合适的字体并设置大小，在图像窗口中输入需要的白色文字，如图4-73所示，在“图层”控制面板中生成新的文字图层。单击控制面板下方的“添加图层样式”按钮，在弹出的菜单中选择“投影”命令，在弹出的对话框中进行设置，如图4-74所示。

图4-73

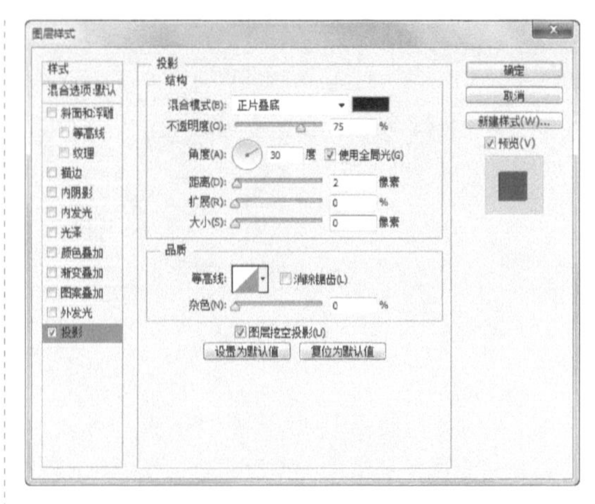

图4-74

（7）选择“描边”选项，切换到相应的对话框，将描边颜色设为橘黄色（其R、G、B的值分别为255、102、0），其他选项的设置如图4-75所示，单击“确定”按钮，效果如图4-76所示。彩虹制作完成。

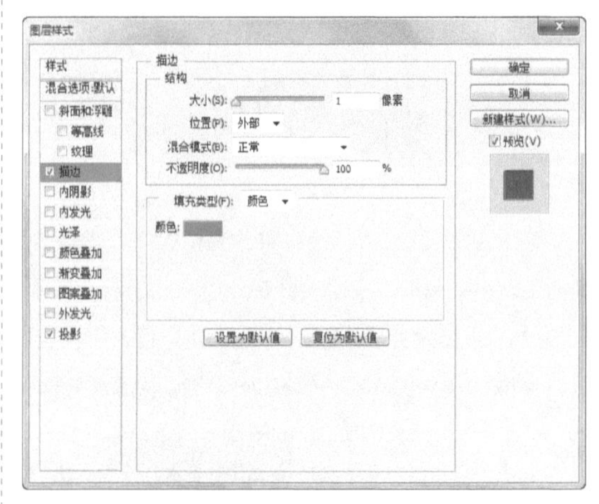

图4-75

图4-76

4.3.2 油漆桶工具

选择“油漆桶”工具，或反复按Shift+G

组合键，其属性栏状态如图4-77所示。

图4-77

前景：在其下拉列表中选择填充前景色还是图案。

：用于选择定义好的图案。

模式：用于选择着色的模式。

不透明度：用于设定不透明度。

容差：用于设定色差的范围，数值越小，容差越小，填充的区域也越小。

连续的：用于设定填充方式。

所有图层：用于选择是否对所有可见层进行填充。

选择“油漆桶”工具，在其属性栏中对“容差”选项进行不同的设定，如图4-78和图4-79所示，原图像效果如图4-80所示。用油漆桶工具在图像中填充颜色，效果如图4-81和图4-82所示。

图4-78

图4-79

图4-80

图4-81

图4-82

在属性栏中设置图案，如图4-83所示，用油漆桶工具在图像中填充图案，效果如图4-84所示。

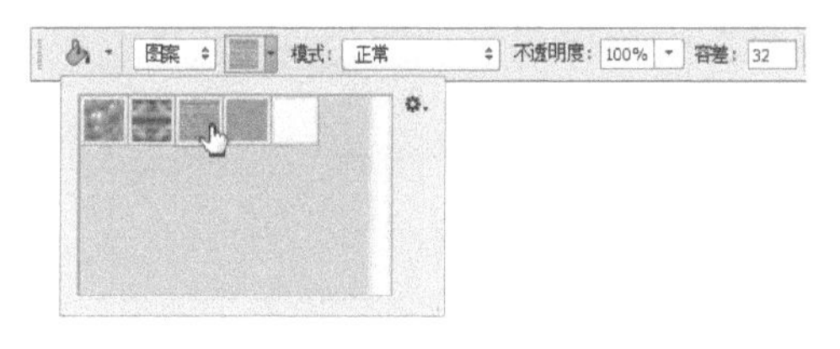

图4-83

图4-84

4.3.3　吸管工具

选择“吸管”工具，或反复按Shift+I组合键，其属性栏状态如图4-85所示。

选择“吸管”工具，用鼠标在图像中需要的位置单击，当前的前景色将变为吸管吸取的颜色，在“信息”控制面板中可以观察到吸取颜色的色彩信息，效果如图4-86所示。

图4-85

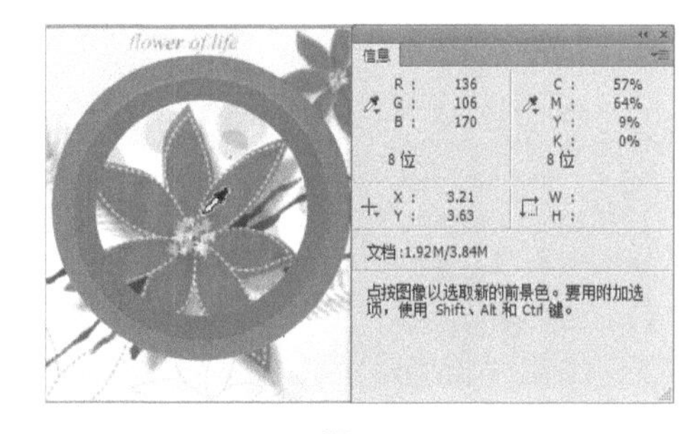

图4-86

4.3.4　渐变工具

选择“渐变”工具，或反复按Shift+G组合键，其属性栏状态如图4-87所示。

图4-87

点按可编辑渐变：用于选择和编辑渐变的色彩。

：用于选择渐变类型，包括线性渐变、径向渐变、角度渐变、对称渐变和菱形渐变。

反向：用于反向产生色彩渐变的效果。

仿色：用于使渐变更平滑。

透明区域：用于产生不透明度。

单击“点按可编辑渐变”按钮，弹出“渐变编辑器”对话框，如图4-88所示，可以自定义渐变形式和色彩。

图4-88

在“渐变编辑器”对话框中，单击颜色编辑框下方的适当位置，可以增加颜色色标，如图4-89所示。在下方的“颜色”选项中选择颜色，或双击刚建立的颜色色标，弹出“拾色器”对话框，如图4-90所示，在其中设置颜色，单击“确定”按钮，即可改变色标颜色。在“位置”选项的数值框中输入数值或用鼠标直接拖曳颜色色标，可以调整色标位置。

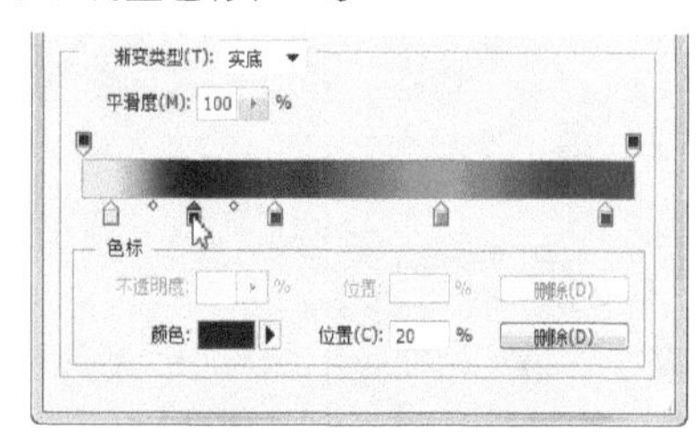

图4-89

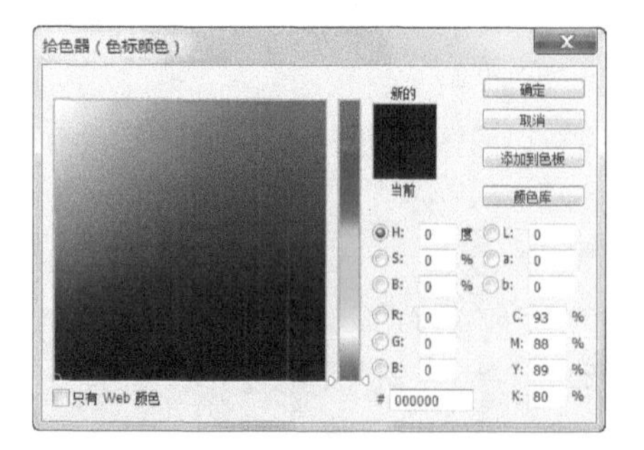

图4-90

任意选择一个颜色色标，如图4-91所示，单击对话框下方的“删除”按钮删除(D)，或按Delete键，可以将颜色色标删除，如图4-92所示。

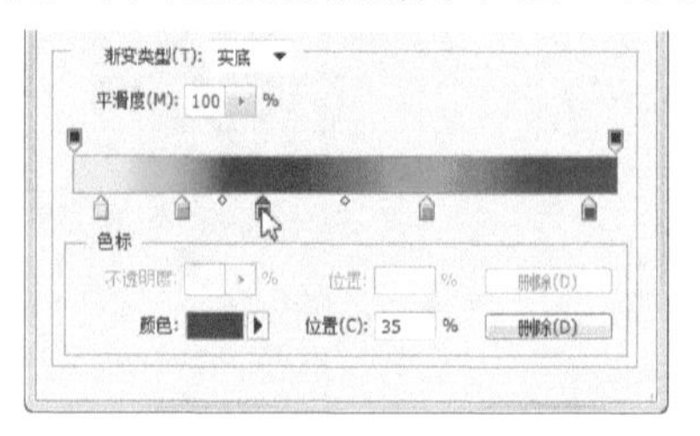

图4-91

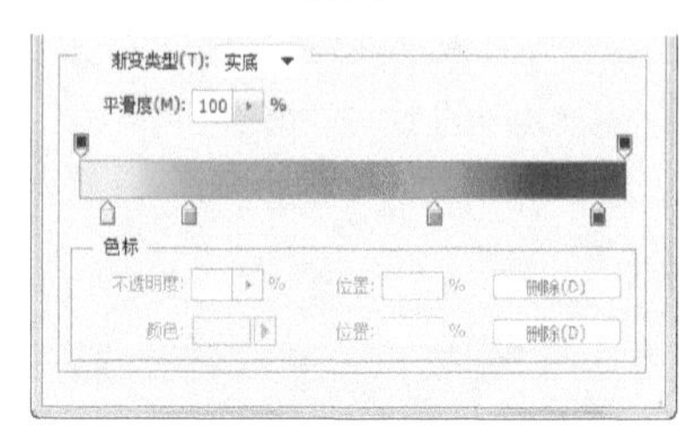

图4-92

单击颜色编辑框左上方的黑色色标，如图4-93所示，调整“不透明度”选项的数值，可以使开始的颜色到结束的颜色显示为半透明的效果，如图4-94所示。

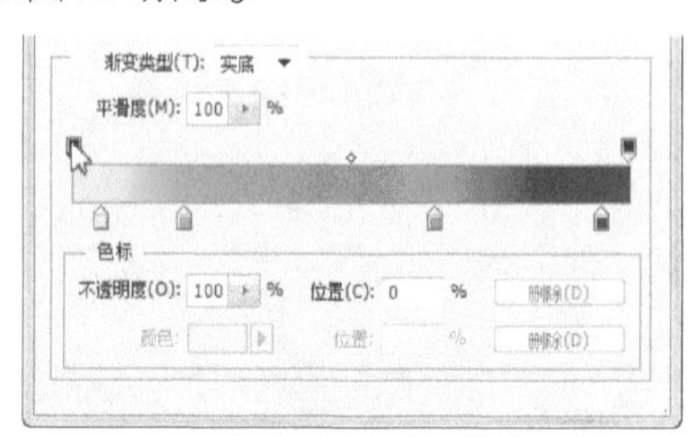

图4-93

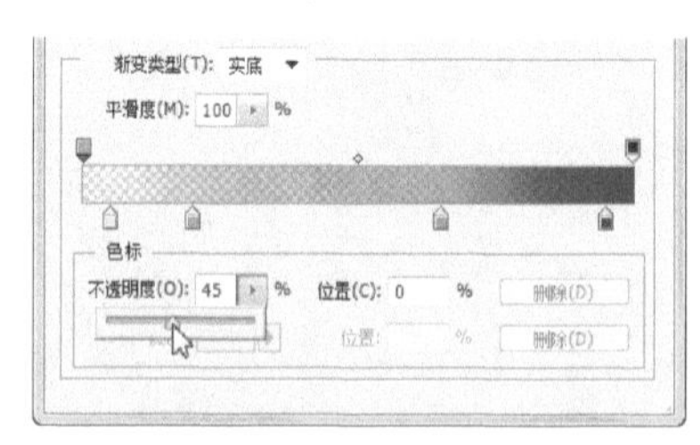

图4-94

单击颜色编辑框的上方，出现新的色标，如图4-95所示。调整“不透明度”选项的数值，可以使新色标的颜色向两边的颜色出现过渡式的半透明效果，如图4-96所示。

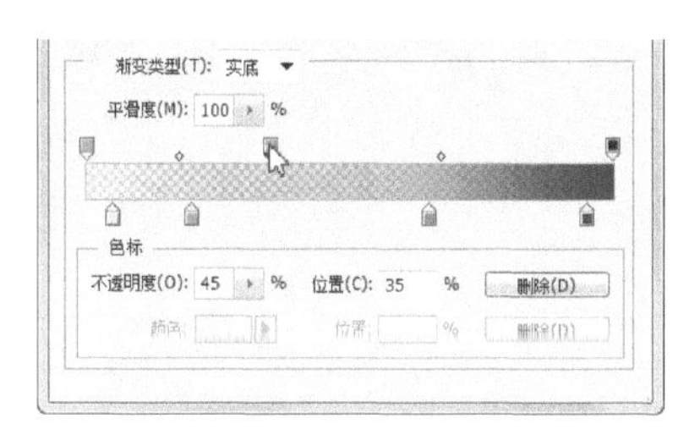

图4-95

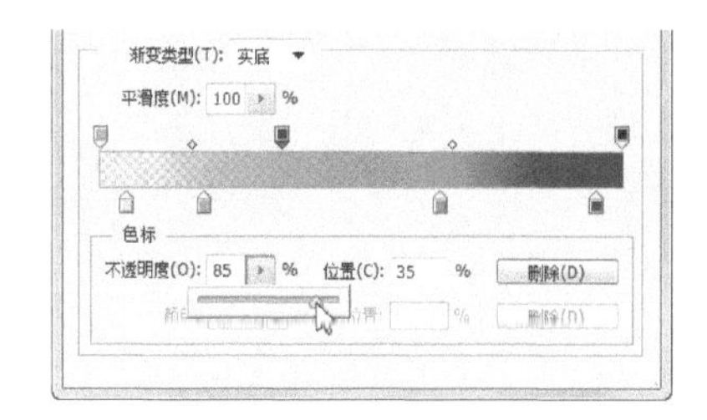

图4-96

4.4 填充工具与描边命令

使用填充命令和定义图案命令可以为图像添加颜色和定义好的图案效果，使用描边命令可以为图像描边。

4.4.1 课堂案例——制作踏板车插画

【案例学习目标】学习使用填充命令制作背景。

【案例知识要点】使用矩形选框工具、定义图案命令和填充命令制作插画背景图案，最终效果如图4-97所示。

图4-97

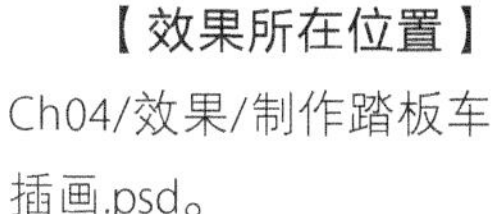

【效果所在位置】Ch04/效果/制作踏板车插画.psd。

（1）按Ctrl+O组合键，打开本书学习资源中的“Ch04 > 素材 > 制作踏板车插画 > 01、02”文件。选择“移动”工具，将02图片拖曳到01图像窗口中适当的位置，效果如图4-98所示，在“图层”控制面板中生成新的图层并将其命名为“底图”。单击“背景”图层左侧的眼睛图标，隐藏该图层，如图4-99所示。

图4-98

图4-99

（2）选择“矩形选框”工具，在图像窗口中绘制矩形选区，如图4-100所示。选择“编辑 > 定义图案”命令，在弹出的对话框中进行设置，如图4-101所示，单击“确定”按钮，定义图案。

图4-100

图4-101

（3）按Delete键，删除选区中的图像，取消选区。显示“背景”图层，如图4-102所示。选择“编辑 > 填充”命令，在弹出的对话框中进行设置，如图4-103所示，单击“确定”按钮，填充图案，如图4-104所示。

图4-102

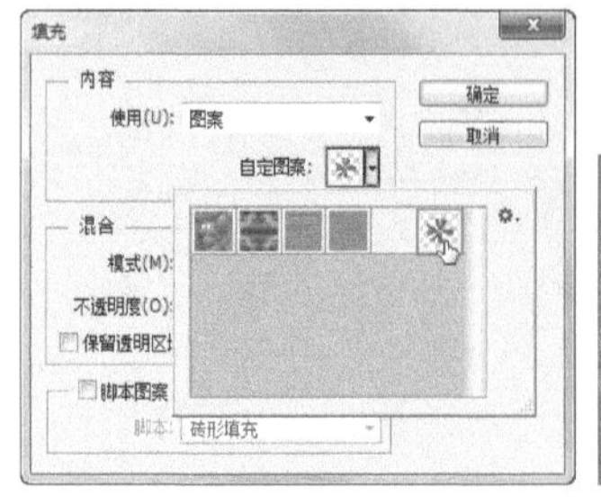

图4-103　　图4-104

（4）在“图层”控制面板上方，将该图层的混合模式选项设为“柔光”，如图4-105所示，图像效果如图4-106所示。按Ctrl+O组合键，打开本书学习资源中的“Ch04 > 素材 > 制作踏板车插画 > 03、04”文件。选择“移动”工具，将图片分别拖曳到01图像窗口中适当的位置，效果如图4-107所示，在“图层”控制面板中分别生成新的图层并将其命名为“踏板车”“文字”。踏板车插画制作完成。

图4-105

图4-106

图4-107

4.4.2 填充命令

1. 填充对话框

选择“编辑 > 填充”命令，弹出“填充”对话框，如图4-108所示。

使用：用于选择填充方式，包括前景色、背景色、颜色、内容识别、图案、历史记录、黑色、50%灰色和白色。

模式：用于设置填充模式。

不透明度：用于调整不透明度。

图4-108

2. 填充颜色

打开一幅图像，在图像窗口中绘制出选区，如图4-109所示。选择“编辑 > 填充”命令，弹出“填充”对话框，设置如图4-110所示，单击“确定”按钮，效果如图4-111所示。

图4-109

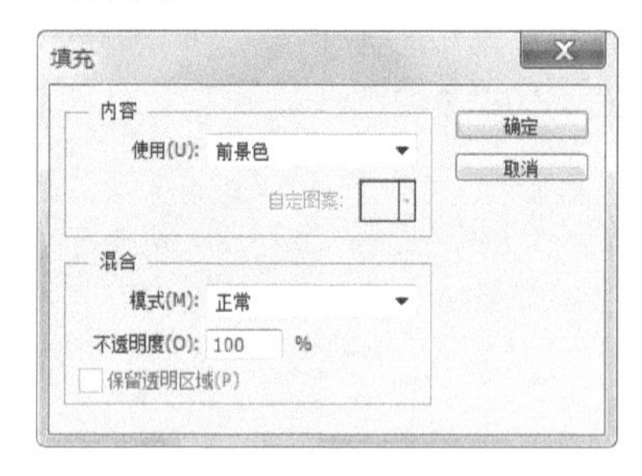

图4-110

图4-111

提示

按Alt+Delete组合键，用前景色填充选区或图层。按Ctrl+Delete组合键，用背景色填充选区或图层。按Delete键，删除选区中的图像，露出背景色或下面的图像。

4.4.3 自定义图案

隐藏除图案外的其他图层，在图案上绘制需要的选区，如图4-112所示。选择“编辑 > 定义图案”命令，弹出“图案名称”对话框，如图4-113所示，单击“确定”按钮，定义图案。按Ctrl+D组合键，取消选区。

图4-112

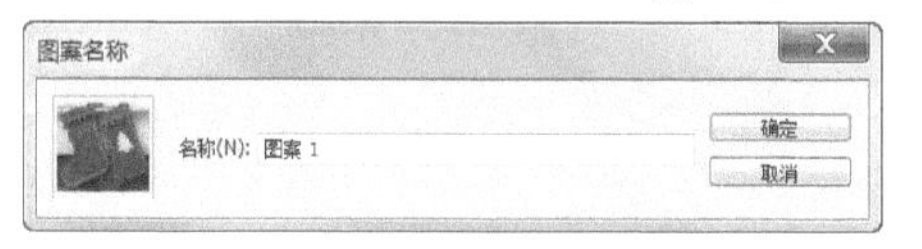

图4-113

选择“编辑 > 填充”命令，弹出“填充”对话框，在“自定图案”选项面板中选择新定义的图案，如图4-114所示。单击“确定”按钮，效果如图4-115所示。

图4-114

图4-115

在“填充”对话框的“模式”选项中选择不同的填充模式，如图4-116所示。单击“确定”按钮，效果如图4-117所示。

图4-116

图4-117

4.4.4 描边命令

1. 描边对话框

选择“编辑 > 描边”命令，弹出“描边”对话框，如图4-118所示。

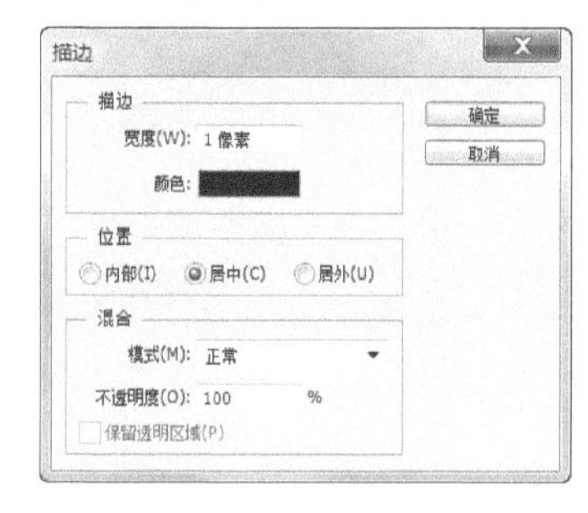

图4-118

描边：用于设定描边的宽度和颜色。

位置：用于设定描边相对于边缘的位置，包括内部、居中和居外3个选项。

混合：用于设置描边的模式和不透明度。

2. 描边颜色

打开一幅图像，使用“磁性套索”工具沿图像的边缘绘制选区，如图4-119所示。选择“编辑 > 描边”命令，弹出“描边”对话框，设置如图4-120所示。单击“确定”按钮，描边选区。取消选区后，效果如图4-121所示。

在“描边”对话框的“模式”选项中选择不同的描边模式，如图4-122所示。单击“确定”按钮，描边选区。取消选区后，效果如图4-123所示。

图4-119

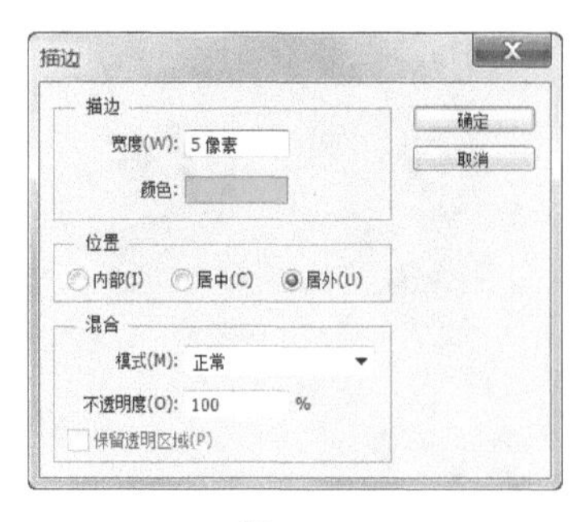

图4-120

图4-121

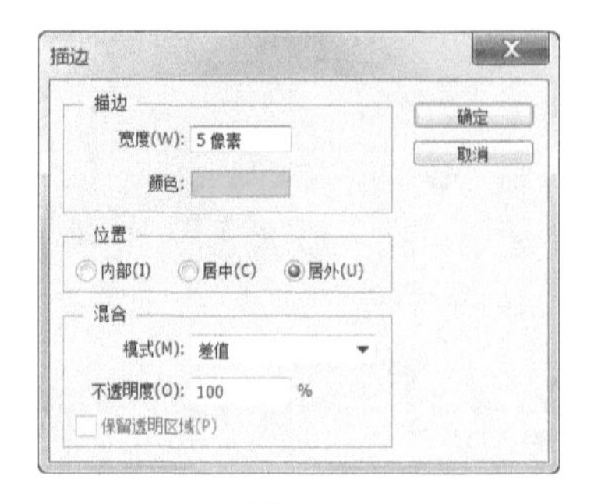

图4-122

图4-123

课堂练习——绘制时尚装饰画

【练习知识要点】使用画笔工具绘制星光、小草和草丛，使用横排文字工具添加文字，最终效果如图4-124所示。

【效果所在位置】Ch04/效果/绘制时尚装饰画.psd。

图4-124

课后习题——绘制音乐图标

【习题知识要点】使用定义图案命令和不透明度制作背景图，使用圆角矩形工具和图层样式制作按钮图形，使用圆角矩形工具、画笔工具、描边路径和图层蒙版制作高光图形，使用横排文字工具添加文字，最终效果如图4-125所示。

【效果所在位置】Ch04/效果/绘制音乐图标.psd。

图4-125

第5章

修饰图像

本章介绍

本章主要介绍Photoshop CS6修饰图像的方法与技巧。通过对本章的学习，读者可以了解和掌握修饰图像的基本方法与操作技巧，应用相关工具快速地仿制图像、修复污点、消除红眼、把有缺陷的图像修复完整。

学习目标

◆ 了解修复与修补工具的运用方法。
◆ 掌握修饰工具的使用技巧。
◆ 掌握橡皮擦工具的使用技巧。

技能目标

◆ 掌握“幸福生活照片”的制作方法。
◆ 掌握“修复美女照片”的制作方法。
◆ 掌握“装饰画”的制作方法。
◆ 掌握“网络合唱广告”的制作方法。

5.1 修复与修补工具

修复与修补工具用于对图像的细微部分进行修整，它们是在处理图像时不可缺少的工具。

5.1.1 课堂案例——制作幸福生活照片

【案例学习目标】学习使用修补工具和仿制图章工具制作幸福生活照片。

【案例知识要点】使用修补工具对图像的特定区域进行修补，使用仿制图章工具修复残留的色彩偏差，使用高斯模糊命令制作模糊效果，最终效果如图5-1所示。

【效果所在位置】Ch05/效果/制作幸福生活照片.psd。

图5-1

（1）按Ctrl+O组合键，打开本书学习资源中的“Ch05 > 素材 > 制作幸福生活照片 > 01”文件，如图5-2所示。按Ctrl+J组合键，复制图层，如图5-3所示。

图5-2

图5-3

（2）选择“修补”工具，在图片中需要修复的区域绘制一个选区，如图5-4所示。将选区移动到没有缺陷的图像区域进行修补。按Ctrl+D组合键，取消选区，效果如图5-5所示。

图5-4

图5-5

（3）使用相同的方法对图像进行反复调整，效果如图5-6所示。选择“仿制图章”工具，按住Alt键的同时，单击鼠标选择取样点，在色彩有偏差的图像周围单击鼠标进行修复，效果如图5-7所示。

图5-6

图5-7

（4）按Ctrl+J组合键，复制图层，如图5-8所示。选择“滤镜 > 模糊 > 高斯模糊”命令，在弹出的对话框中进行设置，如图5-9所示，单击“确定”按钮，效果如图5-10所示。

图5-8

图5-9

图5-10

（5）在“图层”控制面板上方，将副本图层的混合模式选项设为“柔光”，如图5-11所示，图像效果如图5-12所示。

图5-11

图5-12

（6）单击“图层”控制面板下方的“创建新的填充或调整图层”按钮，在弹出的菜单中选择“色相/饱和度”命令；在“图层”控制面板生成“色相/饱和度1”图层，同时在弹出的“色相/饱和度”面板中进行设置，如图5-13所示，按Enter键确认操作，图像效果如图5-14所示。

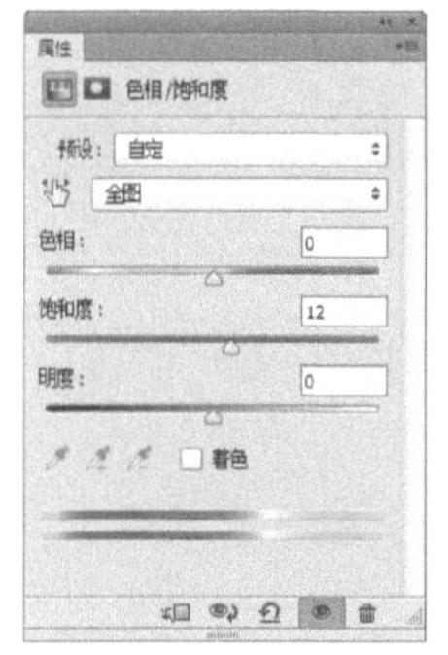

图5-13

图5-14

（7）按Ctrl+O组合键，打开本书学习资源中的“Ch05 > 素材 > 制作幸福生活照片 > 02”文件，选择“移动”工具，将图形拖曳到图像窗口的适当位置，如图5-15所示，在“图层”控制面板中生成新的图层并将其命名为“图框”。

（8）选择“直排文字”工具，在图像窗口中分别输入需要的文字并选取文字，在属性栏中选择合适的字体和文字大小，如图5-16所示，在“图层”控制面板中分别生成新的文字图层。幸福生活照片制作完成。

图5-15

图5-16

5.1.2　修复画笔工具

修复画笔工具可以将取样点的像素信息非常自然地复制到图像的破损位置，并保持图像的亮度、饱和度和纹理等属性，使修复的效果更加自然逼真。

选择“修复画笔”工具，或反复按Shift+J组合键，其属性栏状态如图5-17所示。

图5-17

模式：可以选择复制像素或填充图案与底图的混合模式。

源：可以设置修复区域的源。选择“取样”选项后，按住Alt键，鼠标光标变为圆形十字图标，单击定下样本的取样点，释放鼠标，在图像中要修复的位置单击并按住鼠标不放，拖曳鼠标复制出取样点的图像；选择“图案”选项后，在“图案”面板中选择图案或自定义图案来填充图像。

对齐：勾选此复选框，下一次的复制位置会和上次的完全重合，图像不会因为重新复制而出现错位。

：可以选择和设置修复的画笔。单击选项右侧的按钮，在弹出的面板中设置画笔的大小、硬度、间距、角度、圆度和压力大小，如图5-18所示。

打开一张图片。选择“修复画笔”工具，在适当的位置单击确定取样点，如图5-19所示，在要修复的区域单击，修复图像，如图5-20所示。用相同的方法修复其他图像，效果如图5-21所示。

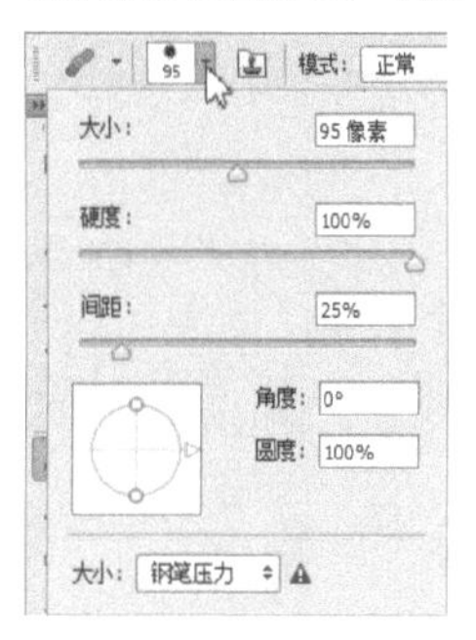

图5-18

图5-19

图5-20

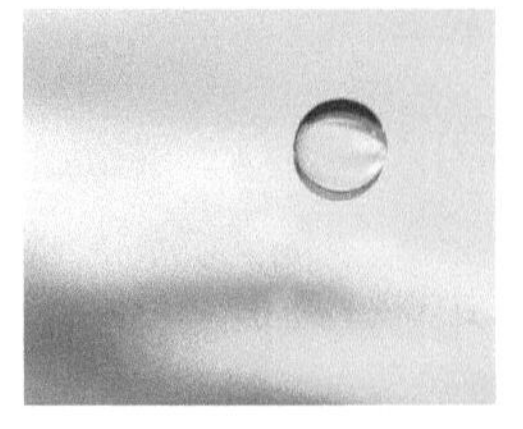

图5-21

单击属性栏中的“切换仿制源面板”按钮，弹出“仿制源”控制面板，如图5-22所示。

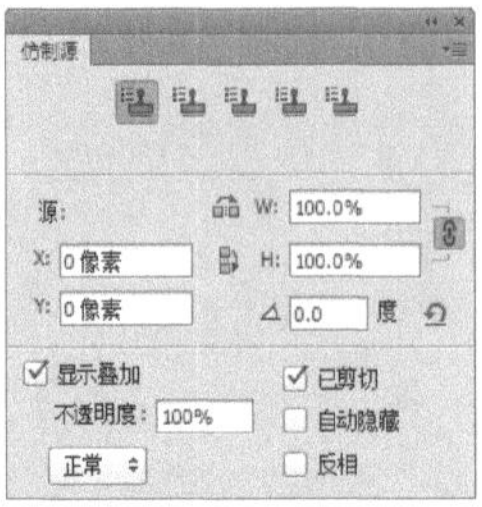

图5-22

仿制源： 激活按钮后，按住Alt键的同时，使用修复画笔工具在图像中单击可以设置取样点。单击下一个仿制源按钮，还可以继续取样。

源： 指定x轴和y轴的像素位移，可以在相对于取样点的精确位置进行仿制。

W/H： 可以缩放所仿制的源。

旋转： 在文本框中输入旋转角度，可以旋转仿制的源。

翻转： 单击“水平翻转”按钮或“垂直翻转”按钮，可以水平或垂直翻转仿制源。

复位变换： 将W、H、角度值和翻转方向恢复到默认的状态。

显示叠加： 勾选此复选框并设置了叠加方式后，在使用修复工具时，可以更好地查看叠加效果以及下面的图像。

不透明度： 用来设置叠加图像的不透明度。

已剪切： 可以将叠加剪切到画笔大小。

自动隐藏： 可以在应用绘画描边时隐藏叠加。

反相： 可以反相叠加颜色。

5.1.3 污点修复画笔工具

污点修复画笔工具的工作方式与修复画笔工具相似，使用图像中的样本像素进行绘画，并将样本像素的纹理、光照、透明度和阴影与所修复的像素相匹配。区别在于，污点修复画笔工具不需要制定样本点，其可以自动从所修复区域的周围取样。

选择“污点修复画笔”工具，或反复按Shift+J组合键，其属性栏状态如图5-23所示。

图5-23

选择“污点修复画笔”工具，在属性栏中进行设置，如图5-24所示。打开一张图片，如图5-25所示。在要修复的污点图像上拖曳鼠标，如图5-26所示，释放鼠标，污点被去除，效果如图5-27所示。

图5-24

图5-25

图5-26

图5-27

5.1.4 修补工具

选择“修补”工具，或反复按Shift+J组合键，其属性栏状态如图5-28所示。

图5-28

打开一张图片。选择“修补”工具，圈选图像中的水滴，如图5-29所示。在属性栏中选中“源”单选项，在选区中单击并按住鼠标不放，将其拖曳到需要的位置，如图5-30所示。释放鼠标，选区中的水滴被新位置的图像所修补，如图5-31所示。按Ctrl+D组合键，取消选区，效果如图5-32所示。

图5-29

图5-30

图5-31

图5-32

选择“修补”工具，圈选图像中的区域，如图5-33所示。在属性栏中选中“目标”单选项，将选区拖曳到要修补的图像区域，如图5-34所示。圈选的图像修补了水滴图像，如图5-35所示。按Ctrl+D组合键，取消选区，效果如图5-36所示。

图5-33

图5-34

图5-35

图5-36

选择“修补”工具，圈选图像中的区域，如图5-37所示。在属性栏中的选项中选择需要的图案，如图5-38所示。单击“使用图案”按钮，在选区中填充所选图案。按Ctrl+D组合键，取消选区，效果如图5-39所示。

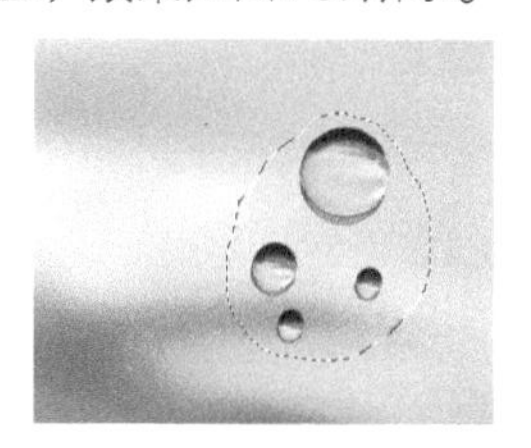
图5-37

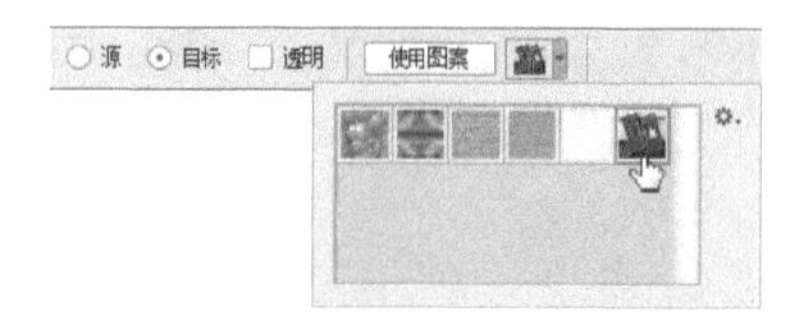

图5-38

图5-39

选择“修补”工具，圈选图像中的区域，如图5-40所示。选择需要的图案，勾选“透明”复选框，如图5-41所示。单击“使用图案”按钮，在选区中填充透明图案。按Ctrl+D组合键，取消选区，效果如图5-42所示。

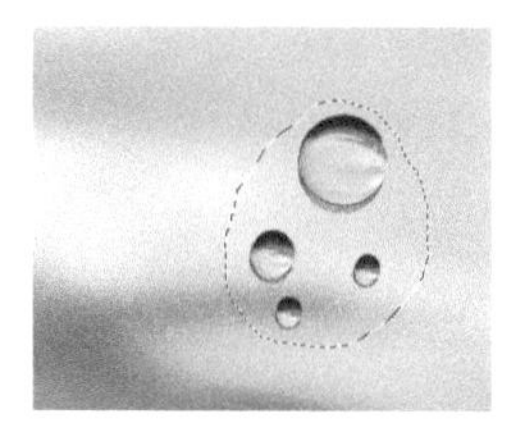
图5-40

图5-41

图5-42

5.1.5 内容感知移动工具

“内容感知移动”工具是Photoshop CS6新增的工具，可以将选中的对象移动或扩展到图像的其他区域进行重组和混合，产生出色的视觉效果。

选择“内容感知移动”工具，或反复按Shift+J组合键，其属性栏状态如图5-43所示。

图5-43

模式：用于选择重新混合的模式。

适应：用于选择区域保留的严格程度。

打开一张图片，如图5-44所示。选择“内容感知移动”工具，在属性栏中将“模式”选项设为“移动”，在图像窗口中单击并拖曳鼠标绘制选区，如图5-45所示。将鼠标指针放置在选区中，单击并向左下方拖曳鼠标，如图5-46所示。松开鼠标后，软件自动将选区中的图像移动到新位置，原位置被周围的图像自动修复，如图5-47所示。

图5-44

图5-45

图5-46

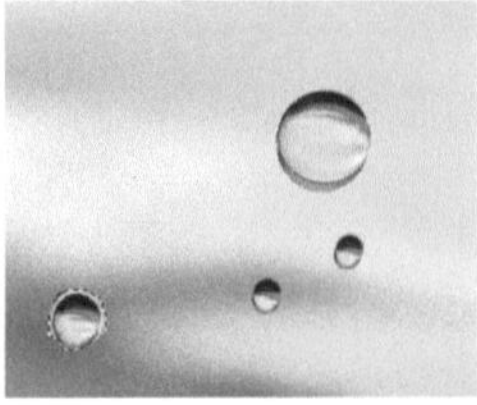

图5-47

打开一张图片，如图5-48所示。选择“内容感知移动”工具，在属性栏中将“模式”选项设为“扩展”，在图像窗口中单击并拖曳鼠标绘制选区，如图5-49所示。将鼠标指针放置在选区中，单击并向左下方拖曳鼠标，如图5-50所示。松开鼠标后，软件自动将选区中的图像扩展复制并移动到新位置，如图5-51所示。

图5-48

图5-49

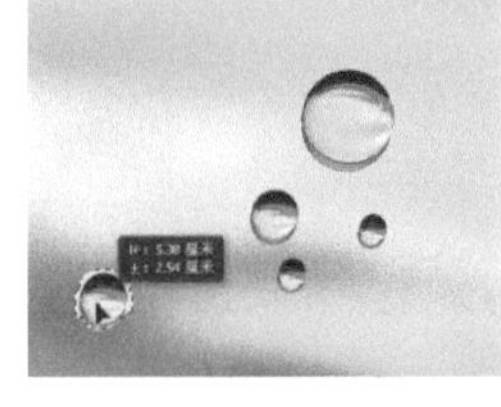
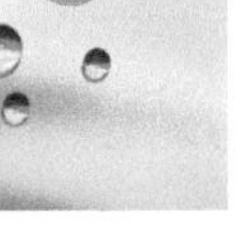

图5-50

图5-51

5.1.6 红眼工具

红眼工具可以去除用闪光灯拍摄的人物照片中的红眼和白色、绿色反光。

选择“红眼”工具，或反复按Shift+J组合键，其属性栏状态如图5-52所示。

图5-52

瞳孔大小：用于设置瞳孔的大小。

变暗量：用于设置瞳孔的暗度。

打开一张人物照片，如图5-53所示。选择“红眼”工具，在属性栏中进行设置，如图5-54所示。在照片中瞳孔的位置单击，如图5-55所示。去除照片中的红眼，效果如图5-56所示。

图5-53

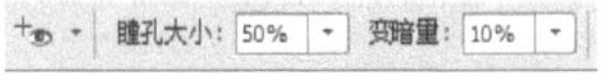

图5-54

图5-55

图5-56

5.1.7　课堂案例——修复美女照片

【案例学习目标】学习使用多种修图工具修复人物照片。

【案例知识要点】使用缩放命令调整图像大小，使用仿制图章工具修复人物图像上的污点，使用模糊工具模糊图像，使用污点修复画笔工具修复人物眼角的斑纹，最终效果如图5-57所示。

【效果所在位置】Ch05/效果/修复美女照片.psd。

图5-57

（1）按Ctrl＋O组合键，打开本书学习资源中的“Ch05 > 素材 > 修复美女照片 > 01”文件，如图5-58所示。按Ctrl+J组合键，复制图层。选择“缩放”工具，在图像窗口中的鼠标指针变为放大工具图标，单击鼠标将图像放大，如图5-59所示。

图5-58

图5-59

（2）选择“仿制图章”工具，在属性栏中单击“画笔”选项右侧的按钮，弹出画笔选择面板，选择需要的画笔形状，设置如图5-60所示。将仿制图章工具放在脸部需要取样的位置，按住Alt键的同时，鼠标指针变为圆形十字图标，单击鼠标确定取样点，如图5-61所示。将鼠标指针放置在需要修复的位置，如图5-62所示，单击鼠标去掉褶皱，效果如图5-63所示。用相同的方法去除人物脸部的所有褶皱，效果如图5-64所示。

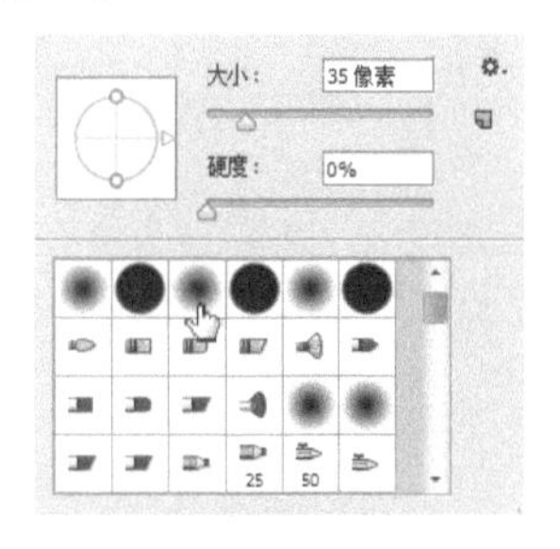

图5-60

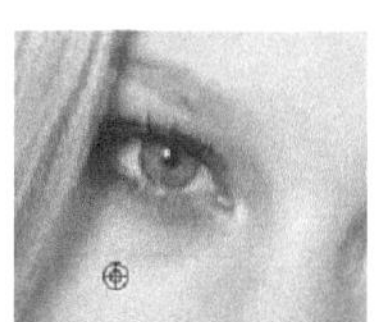

图5-61

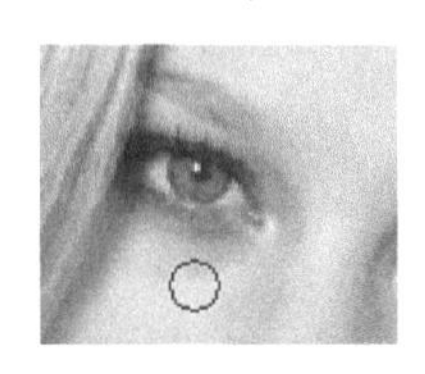

图5-62

图5-63

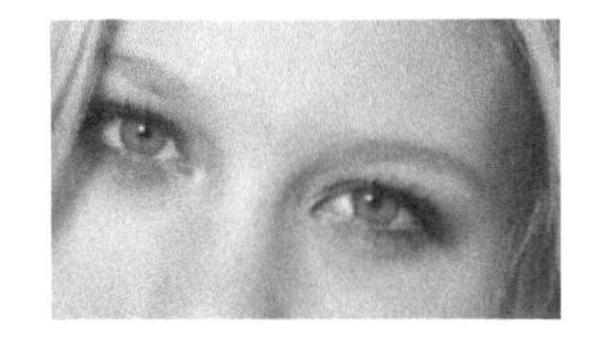

图5-64

（3）选择“模糊”工具，在属性栏中将“强度”选项设为100%，如图5-65所示。单击“画笔”选项右侧的按钮，弹出画笔选择面板，选择需要的画笔形状，设置如图5-66所示。在人物脸部涂抹，让脸部图像变得自然柔和，效果如图5-67所示。

图5-65

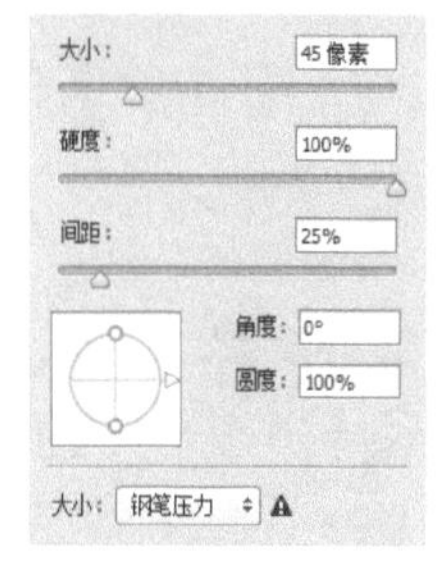

图5-66　图5-67

（4）选择“横排文字”工具T，在适当的位置输入需要的文字，在属性栏中选择适当的字体和文字大小，在“图层”控制面板中分别生成新的文字图层。选取文字“woman”，填充文字为红色（其R、G、B的值分别为249、17、40），并设置适当的文字大小，效果如图5-68所示。

图5-68

（5）选择“直线”工具，在属性栏中的“选择工具模式”选项中选择“形状”，将“粗细”选项设为5px，单击按钮，在弹出的面板中选择需要的描边选项，如图5-69所示。按住Shift键的同时，在图像窗口中拖曳鼠标绘制直线，效果如图5-70所示。美女照片修复完成。

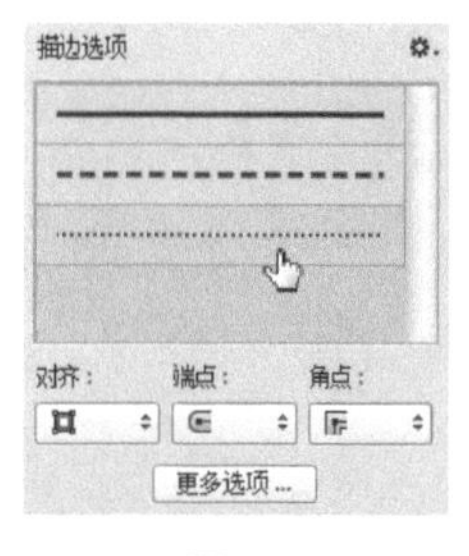

图5-69　图5-70

5.1.8　仿制图章工具

仿制图章工具可以以指定的像素点为复制基准点，将其周围的图像复制到其他地方。

选择“仿制图章”工具，或反复按Shift+S组合键，其属性栏状态如图5-71所示。

图5-71

流量：用于设定扩散的速度。

对齐：用于控制是否在复制时使用对齐功能。

选择“仿制图章”工具，将鼠标指针放置在图像中需要复制的位置，按住Alt键的同时，鼠标指针变为圆形十字图标⊕，如图5-72所示，单击确定取样点，释放鼠标。在适当的位置单击并按住鼠标不放，拖曳鼠标复制出取样点的图像，效果如图5-73所示。

图5-72　图5-73

5.1.9　图案图章工具

选择“图案图章”工具，或反复按Shift+S组合键，其属性栏状态如图5-74所示。

图5-74

在要定义为图案的图像上绘制选区，如图5-75所示。选择“编辑 > 定义图案”命令，弹出“图案名称”对话框，设置如图5-76所示，单击“确定”按钮，定义选区中的图像为图案。

图5-75

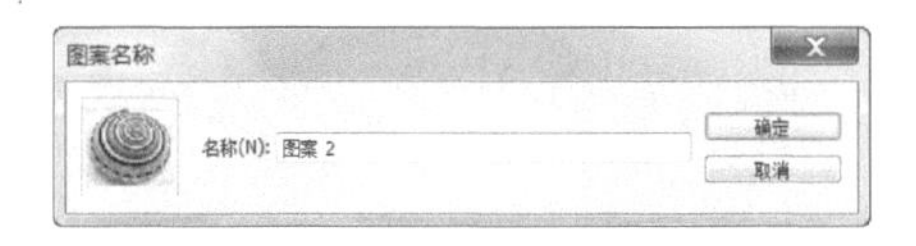

图5-76

选择“图案图章”工具，在属性栏中选择定义好的图案，如图5-77所示。按Ctrl+D组合键，取消选区。在适当的位置单击并按住鼠标不放，拖曳鼠标复制出定义好的图案，效果如图5-78所示。

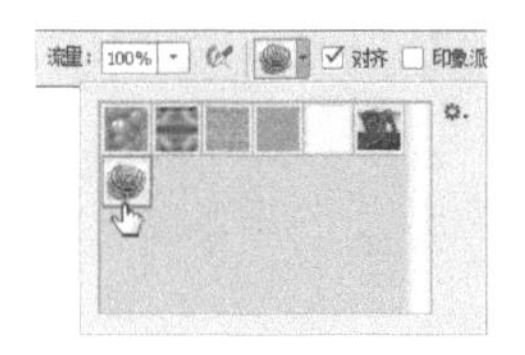

图5-77

图5-78

5.1.10 颜色替换工具

颜色替换工具能够替换图像中的特定颜色，可以使用校正颜色在目标颜色上绘画。颜色替换工具不适用于“位图”“索引”或“多通道”颜色模式的图像。

选择“颜色替换”工具，其属性栏状态如图5-79所示。

图5-79

打开一张图片，如图5-80所示。在“颜色”控制面板中设置前景色，如图5-81所示。在“色板”控制面板中单击“创建前景色的新色板”按钮，将设置的前景色存放在控制面板中，如图5-82所示。

图5-80

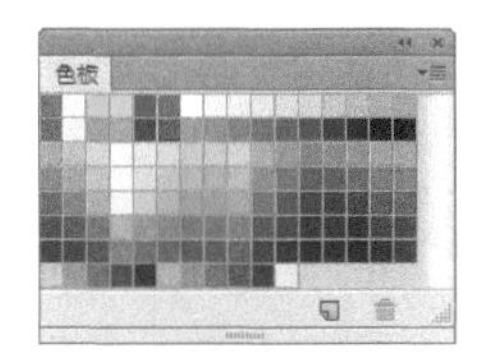

图5-81

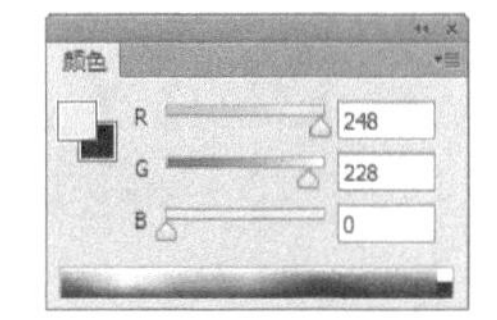

图5-82

选择“颜色替换”工具，在属性栏中进行设置，如图5-83所示。在图像上需要上色的区域直接涂抹进行上色，效果如图5-84所示。

图5-83

图5-84

5.2 修饰工具

修饰工具用于对图像进行修饰，使图像产生不同的变化效果。

5.2.1 课堂案例——制作装饰画

【案例学习目标】使用多种修饰工具制作装饰画。

【案例知识要点】使用加深工具、减淡工具、锐化工具和模糊工具制作图像，最终效果如图5-85所示。

【效果所在位置】Ch05/效果/制作装饰画.psd。

图5-85

（1）按Ctrl＋O组合键，打开本书学习资源中的“Ch05 > 素材 > 制作装饰画> 01、02”

文件。选择“移动”工具，将02图片拖曳到01图像窗口中适当的位置，如图5-86所示，在“图层”控制面板中生成新的图层并将其命名为“荷花”。

图5-86

（2）选择“加深”工具，在属性栏中单击“画笔”选项右侧的按钮，弹出画笔选择面板，在面板中选择需要的画笔形状，设置如图5-87所示。在荷花图像中适当的位置拖曳鼠标，加深图像，效果如图5-88所示。用相同的方法加深图像的其他部分，效果如图5-89所示。

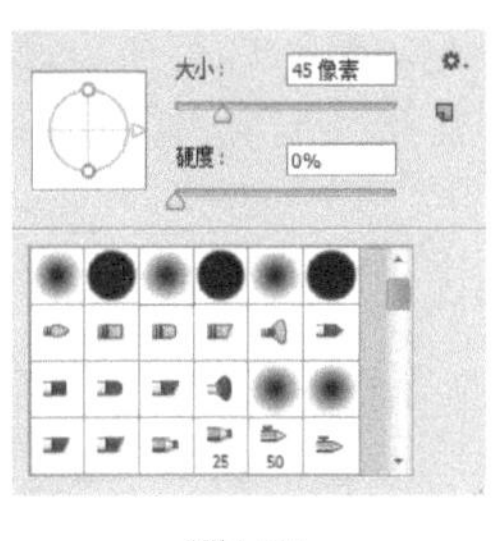

图5-87

图5-88

图5-89

（3）选择“减淡”工具，在属性栏中单击“画笔”选项右侧的按钮，弹出画笔选择面板，在面板中选择需要的画笔形状，设置如图5-90所示。在荷花图像中适当的位置拖曳鼠标，减淡图像，效果如图5-91所示。用相同的方法减淡图像的其他部分，效果如图5-92所示。

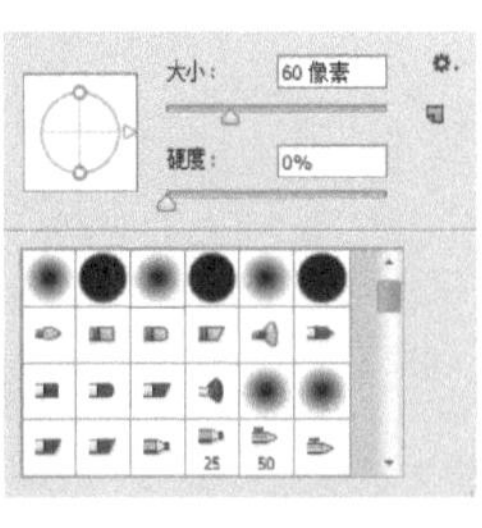

图5-90

图5-91

图5-92

（4）选择“锐化”工具，在属性栏中单击“画笔”选项右侧的按钮，弹出画笔选择面板，在面板中选择需要的画笔形状，设置如图5-93所示。在荷花图像中适当的位置拖曳鼠标，锐化图像，效果如图5-94所示。

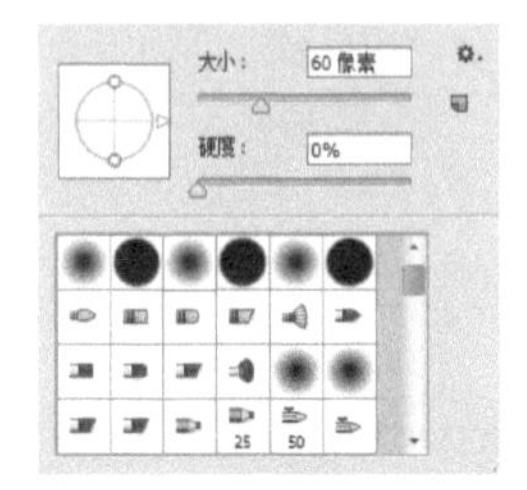

图5-93

图5-94

（5）按Ctrl＋O组合键，打开本书学习资源中的“Ch05 > 素材 > 制作装饰画 > 03、04”文件，选择“移动”工具，将03、04图片分别拖曳到图像窗口中的适当位置，效果如图5-95所示，在“图层”控制面板中生成新的图层并分别将其命名为“花瓣1”和“花瓣2”。

（6）选择“移动”工具，按住Alt键的同时，拖曳图像到适当的位置，复制图像。按Ctrl+T组合键，在图像周围出现变换框，单击鼠标右键在弹出的菜单中选择“水平翻转”命令，将图像水平翻转，并调整其大小及位置，按Enter键确认操作，效果如图5-96所示。

图5-95

图5-96

（7）选择“模糊”工具，在属性栏中单击“画笔”选项右侧的按钮，弹出画笔选择面板，在面板中选择需要的画笔形状，设置如图5-97所示。在花瓣图像中适当的位置拖曳鼠标，模糊花瓣图像，效果如图5-98所示。装饰画制作完成，效果如图5-99所示。

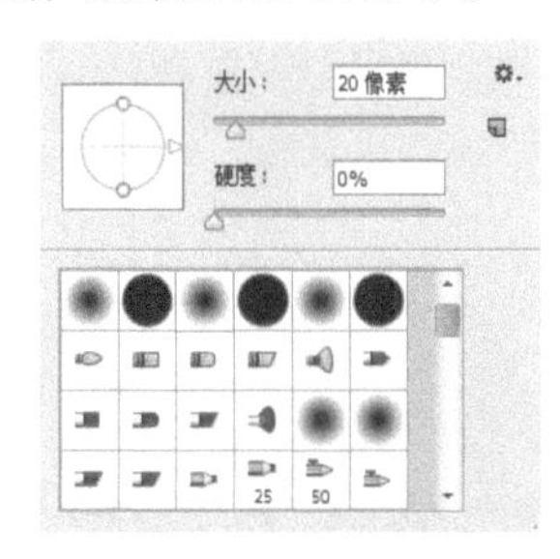

图5-97

图5-98

图5-99

5.2.2 模糊工具

选择“模糊”工具，其属性栏状态如图5-100所示。

图5-100

强度：用于设定压力的大小。

对所有图层取样：用于确定模糊工具是否对所有可见层起作用。

选择“模糊”工具，在属性栏中进行设置，如图5-101所示。在图像窗口中单击并按住鼠标不放，拖曳鼠标使图像产生模糊效果。原图像和模糊后的图像效果如图5-102和图5-103所示。

图5-101

图5-102

图5-103

5.2.3 锐化工具

选择“锐化”工具，其属性栏状态如图5-104所示。

图5-104

选择“锐化”工具，在属性栏中进行设置，如图5-105所示。在图像窗口中单击并按住鼠标不放，拖曳鼠标使图像产生锐化效果。原图像和锐化后的图像效果如图5-106和图5-107所示。

图5-105

图5-106

图5-107

5.2.4 涂抹工具

选择“涂抹”工具，其属性栏状态如图5-108所示。

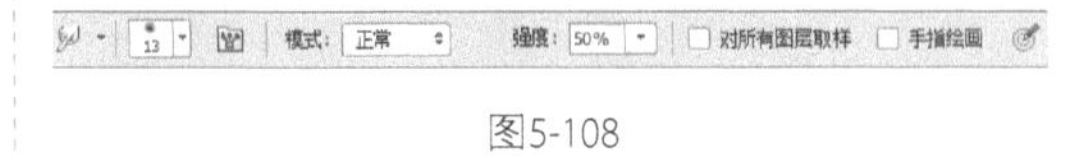

图5-108

手指绘画：用于设定是否按前景色进行涂抹。

选择“涂抹”工具，在属性栏中进行设置，如图5-109所示。在图像窗口中单击并按住鼠标不放，拖曳鼠标使图像产生涂抹效果。原图像和涂抹后的图像效果如图5-110和图5-111所示。

图5-109

图5-110　　图5-111

5.2.5　减淡工具

选择“减淡”工具，或反复按Shift+O组合键，其属性栏状态如图5-112所示。

图5-112

范围：用于设定图像中所要提高亮度的区域。

曝光度：用于设定曝光的强度。

选择“减淡”工具，在属性栏中进行设置，如图5-113所示。在图像窗口中单击并按住鼠标不放，拖曳鼠标使图像产生减淡效果。原图像和减淡后的图像效果如图5-114和图5-115所示。

图5-113

图5-114　　图5-115

5.2.6　加深工具

选择“加深”工具，或反复按Shift+O组合键，其属性栏状态如图5-116所示。

图5-116

选择“加深”工具，在属性栏中进行设置，如图5-117所示。在图像窗口中单击并按住鼠标不放，拖曳鼠标使图像产生加深效果。原图像和加深后的图像效果如图5-118和图5-119所示。

图5-117

图5-118　　图5-119

5.2.7　海绵工具

选择“海绵”工具，或反复按Shift+O组合键，其属性栏状态如图5-120所示。

图5-120

选择“海绵”工具，在属性栏中进行设置，如图5-121所示。在图像窗口中单击并按住鼠标不放，拖曳鼠标使图像增加色彩饱和度。原图像和调整后的图像效果如图5-122和图5-123所示。

图5-121

图5-122　　图5-123

5.3 橡皮擦工具

擦除工具可以擦除指定图像的颜色，还可以擦除颜色相近区域中的图像。

5.3.1 课堂案例——制作网络合唱广告

【案例学习目标】学习使用绘图工具绘制图形，使用擦除工具擦除多余的图像。

【案例知识要点】使用横排文字工具添加文字，使用橡皮擦工具擦除不需要的笔画，使用矩形选框工具绘制选区，使用椭圆工具和钢笔工具制作装饰图形，最终效果如图5-124所示。

图5-124

【效果所在位置】Ch05/效果/制作网络合唱广告.psd。

（1）按Ctrl＋O组合键，打开本书学习资源中的“Ch05 > 素材 > 制作网络合唱广告 > 01”文件，如图5-125所示。选择“矩形选框”工具，在适当的位置绘制矩形选区，如图5-126所示。

图5-125

图5-126

（2）新建图层并将其命名为“边框”。选择“编辑 > 描边”命令，在弹出的对话框中进行设置，如图5-127所示，单击“确定”按钮，描边选区。按Ctrl+D组合键，取消选区，效果如图5-128所示。

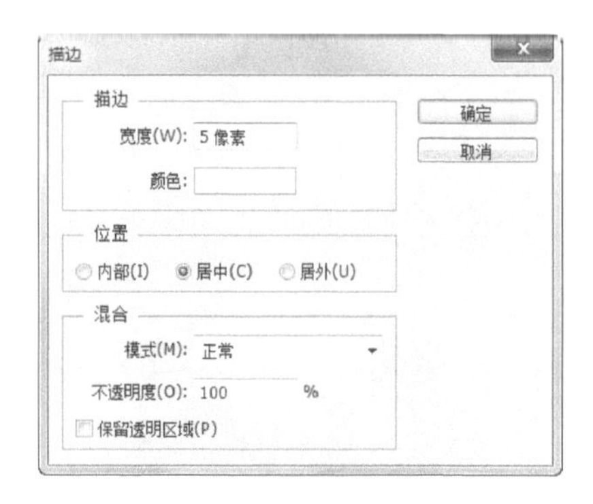

图5-127

图5-128

（3）选择“横排文字”工具，在适当的位置输入需要的文字并选取文字，在属性栏中选择合适的字体并设置大小，如图5-129所示，在“图层”控制面板中生成新的文字图层。在文字图层上单击鼠标右键，在弹出的菜单中选择“栅格化文字”命令，将文字图层转换为普通图层，如图5-130所示。

图5-129

图5-130

（4）选择“橡皮擦”工具，在属性栏中单击“画笔”选项右侧的按钮，弹出画笔选择面板，在面板中选择需要的画笔形状，设置如

图5-131所示。在图像窗口中拖曳鼠标擦除文字“唱”上的“口”字旁，效果如图5-132所示。

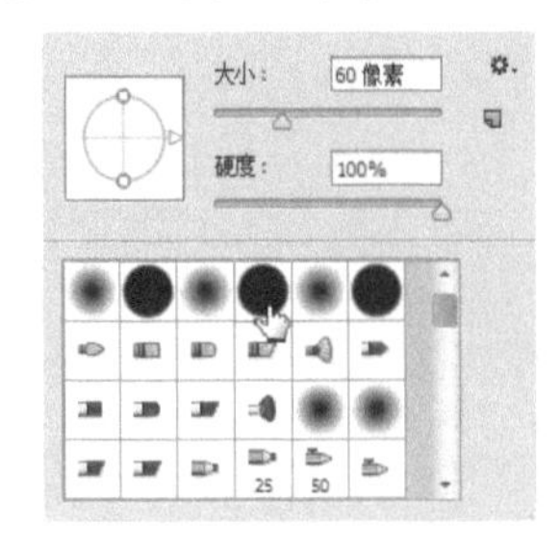

图5-131

图5-132

（5）按住Ctrl键的同时，单击“合唱”图层缩览图，在文字周围生成选区，如图5-133所示。选择“矩形选框”工具，选中属性栏中的“与选区交叉”按钮，在文字“昌”的部分绘制选区，如图5-134所示。

图5-133

图5-134

（6）按Ctrl+T组合键，在图像周围出现变换框，向右拖曳变换框右侧中间的控制手柄，变换图形，并调整其位置，按Enter键确认操作，效果如图5-135所示。按Ctrl＋D组合键，取消选区。选择“矩形选框”工具，选中属性栏中的“添加到选区”按钮，绘制选区，如图5-136所示。

图5-135

图5-136

（7）按Delete键，删除选区内图像，效果如图5-137所示。按Ctrl＋D组合键，取消选区。选择“钢笔”工具，在属性栏中的“选择工具模式”选项中选择“路径”，在图像窗口中分别绘制不规则图形，如图5-138所示。按Ctrl＋Enter组合键，将路径转化为选区。按Delete键，删除选区内图像，效果如图5-139所示。按Ctrl＋D组合键，取消选区。

图5-137

图5-138

图5-139

（8）按住Ctrl键的同时，单击“合唱”图层缩览图，在文字周围生成选区，如图5-140所示。选择“渐变”工具，单击属性栏中的“点按可编辑渐变”按钮，弹出“渐变编辑器”对话框，将渐变色设为从绿色（其R、G、B的值分别为13、208、63）到白色，单击“确定”按钮。在选区中由下至上拖曳渐变色，效果如图5-141所示。按Ctrl＋D组合键，取消选区。

图5-140

图5-141

（9）按Ctrl+T组合键，在图像周围出现变换框，单击鼠标右键，在弹出的菜单中选择“倾斜”命令，向右拖曳变换框的控制手柄，将文字倾斜，按Enter键确认操作，效果如图5-142所示。

（10）按Ctrl＋O组合键，打开本书学习资源中的“Ch05 > 素材 > 制作网络合唱广告 > 02”文件，选择“移动”工具，将02图片拖曳到图像窗口适当的位置并调整其大小和角度，效果如图5-143所示，在“图层”控制面板中生成新的图层并将其命名为“音符”。

图5-142

图5-143

（11）选择“移动”工具，按住Alt键的同时，拖曳图像到适当的位置，复制图像，如图5-144所示。调整其大小和角度，效果如图5-145所示。

图5-144

图5-145

（12）将前景色设为黄色（其R、G、B的值分别为255、255、0）。选择“椭圆”工具，在属性栏中的“选择工具模式”选项中选择“形状”，按住Shift键的同时，在图像窗口中拖曳鼠标绘制圆形，效果如图5-146所示。

（13）选择“钢笔”工具，在属性栏中的“选择工具模式”选项中选择“形状”，在图像窗口中绘制不规则图形，效果如图5-147所示。

图5-146

图5-147

（14）将前景色设为绿色（其R、G、B的值分别为1、232、160）。选择“横排文字”工具，在适当的位置输入需要的文字并选取文字，在属性栏中选择合适的字体并设置大小，在图像窗口中输入需要的文字，效果如图5-148所示，在“图层”控制面板中生成新的文字图层。

（15）将前景色设为草绿色（其R、G、B的值分别为210、232、160）。选择“钢笔”工具，在属性栏中的“选择工具模式”选项中选择“形状”，在图像窗口中绘制不规则图形，效果如图5-149所示。网络合唱广告绘制完成。

图5-148

图5-149

5.3.2　橡皮擦工具

选择“橡皮擦”工具，或反复按Shift+E组合键，其属性栏状态如图5-150所示。

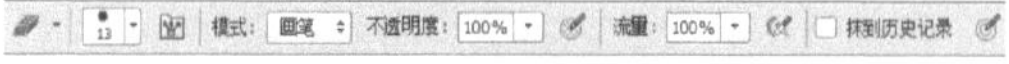

图5-150

抹到历史记录：用于确定以“历史记录”控制面板中确定的图像状态来擦除图像。

选择“橡皮擦”工具，在图像窗口中单击并按住鼠标拖曳，可以擦除图像。当图层为“背景”图层或锁定了透明区域的图层时，擦除的图像显示为背景色，效果如图5-151所示。当图层为普通层时，擦除的图像显示为透明，效果如图5-152所示。

图5-151

图5-152

5.3.3　背景色橡皮擦工具

选择“背景橡皮擦”工具，或反复按Shift+E组合键，其属性栏状态如图5-153所示。

图5-153

限制： 用于选择擦除界限。

容差： 用于设定容差值。

保护前景色： 用于保护前景色不被擦除。

选择“背景色橡皮擦”工具，在属性栏中进行设置，如图5-154所示。在图像窗口中擦除图像，擦除前后的对比效果如图5-155和图5-156所示。

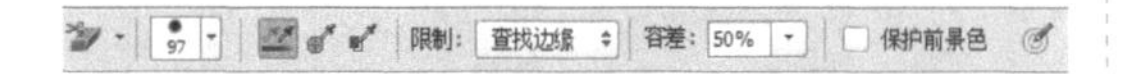

图5-154

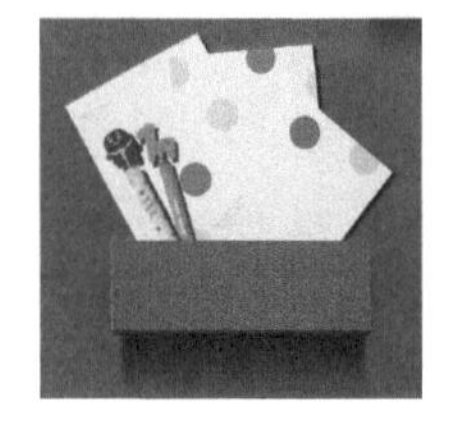
图5-155

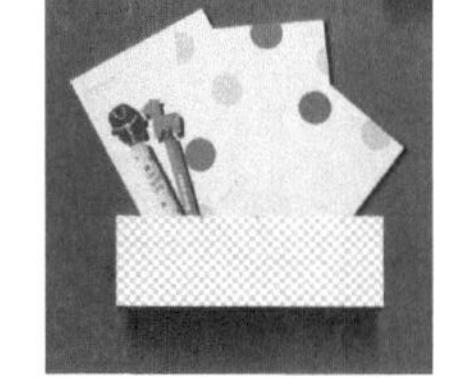
图5-156

5.3.4 魔术橡皮擦工具

选择“魔术橡皮擦”工具，或反复按Shift+E组合键，其属性栏状态如图5-157所示。

连续： 作用于当前层。

对所有图层取样： 作用于所有层。

选择“魔术橡皮擦”工具，属性栏中的选项为默认值，在图像窗口中擦除图像，效果如图5-158所示。

图5-157

图5-158

课堂练习——制作沙滩插画

【练习知识要点】 使用加深工具和模糊工具调整图像，使用橡皮擦工具擦除不需要的图像，最终效果如图5-159所示。

【效果所在位置】 Ch05/效果/制作沙滩插画.psd。

图5-159

课后习题——制作祝福卡

【习题知识要点】 使用直线工具绘制线条，使用横排文字工具添加文字，使用橡皮擦工具擦除不需要的图像，使用自定形状工具制作装饰图形，使用矩形选框工具绘制装饰线条，最终效果如图5-160所示。

【效果所在位置】 Ch05/效果/制作祝福卡.psd。

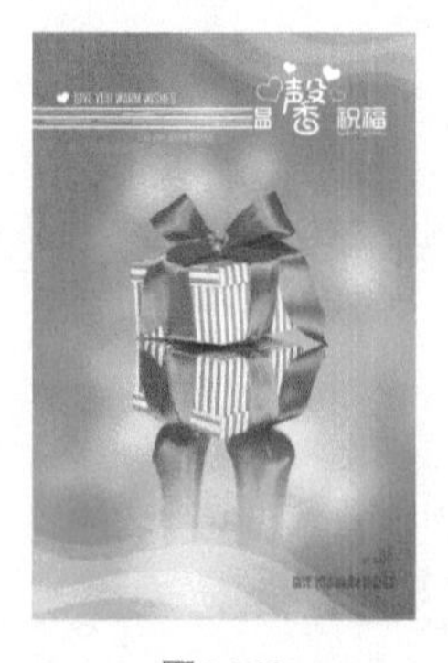
图5-160

第 6 章

编辑图像

本章介绍

本章主要介绍Photoshop CS6编辑图像的基础方法，包括应用图像编辑工具、移动、复制和删除图像、裁剪图像、变换图像等。通过对本章的学习，读者可以了解并掌握图像的编辑方法和应用技巧，快速地应用命令对图像进行适当的编辑与调整。

学习目标

- ◆ 熟悉图像编辑工具的使用方法。
- ◆ 掌握图像的移动、复制和删除的技巧。
- ◆ 掌握图像裁切和图像变换的技巧。

技能目标

- ◆ 掌握“展示油画”的制作方法。
- ◆ 掌握“平板广告”的制作方法。
- ◆ 掌握“产品手提袋”的制作方法。

6.1 图像编辑工具

使用图像编辑工具对图像进行编辑和整理，可以提高用户编辑和处理图像的效率。

6.1.1 课堂案例——制作展示油画

【案例学习目标】学习使用图像编辑工具对图像进行裁剪和注释。

【案例知识要点】使用标尺工具和裁剪工具制作风景照片，使用注释工具为图像添加注释，最终效果如图6-1所示。

【效果所在位置】Ch06/效果/制作展示油画.psd。

图6-1

（1）按Ctrl+O组合键，打开本书学习资源中的“Ch06 > 素材 > 制作展示油画 > 02”文件，如图6-2所示。选择“标尺”工具，在图像窗口的左侧单击鼠标确定测量的起点，向右拖曳鼠标出现测量的线段，再次单击鼠标，确定测量的终点，如图6-3所示。

图6-2

图6-3

（2）单击属性栏中的拉直图层按钮，拉直图像，如图6-4所示。选择“裁剪”工具，在图像窗口中拖曳鼠标，绘制矩形裁切框，按Enter键确认操作，效果如图6-5所示。

图6-4

图6-5

（3）按Ctrl+O组合键，打开本书学习资源中的“Ch06 > 素材 > 制作展示油画 > 01”文件，如图6-6所示。选择“矩形”工具，在属性栏中的“选择工具模式”选项中选择“形状”，在图像窗口中绘制矩形，如图6-7所示。

图6-6

图6-7

（4）选择“移动”工具，将02图像拖曳到01图像窗口中，并调整其大小和位置，效果如图6-8所示，在“图层”控制面板中生成新的图层并将其命名为“画”。按Alt+Ctrl+G组合键，创建剪贴蒙版，效果如图6-9所示。

图6-8

图6-9

（5）选择“横排文字”工具，在属性栏中选择合适的字体并设置大小，输入需要的文字，效果如图6-10所示，在“图层”控制面板中生成新的文字图层。

（6）按Ctrl+T组合键，文字周围出现变换框，将鼠标光标放在变换框控制手柄的附近，当光标变为旋转图标↰时，拖曳鼠标将文字旋转到适当的角度，按Enter键确认操作，效果如图6-11所示。

图6-10

图6-11

（7）选择“注释”工具，在图像窗口中单击鼠标，弹出“注释”控制面板，在面板中输入文字，如图6-12所示。展示油画制作完成，效果如图6-13所示。

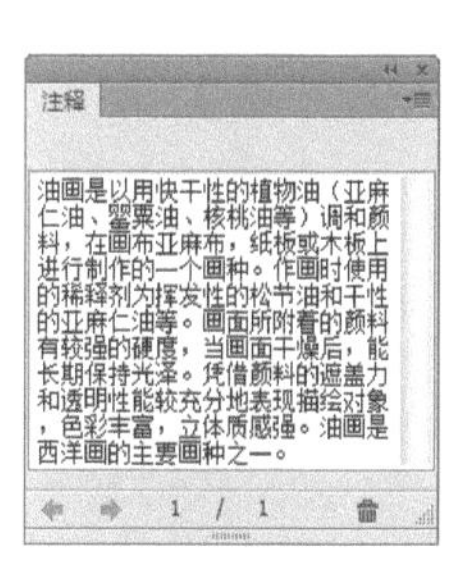

图6-12

图6-13

6.1.2　注释类工具

注释类工具可以为图像增加文字注释。

选择“注释”工具，或反复按Shift+I组合键，其属性栏状态如图6-14所示。

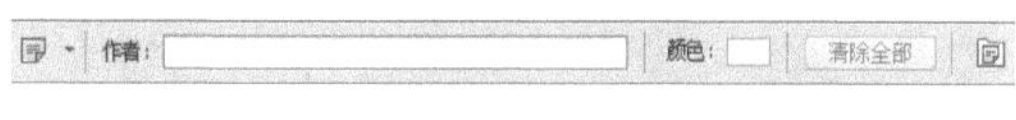

图6-14

作者：用于输入作者姓名。

颜色：用于设置注释窗口的颜色。

清除全部：用于清除所有注释。

显示或隐藏注释面板按钮：用于打开注释面板，编辑注释文字。

6.1.3　标尺工具

选择“标尺”工具，或反复按Shift+I组合键，其属性栏状态如图6-15所示。

图6-15

6.2　图像的移动、复制和删除

在Photoshop CS6中，可以非常便捷地移动、复制和删除图像。

6.2.1　课堂案例——制作平板广告

【案例学习目标】学习使用移动工具移动、复制图像。

【案例知识要点】使用移动工具和复制命令制作装饰图形，使用变换命令变换图形，使用渐变工具添加渐变色，使用横排文字工具添加文字，最终效果如图6-16所示。

【效果所在位置】Ch06/效果/制作平板广告.psd。

图6-16

（1）按Ctrl＋O组合键，打开本书学习资源中的“Ch06 > 素材 > 制作平板广告 > 01”文件，如图6-17所示。将前景色设为白色。新建图层生成“图层1”。选择“圆角矩形”工具，在属性栏中的“选择工具模式”选项中选择“像素”，将“半径”选项设为70px，在图像窗口中绘制圆角矩形，如图6-18所示。

图6-17

图6-18

（2）按Alt+Ctrl+T组合键，在图形周围出现变换框，水平向右拖曳图像到适当的位置，按Enter键确认操作，复制圆角矩形，效果如图6-19所示。按8次Alt+Shift+Ctrl+T组合键，复制8个图形，效果如图6-20所示。

图6-19

图6-20

（3）选中“图层1”，按住Shift键的同时，单击“图层1 副本9”图层，将两个图层间的所有图层同时选取。按Ctrl+E组合键，合并图层并将其命名为“圆角矩形”，如图6-21所示。按住Ctrl键的同时，单击该图层的缩览图，图像周围生成选区，如图6-22所示。

（4）选择“渐变”工具，单击属性栏中的“点按可编辑渐变”按钮，弹出“渐变编辑器”对话框，将渐变色设为从白色到浅灰色（其R、G、B的值分别为130、130、130），单击“确定”按钮，在选区中从左至右拖曳渐变色。取消选区后，效果如图6-23所示。

图6-21

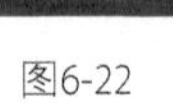
图6-22

图6-23

（5）按Ctrl+T组合键，在图像周围出现变换框，在变换框中单击鼠标右键，在弹出的菜单中选择“扭曲”命令，拖曳控制手柄变换图形，调整其大小及位置，按Enter键确认操作，效果如图6-24所示。选择“移动”工具，按住Alt键的同时，多次拖曳图形到适当的位置，复制图形，并分别调整其大小和位置，效果如图6-25所示。

图6-24

图6-25

（6）按住Shift键的同时，将原图层和副本图层同时选取。在“图层”控制面板上方，将选取图层的“不透明度”选项设为40%，如图6-26所示，按Enter键确认操作，效果如图6-27所示。

图6-26

图6-27

（7）按Ctrl＋O组合键，打开本书学习资源中的“Ch06 > 素材 > 制作平板广告 > 02”文件。选择“移动”工具，将02图片拖曳到01图像窗口中适当的位置，效果如图6-28所示，在“图层”控制面板中生成新的图层并将其命名为“平板”。

（8）按Alt+Ctrl+T组合键，在图像周围出现变换框，在变换框中单击鼠标右键，在弹出的菜单中选择“垂直翻转”命令，垂直翻转复制的图像，并调整其位置，按Enter键确认操作，效果如图6-29所示。

图6-28

图6-29

（9）单击“图层”控制面板下方的“添加图层蒙版”按钮，为图层添加蒙版，如图6-30所示。选择“渐变”工具，单击属性栏中的“点按可编辑渐变”按钮，弹出“渐变编辑器”对话框，将渐变色设为从白色到黑色，单击“确定”按钮。在图像下方从上至下拖曳渐变色。取消选区后，效果如图6-31所示。

图6-30

图6-31

（10）将前景色设为白色。选择“横排文字”工具，在图像窗口中输入需要的文字并选取文字，在属性栏中选择合适的字体并设置大小，效果如图6-32所示，在“图层”控制面板中生成新的文字图层。用相同的方法输入其他文字，效果如图6-33所示。平板广告制作完成。

图6-32

图6-33

6.2.2　图像的移动

打开一张图片。选择“椭圆选框”工具，在要移动的区域绘制选区，如图6-34所示。选择“移动”工具，将鼠标指针放在选区中，指针变为图标，如图6-35所示。单击并按住鼠标左键，将图像拖曳到适当的位置，移动选区内的图像，原来的选区位置被背景色填充，效果如图6-36所示。按Ctrl+D组合键，取消选区。

图6-34

图6-35

图6-36

打开一张图片。将企鹅图片拖曳到打开的图像中，鼠标指针变为图标，如图6-37所示，释放鼠标，企鹅图片被移动到打开的图像窗口中，效果如图6-38所示。

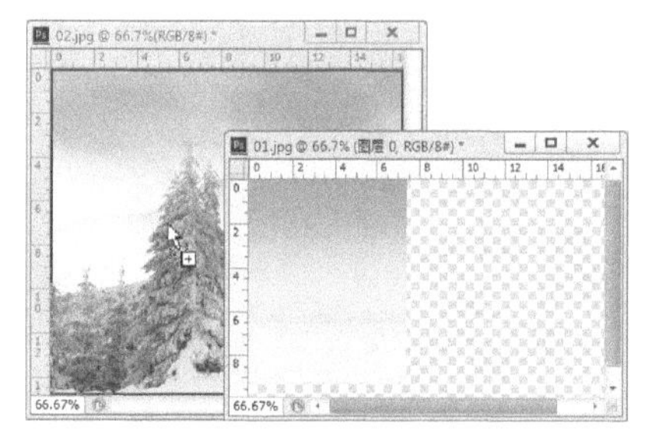

图6-37

图6-38

6.2.3　图像的复制

要在操作过程中随时按需要复制图像，就必须掌握复制图像的方法。

打开一张图片。选择“矩形选框”工具，绘制出要复制的图像区域，如图6-39所示。选择

“移动”工具，将鼠标放在选区中，鼠标指针变为图标，如图6-40所示。按住Alt键的同时，鼠标指针变为图标，如图6-41所示。单击鼠标并按住不放，拖曳选区中的图像到适当的位置，释放鼠标和Alt键，图像复制完成，效果如图6-42所示。

图6-39　图6-40

图6-41　图6-42

在要复制的图像上绘制选区，如图6-43所示。选择“编辑 > 拷贝”命令或按Ctrl+C组合键，将选区中的图像复制，这时屏幕上的图像虽没有变化，但系统已将图像复制到剪贴板中。

图6-43

选择“编辑 > 粘贴”命令或按Ctrl+V组合键，将剪贴板中的图像粘贴在图像的新图层中，复制的图像在原图的上方，如图6-44所示。选择“移动”工具，可以移动复制出的图像，效果如图6-45所示。

图6-44

图6-45

在要复制的图像上绘制选区，如图6-46所示。按住Alt+Ctrl组合键的同时，鼠标指针变为图标，如图6-47所示。单击鼠标并按住不放，拖曳选区中的图像到适当的位置，释放鼠标，图像复制完成，效果如图6-48所示。

图6-46　图6-47

图6-48

提示

在复制图像前，要选择将要复制的图像区域；如果不选择图像区域，将不能复制图像。

6.2.4　图像的删除

在删除图像前，需要选择要删除的图像区域；如果不选择图像区域，将不能删除图像。

在要删除的图像上绘制选区，如图6-49所示。选择“编辑 > 清除”命令，将选区中的图像删除。按Ctrl+D组合键，取消选区，效果如图6-50所示。

图6-49　图6-50

在要删除的图像上绘制选区，按Delete键或

Backspace键，可以将选区中的图像删除。按Alt＋Delete组合键或Alt+Backspace组合键，也可以将选区中的图像删除，删除后的图像区域由前景色填充。

提示

删除后的图像区域由背景色填充。如果在某一图层中，删除后的图像区域将显示下面一层的图像。

6.3 图像的裁切和图像的变换

通过图像的裁切和图像的变换，可以设计制作出丰富多变的图像效果。

6.3.1 课堂案例——制作产品手提袋

【案例学习目标】学习使用变换命令、绘图工具、填充工具和图层控制面板制作出产品手提袋。

【案例知识要点】使用变换命令制作图片和图形的变形效果，使用钢笔工具、渐变工具、图层蒙版和高斯模糊命令制作倒影和桌面阴影，最终效果如图6-51所示。

【效果所在位置】Ch06/效果/制作产品手提袋.psd。

图6-51

（1）按Ctrl＋N组合键，新建一个文件，设置宽度为27.7厘米，高度为24.8厘米，分辨率为300像素/英寸，颜色模式为RGB，背景内容为白色，单击“确定”按钮。

（2）选择“渐变”工具，单击属性栏中的“点按可编辑渐变”按钮，弹出“渐变编辑器”对话框，将渐变色设为从灰色（其R、G、B的值分别为174、175、177）到浅灰色（其R、G、B的值分别为212、216、217），如图6-52所示，单击“确定”按钮。在图像窗口中由上向下拖曳渐变色，效果如图6-53所示。

图6-52

图6-53

（3）按Ctrl＋O组合键，打开本书学习资源中的“Ch06 > 素材 > 制作产品手提袋 > 01”文件。选择“移动”工具，将01图片拖曳到图像窗口中适当的位置，并调整其大小，效果如图6-54所示，在“图层”控制面板中生成新的图层并将其命名为“正面”。

（4）按Ctrl+T组合键，在图像周围出现变换框，按住Ctrl键的同时，拖曳变换框的控制手柄到适当的位置，变换图像，按Enter键确认操作，效果如图6-55所示。

图6-54

图6-55

（5）单击“图层”控制面板下方的“创建新图层”按钮，生成新的图层并将其命名为“侧面”。将前景色设为浅灰色（其R、G、B的值分别为226、226、226）。选择“矩形选框”工具，在图像窗口中适当的位置绘制一个矩形选区。按Alt+Delete组合键，用前景色填充选区。按Ctrl+D组合键，取消选区，效果如图6-56所示。

（6）按Ctrl+T组合键，图形周围出现变换框，在变换框中单击鼠标右键，在弹出的菜单中选择“扭曲”命令，拖曳控制手柄到适当的位置，按Enter键确认操作，效果如图6-57所示。

图6-56

图6-57

（7）新建图层并将其命名为“暗部”。将前景色设为黑色。选择“钢笔”工具，在属性栏中的“选择工具模式”选项中选择“路径”，在图像窗口中绘制路径。按Ctrl+Enter组合键，将路径转换为选区，如图6-58所示。按Alt+Delete组合键，用前景色填充选区。取消选区后，效果如图6-59所示。

图6-58

图6-59

（8）在“图层”控制面板上方，将“暗部”图层的“不透明度”选项设为15%，如图6-60所示，按Enter键确认操作，图像效果如图6-61所示。选中“正面”图层，按Ctrl+J组合键，复制图层，并将复制的图层拖曳到“正面”图层的下方，如图6-62所示。

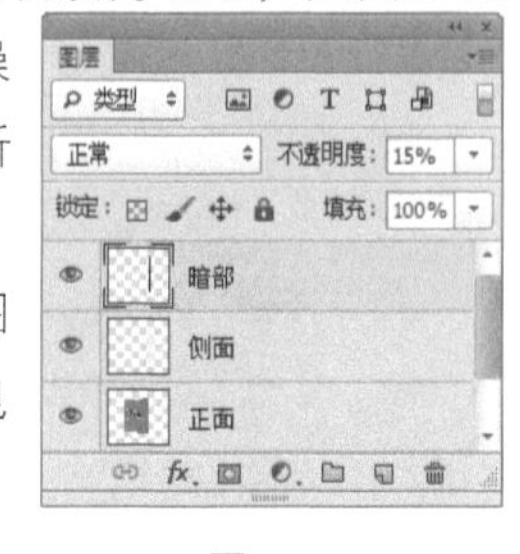

图6-60

图6-61

图6-62

（9）按Ctrl+T组合键，图像周围出现变换框，在变换框中单击鼠标右键，在弹出的菜单中选择“垂直翻转”命令，垂直翻转图像，并将其拖曳到适当的位置，然后按住Ctrl键的同时，调整左上角的控制手柄到适当的位置，按Enter键确认操作，效果如图6-63所示。单击“图层”控制面板下方的“添加图层蒙版”按钮，为图层添加蒙版，如图6-64所示。

图6-63

图6-64

（10）选择“渐变”工具，单击属性栏中的“点按可编辑渐变”按钮，弹出“渐变编辑器”对话框，将渐变色设为从白色到黑色，单击“确定”按钮。在图像上由上至下拖曳渐变色，效果如图6-65所示。用相同的方法制作侧面投影，效果如图6-66所示。

图6-65

图6-66

（11）新建图层并将其命名为“桌面阴影左”。选择“钢笔”工具，在图像窗口中适当的位置绘制一个路径，如图6-67所示。按Ctrl+Enter组合键，将路径转换为选区。按Alt+Delete组合键，用前景色填充选区。取消选区后，效果如图6-68所示。

图6-67

图6-68

（12）单击“图层”控制面板下方的“添加图层蒙版”按钮，为图层添加蒙版，如图6-69所示。选择“渐变”工具，在图形上由右上至左下拖曳渐变色，效果如图6-70所示。

图6-69

图6-70

（13）在“图层”控制面板上方，将该图层的“不透明度”选项设为30%，如图6-71所示，按Enter键确认操作，图像效果如图6-72所示。用相同的方法制作桌面右侧的阴影，效果如图6-73所示。

图6-71

图6-72

图6-73

（14）新建图层并将其命名为“带子”。将前景色设为浅灰色（其R、G、B的值分别为239、225、223）。选择“钢笔”工具，在图像窗口中适当的位置绘制路径，如图6-74所示。按Ctrl+Enter组合键，将路径转换为选区。按Alt+Delete组合键，用前景色填充选区。取消选区后，效果如图6-75所示。

图6-74

图6-75

（15）单击“图层”控制面板下方的“添加图层样式”按钮，在弹出的菜单中选择“内阴影”命令，在弹出的对话框中进行设置，如图6-76所示，单击“确定”按钮，效果如图6-77所示。

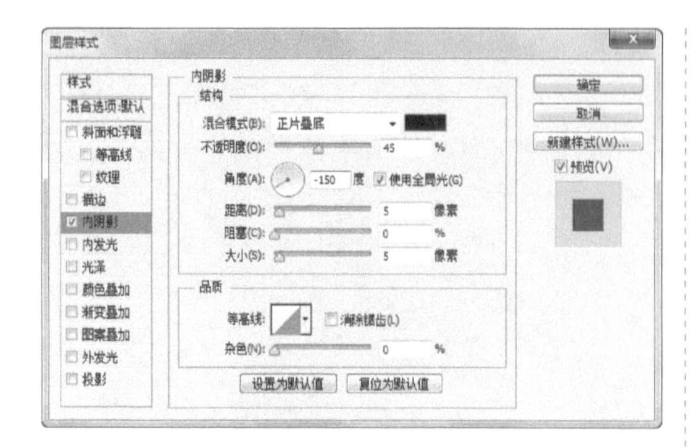

图6-76

图6-77

（16）按Ctrl+J组合键，复制图形，将其命名为“带子阴影”。按Ctrl+T组合键，图形周围出现变换框，调整下方的控制手柄到适当的位置，按Enter键确认操作，效果如图6-78所示。

图6-78

（17）将“带子阴影”图层拖曳到“带子”图层的下方。将前景色设为黑色。按住Ctrl键的同时，单击该图层的缩览图，载入选区，如图6-79所示。按Alt+Delete组合键，用前景色填充选区。取消选区后，效果如图6-80所示。

图6-79

图6-80

（18）选择“滤镜 > 模糊 > 高斯模糊”命令，在弹出的对话框中进行设置，如图6-81所示，单击“确定”按钮，效果如图6-82所示。

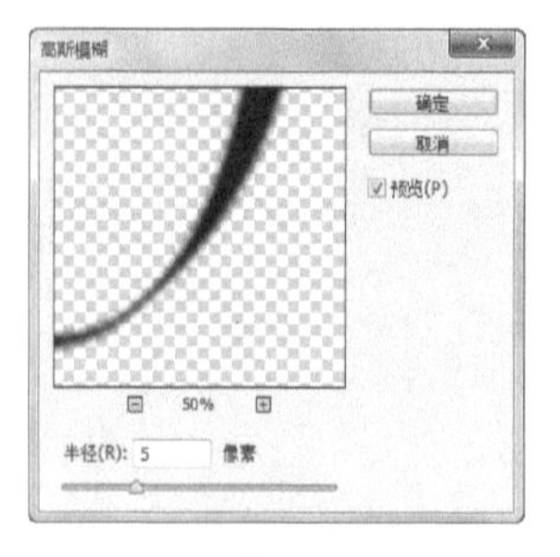

图6-81

图6-82

（19）选择“橡皮擦”工具，在属性栏中单击“画笔”选项右侧的按钮，弹出画笔选择面板，设置如图6-83所示。在属性栏中将“不透明度”选项设为50%，在图像窗口中擦除不需要的部分，效果如图6-84所示。产品手提袋制作完成，效果如图6-85所示。

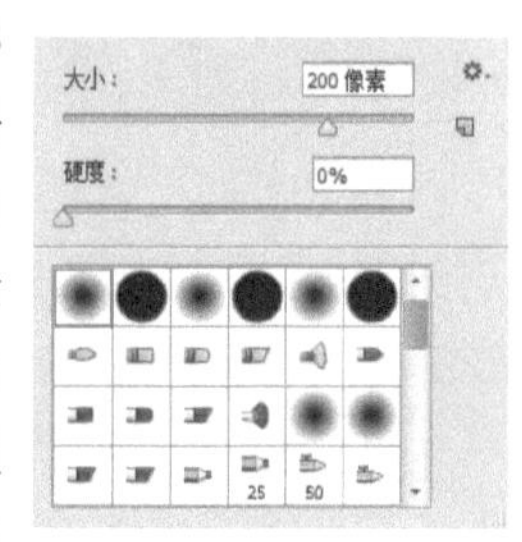

图6-83

图6-84

图6-85

6.3.2 图像的裁切

若图像中含有大面积的纯色区域或透明区域，可以使用裁切命令进行操作。

打开一幅图像，如图6-86所示。选择“图像 > 裁切”命令，弹出“裁切”对话框，设置如图6-87所示，单击“确定”按钮，效果如图6-88所示。

图6-86

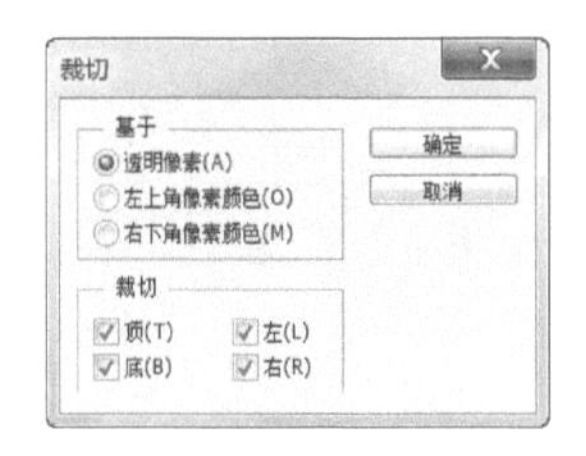

图6-87

图6-88

透明像素：若当前图像的多余区域是透明的，则选择此选项。

左上角像素颜色：根据图像左上角的像素颜色来确定裁切的颜色范围。

右下角像素颜色：根据图像右下角的像素颜色来确定裁切的颜色范围。

裁切：用于设置裁切的区域范围。

6.3.3 图像的变换

选择“图像 > 图像旋转”命令，其下拉菜单如图6-89所示。应用不同的变换命令后，图像的变换效果如图6-90所示。

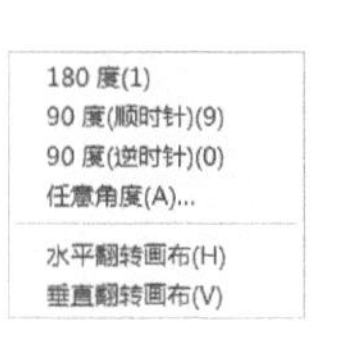

图6-89

原图像

180度

90度（顺时针）

90°（逆时针）

水平翻转画布

垂直翻转画布

图6-90

选择“任意角度”命令，弹出“旋转画布”对话框，设置如图6-91所示，单击“确定”按钮，图像的旋转效果如图6-92所示。

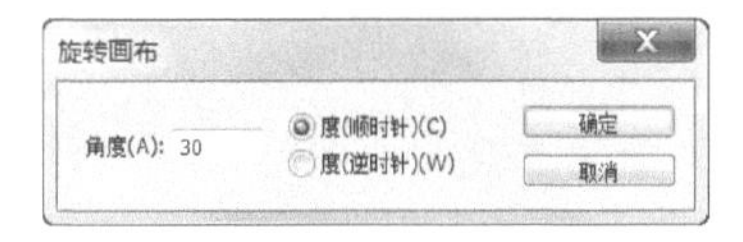

图6-91

图6-92

6.3.4 图像选区的变换

在操作过程中可以根据设计和制作的需要变换已经绘制好的选区。

打开一张图片。选择“椭圆选框”工具，在要变换的图像上绘制选区，如图6-93所示。选择“编辑 > 自由变换”或“变换”命令，其下拉菜单如图6-94所示，应用不同的变换命令后，图像的变换效果如图6-95所示。

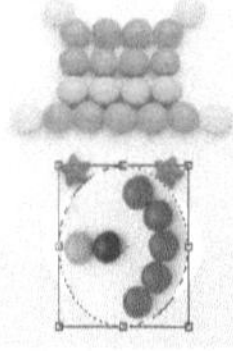

旋转90度（逆时针）

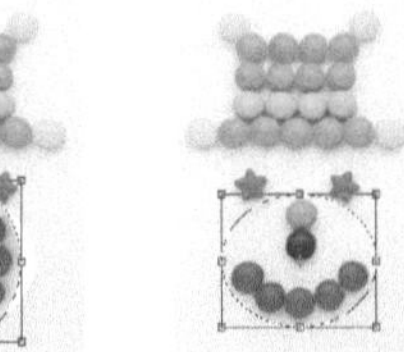

水平翻转

垂直翻转

图6-93

再次(A) Shift+Ctrl+T
缩放(S)
旋转(R)
斜切(K)
扭曲(D)
透视(P)
变形(W)
旋转 180 度(1)
旋转 90 度(顺时针)(9)
旋转 90 度(逆时针)(0)
水平翻转(H)
垂直翻转(V)

图6-94

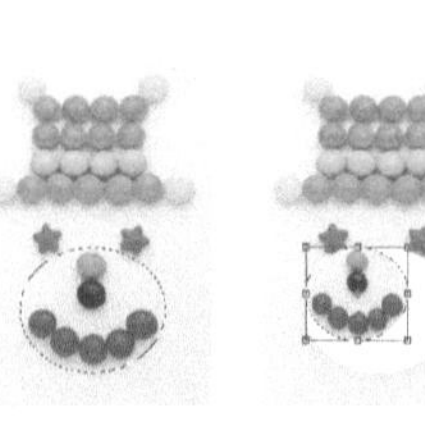

原图像　　缩放

图6-95

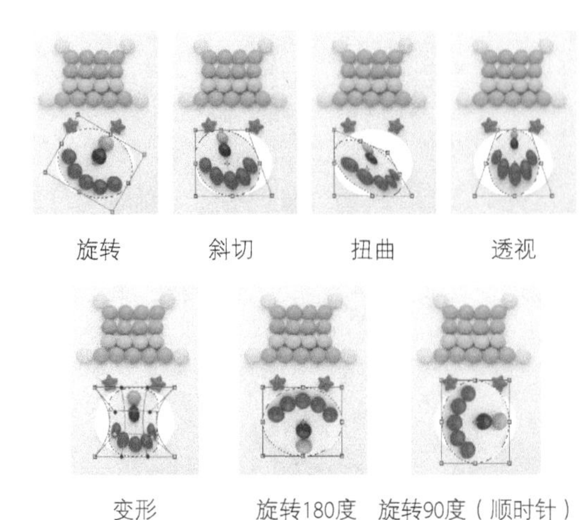

图6-95（续）

> **提示**
>
> 在要变换的图像上绘制选区，按Ctrl+T组合键，选区周围出现变换框，拖曳变换框的控制手柄，可以自由缩放图像；按住Shift键的同时，可以等比例缩放图像；将指针放在控制手柄外边，指针变为旋转图标，拖曳鼠标可以旋转图像；按住Ctrl键的同时，可以使图像任意变形；按住Alt键的同时，可以使图像对称变形；按住Shift+Ctrl组合键的同时，可以使图像斜切变形；按住Alt+Ctrl+Shift组合键的同时，可以使图像透视变形。

课堂练习——制作科技宣传卡

【练习知识要点】 使用移动工具和复制命令制作装饰图形，使用橡皮擦工具擦除不需要的图像，最终效果如图6-96所示。

【效果所在位置】 Ch06/效果/制作科技宣传卡.psd。

图6-96

课后习题——制作书籍宣传卡

【习题知识要点】 使用扭曲命令扭曲变形图形，使用渐变工具为图像添加渐变效果，最终效果如图6-97所示。

【效果所在位置】 Ch06/效果/制作书籍宣传卡.psd。

图6-97

第 7 章

绘制图形和路径

本章介绍

本章主要介绍路径的绘制、编辑方法以及图形的绘制与应用技巧。通过对本章的学习，读者可以学会绘制所需路径并对路径进行修改和编辑，还可应用绘图工具绘制出系统自带的图形，从而提高图像制作的效率。

学习目标

- ◆ 熟练掌握绘制图形的技巧。
- ◆ 熟练掌握绘制和选区路径的方法。
- ◆ 掌握3D图形的创建和3D工具的使用技巧。

技能目标

- ◆ 掌握“炫彩图标”的制作方法。
- ◆ 掌握“高跟鞋促销海报”的制作方法。
- ◆ 掌握“蓝色梦幻效果”的制作方法。

7.1 绘制图形

绘图工具不仅可以绘制出标准的几何图形，也可以绘制出自定义的图形，提高工作效率。

7.1.1 课堂案例——制作炫彩图标

【案例学习目标】学习使用不同的绘图工具绘制各种图形。

【案例知识要点】使用绘图工具绘制插画背景效果，使用椭圆工具和多边形工具绘制标志图形，使用图层样式制作标志图形，最终效果如图7-1所示。

【效果所在位置】Ch07/效果/制作炫彩图标. psd。

图7-1

（1）按Ctrl+O组合键，打开本书学习资源中的“Ch07 > 素材 > 制作炫彩图标 > 01”文件，如图7-2所示。新建图层并将其命名为“图形1”。将前景色设为黄色（其R、G、B的值分别为255、255、51）。选择“椭圆”工具，在属性栏中的“选择工具模式”选项中选择“像素”，按住Shift键的同时，在图像窗口中拖曳鼠标绘制圆形，效果如图7-3所示。

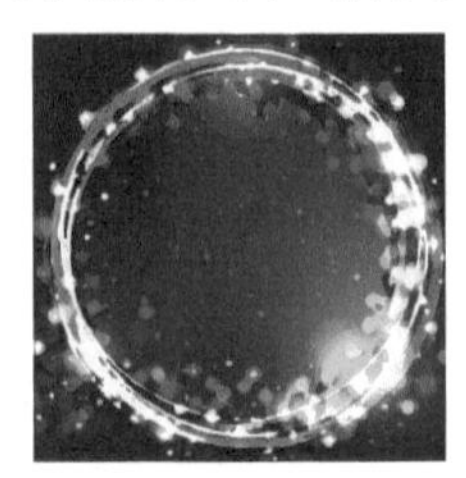

图7-2

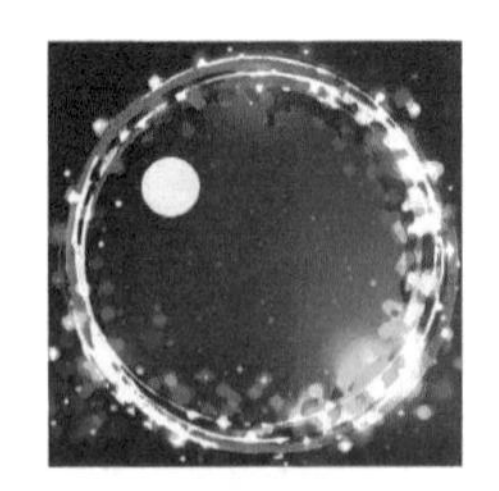

图7-3

（2）用相同的方法再绘制2个圆形，效果如图7-4所示。在“图层”控制面板上方，将该图层的“填充”选项设为80%，如图7-5所示，按Enter键确认操作，效果如图7-6所示。

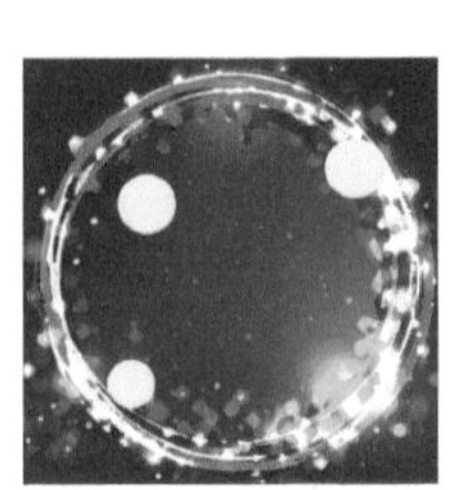

图7-4

图7-5

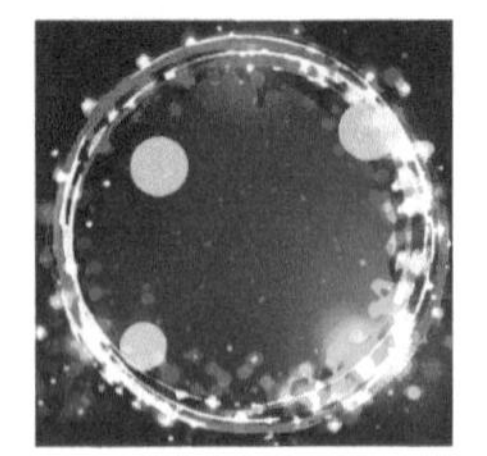

图7-6

（3）新建图层并将其命名为“图形2”。将前景色设为黄绿色（其R、G、B的值分别为204、255、51）。选择“椭圆”工具，按住Shift键的同时，在图像窗口中拖曳鼠标绘制3个圆形，效果如图7-7所示。在“图层”控制面板上方，将该图层的“填充”选项设为60%，按Enter键确认操作，效果如图7-8所示。

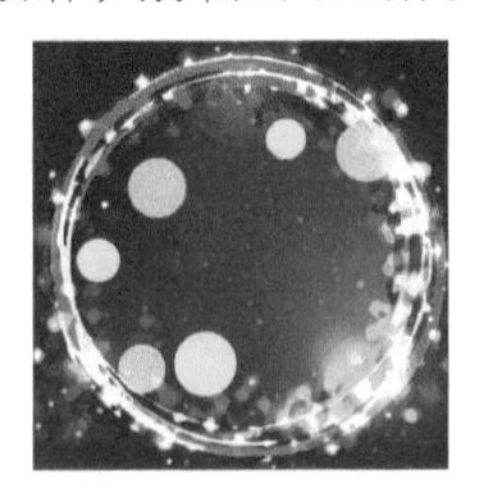

图7-7

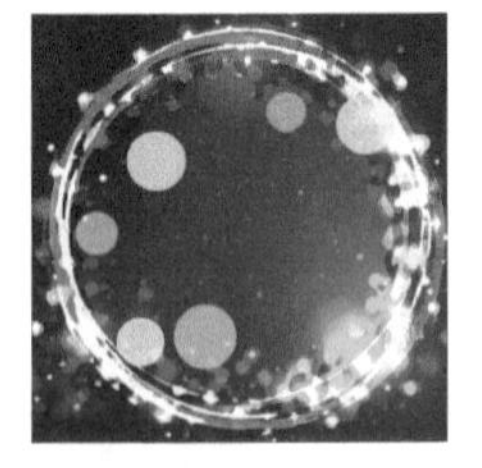

图7-8

（4）新建图层并将其命名为“图形3”。将前景色设为蓝紫色（其R、G、B的值分别为204、102、255）。选择“椭圆”工具，按住Shift键的同时，在图像窗口中拖曳鼠标绘制3个圆形，效果如图7-9所示。在“图层”控制面板上方，将该图层的“填充”选项设为70%，按Enter键确认操作，效果如图7-10所示。

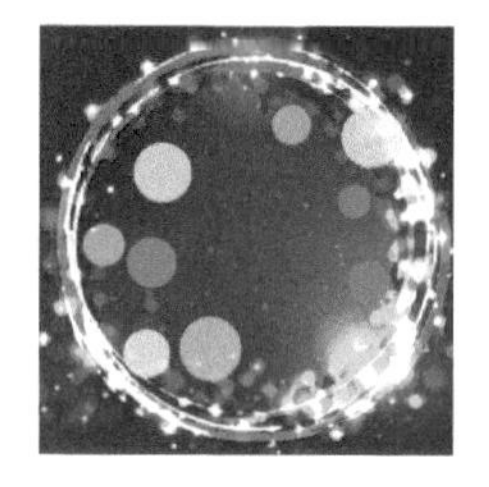

图7-9

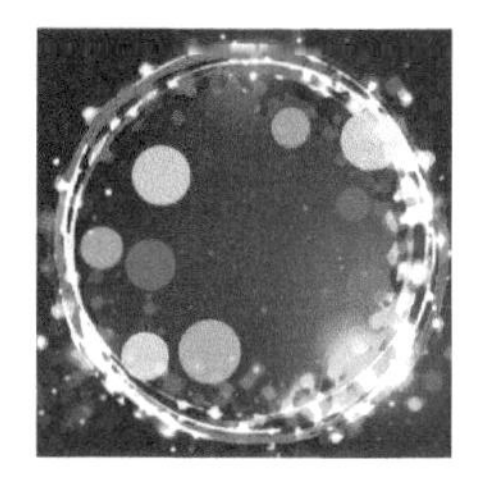

图7-10

（5）新建图层并将其命名为“图形4”。将前景色设为蓝色（其R、G、B的值分别为32、130、193）。选择“自定形状”工具，单击属性栏中“形状”选项右侧的按钮，弹出“形状”面板。单击面板右上方的按钮，在弹出的菜单中选择“污渍矢量包”选项，弹出提示对话框，单击“追加”按钮。在“形状”面板中选择需要的图形，如图7-11所示。在属性栏中的“选择工具模式”选项中选择“像素”，按住Shift键的同时，拖曳鼠标绘制图形，效果如图7-12所示。

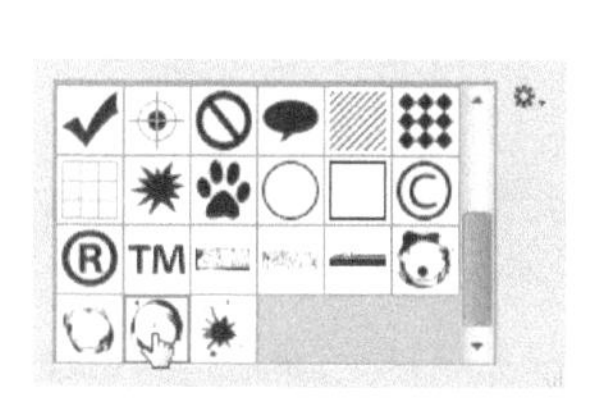

图7-11

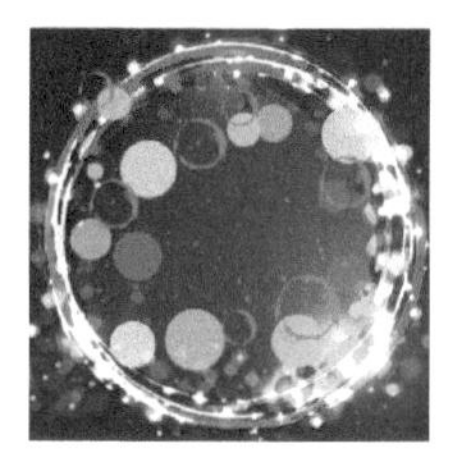

图7-12

（6）新建图层并将其命名为“图形5”。将前景色设为橘红色（其R、G、B的值分别为208、88、15）。选择“自定形状”工具，单击属性栏中“形状”选项右侧的按钮，弹出“形状”面板，选择需要的图形，如图7-13所示。按住Shift键的同时，拖曳鼠标绘制图形，效果如图7-14所示。

（7）新建图层。将前景色设为蓝色（其R、G、B的值分别为31、133、199）。选择“椭圆”工具，按住Shift键的同时，在图像窗口中拖曳鼠标绘制圆形，效果如图7-15所示。新建图层。选择“多边形”工具，在属性栏中的“选择工具模式”选项中选择“像素”，“边”选项设为3。在图像窗口中拖曳鼠标绘制三角形，效果如图7-16所示。

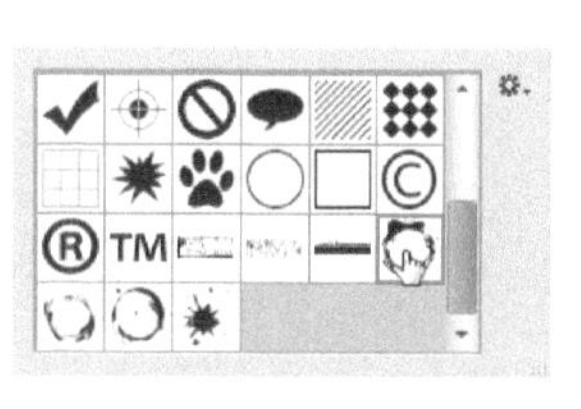

图7-13

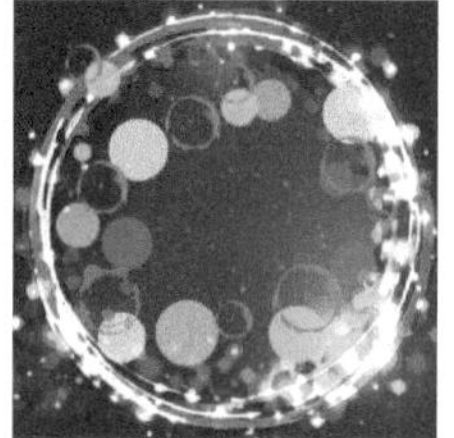

图7-14

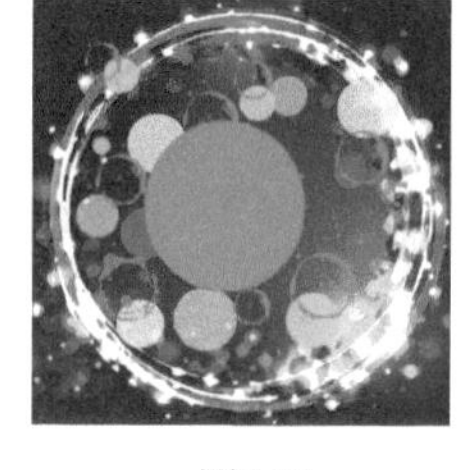

图7-15

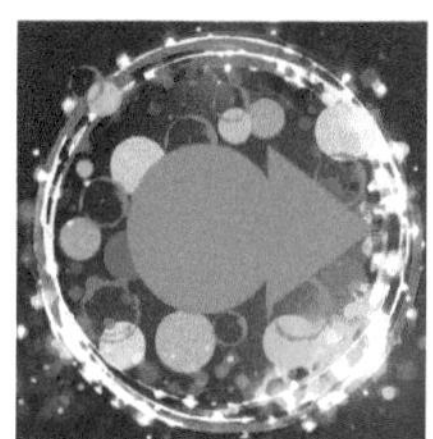

图7-16

（8）按Ctrl+T组合键，图形周围出现变换框，如图7-17所示。向左拖曳变换框右侧中间的控制手柄到适当的位置，按Enter键确认操作，效果如图7-18所示。选中“图层1”，按住Shift键的同时，单击“图层2”，将两个图层同时选取。按Ctrl+E组合键，合并图层并将其命名为“形状”。

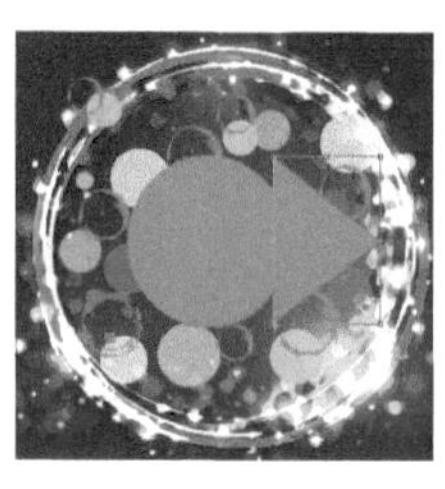

图7-17

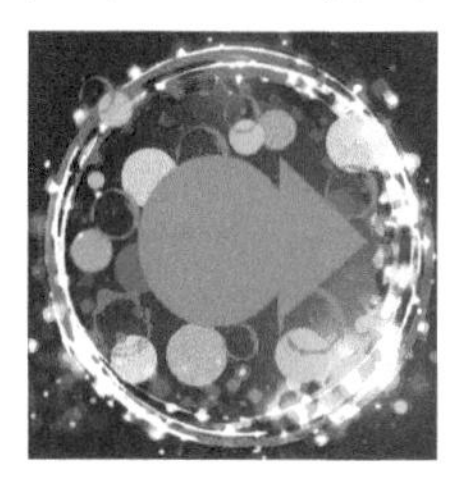

图7-18

（9）单击“图层”控制面板下方的“添加图层样式”按钮，在弹出的菜单中选择“投影”命令，在弹出的对话框中进行设置，如图7-19所示。选择“斜面和浮雕”选项，切换到相应的对话框，其他选项的设置如图7-20所示。

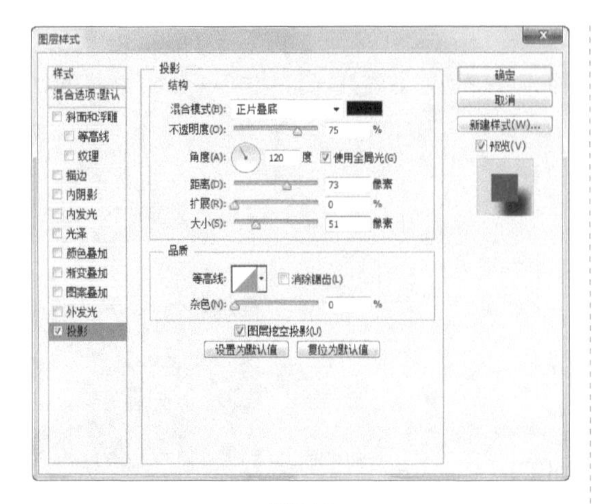

图7-19

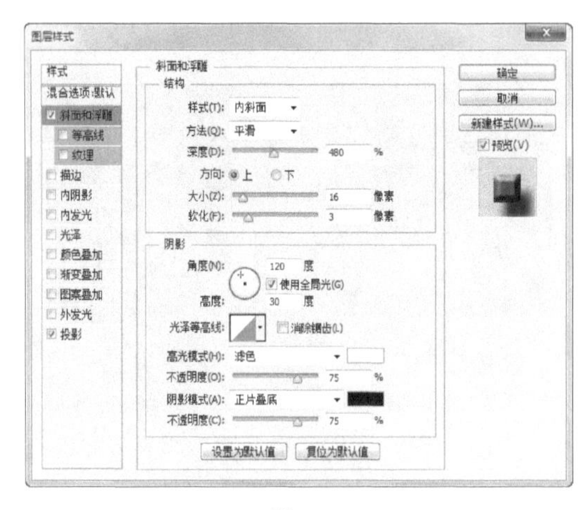

图7-20

（10）选择“描边”选项，切换到相应的对话框，设置描边颜色为白色，选项的设置如图7-21所示。单击“确定”按钮，效果如图7-22所示。

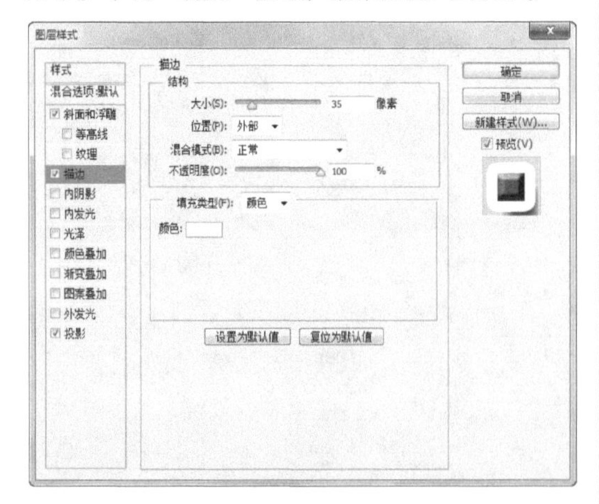

图7-21

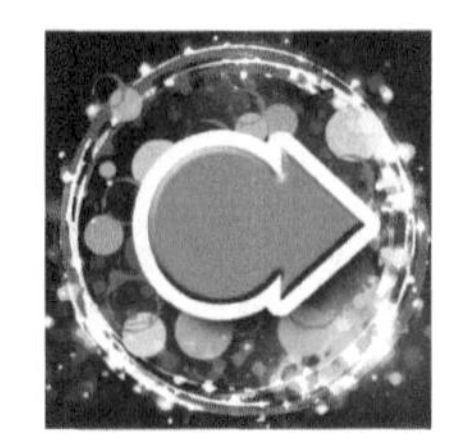

图7-22

（11）新建图层并将其命名为“鸟”。将前景色设为白色。选择“自定形状”工具，单击属性栏中“形状”选项右侧的按钮，弹出“形状”面板。单击面板右上方的按钮，在弹出的菜单中选择“动物”选项，弹出提示对话框，单击“追加”按钮。在“形状”面板中选择需要的图形，如图7-23所示。拖曳鼠标绘制图形，效果如图7-24所示。

图7-23　　图7-24

（12）单击“图层”控制面板下方的“添加图层样式”按钮，在弹出的菜单中选择“斜面和浮雕”命令，弹出对话框，设置如图7-25所示。选择“外发光”选项，切换到相应的对话框，选项的设置如图7-26所示，单击“确定”按钮，效果如图7-27所示。炫彩图标制作完成，如图7-28所示。

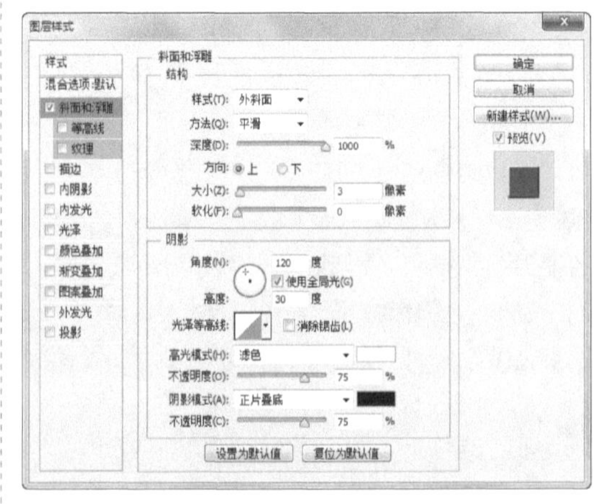

图7-25

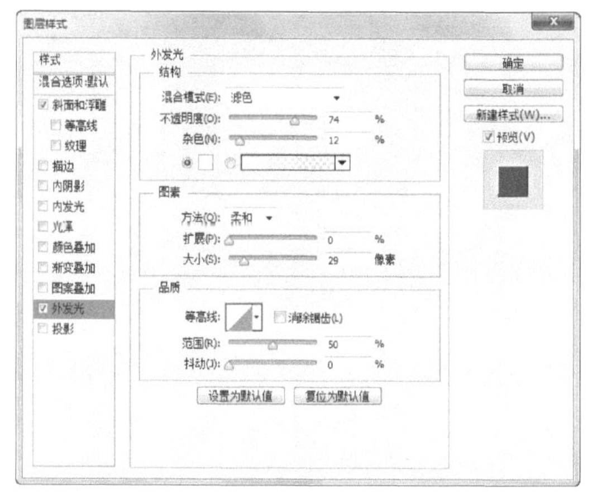

图7-26

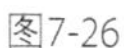

图7-27

图7-28

7.1.2　矩形工具

选择“矩形”工具，或反复按Shift+U组合键，其属性栏状态如图7-29所示。

图7-29

形状：用于选择工具的模式，包括路径形状、工作路径和填充区域。

填充、描边、3点：用于设置矩形的填充色、描边色、描边宽度和描边类型。

W、H：用于设置矩形的宽度和高度。

：用于设置路径的组合方式、对齐方式和排列方式。

：用于设定所绘制矩形的形状。

对齐边缘：用于设定边缘是否对齐。

打开一张图片，如图7-30所示。在图像窗口中绘制矩形，效果如图7-31所示，“图层”控制面板如图7-32所示。

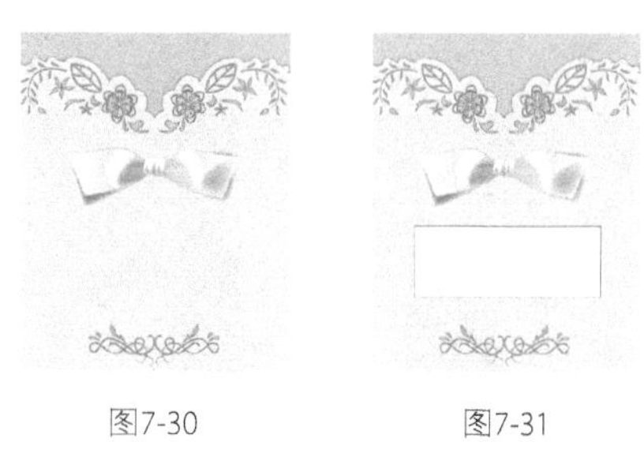

图7-30　图7-31

图7-32

7.1.3　圆角矩形工具

选择“圆角矩形”工具，或反复按Shift+U组合键，其属性栏状态如图7-33所示。其属性栏中的内容与“矩形”工具属性栏的选项内容类似，只增加了“半径”选项，用于设定圆角矩形的平滑程度，数值越大越平滑。

图7-33

打开一张图片，如图7-34所示。将“半径”选项设为40px，在图像窗口中绘制圆角矩形，效果如图7-35所示，“图层”控制面板如图7-36所示。

图7-34

图7-35

图7-36

7.1.4 椭圆工具

选择“椭圆”工具，或反复按Shift+U组合键，其属性栏状态如图7-37所示。

图7-37

打开一张图片，如图7-38所示。在图像窗口中绘制椭圆形，效果如图7-39所示，“图层”控制面板如图7-40所示。

图7-38

图7-39

图7-40

7.1.5 多边形工具

选择“多边形”工具，或反复按Shift+U组合键，其属性栏状态如图7-41所示。其属性栏中的内容与矩形工具属性栏的选项内容类似，只增加了“边”选项，用于设定多边形的边数。

图7-41

打开一张图片，如图7-42所示。单击属性栏中的按钮，在弹出的面板中进行设置，如图7-43所示。在图像窗口中绘制星形，效果如图7-44所示，“图层”控制面板如图7-45所示。

图7-42

图7-43

图7-44

图7-45

7.1.6　直线工具

选择“直线”工具，或反复按Shift+U组合键，其属性栏状态如图7-46所示。其属性栏中的内容与矩形工具属性栏的选项内容类似，只增加了“粗细”选项，用于设定直线的宽度。

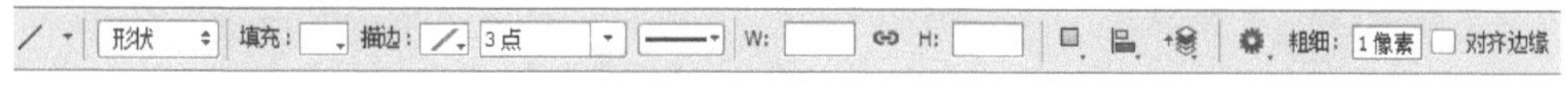

图7-46

单击属性栏中的按钮，弹出“箭头”面板，如图7-47所示。

图7-47

起点：用于选择箭头位于线段的始端。

终点：用于选择箭头位于线段的末端。

宽度：用于设定箭头宽度和线段宽度的比值。

长度：用于设定箭头长度和线段长度的比值。

凹度：用于设定箭头凹凸的形状。

打开一张图片，如图7-48所示。在图像窗口中绘制不同效果的直线，如图7-49所示，“图层”控制面板如图7-50所示。

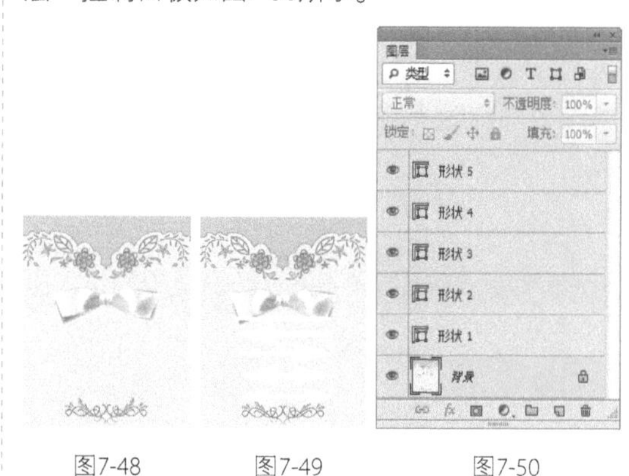

图7-48　图7-49　图7-50

提示

按住Shift键的同时，可以绘制水平或垂直的直线。

7.1.7　自定形状工具

选择“自定形状”工具，或反复按Shift+U组合键，其属性栏状态如图7-51所示。其属性栏中的内容与矩形工具属性栏的选项内容类似，只增加了“形状”选项，用于选择所需的形状。

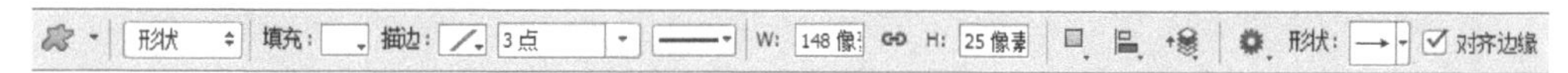

图7-51

单击“形状”选项右侧的按钮，弹出如图7-52所示的形状面板，面板中存储了可供选择的各种不规则形状。

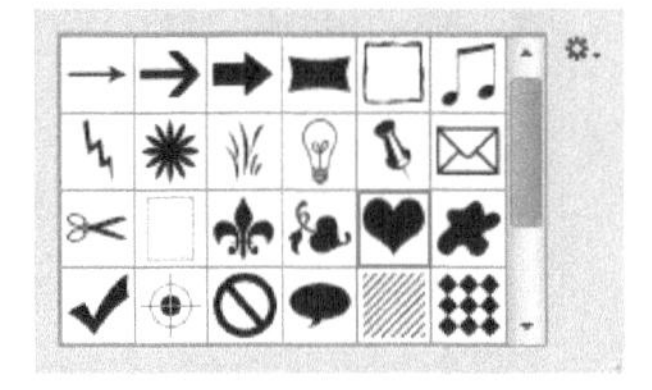

图7-52

打开一张图片，如图7-53所示。在图像窗口中绘制形状图形，效果如图7-54所示，“图层”控制面板如图7-55所示。

图7-53

图7-54

图7-55

选择“钢笔”工具，在图像窗口中绘制并填充路径，如图7-56所示。选择“编辑 > 定义自定形状”命令，弹出“形状名称”对话框，在“名称”选项的文本框中输入自定形状的名称，如图7-57所示，单击“确定”按钮。在“形状”选项的面板中显示刚才定义的形状，如图7-58所示。

图7-56

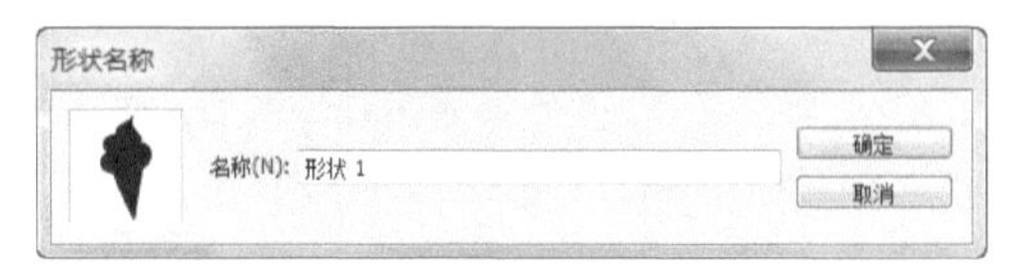

图7-57

图7-58

7.2 绘制和选取路径

使用路径可以进行复杂图像的选取，可以存储选取区域以备再次使用，还可以绘制线条平滑的优美图形。

7.2.1 课堂案例——制作高跟鞋促销海报

【案例学习目标】学习使用不同的绘图工具绘制并调整路径。

【案例知识要点】使用矩形工具、钢笔工具和不透明度绘制背景图形，使用钢笔工具、添加锚点工具和转换点工具绘制路径，使用应用选区和路径的转换命令进行转换，最终效果如图7-59所示。

【效果所在位置】Ch07/效果/制作高跟鞋促销海报. psd。

图7-59

1. 绘制背景图形

（1）按Ctrl＋N组合键，新建一个文件，宽度为21厘米，高度为12.6厘米，分辨率为300像素/英寸，颜色模式为RGB，背景内容为白色，单击“确定”按钮。

（2）新建图层并将其命名为“矩形1”。将前景色设为粉色（其R、G、B的值分别为241、156、212）。选择“矩形”工具，在属性栏中的“选择工具模式”选项中选择“像素”，在图像窗口中绘制矩形，效果如图7-60所示。用相同的方法绘制其他矩形，并分别填充适当的颜色，图像效果如图7-61所示。

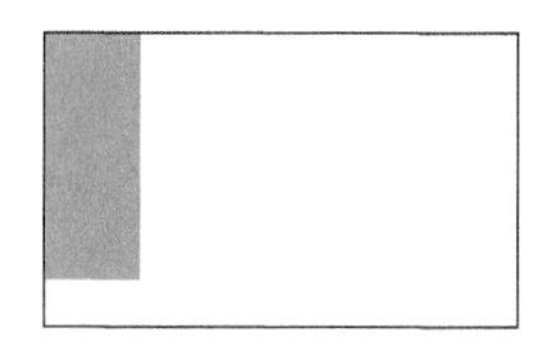

图7-60

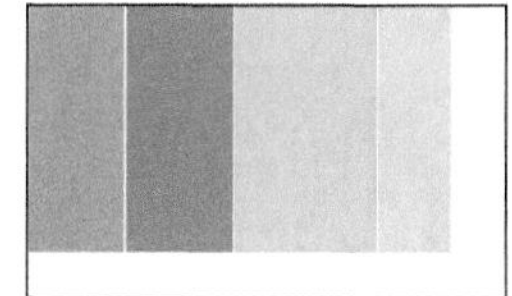

图7-61

（3）将前景色设为白色。选择“钢笔”工具，在属性栏中的“选择工具模式”选项中选择“形状”，在图像窗口中绘制不规则图形，效果如图7-62所示，在“图层”控制面板中生成新的图层“形状1”。在控制面板上方，将该图层的“不透明度”选项设为31%，按Enter键确认操作，图像效果如图7-63所示。

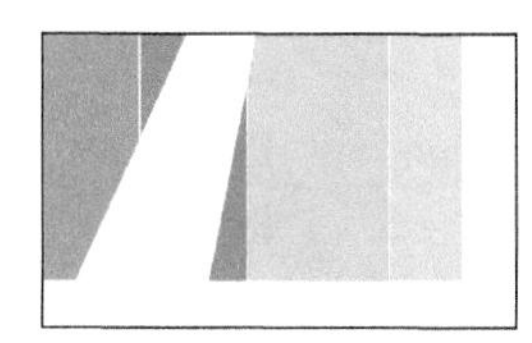

图7-62

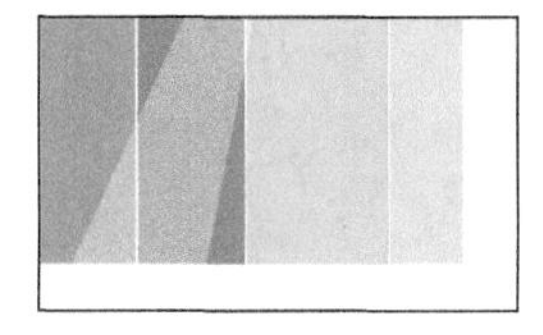

图7-63

（4）用相同的方法绘制其他不规则图形，效果如图7-64所示。新建图层并将其命名为“矩形6”。将前景色设为蓝灰色（其R、G、B的值分别为200、221、241）。选择“矩形”工具，在属性栏中的“选择工具模式”选项中选择“像素”，在图像窗口中绘制矩形，效果如图7-65所示。

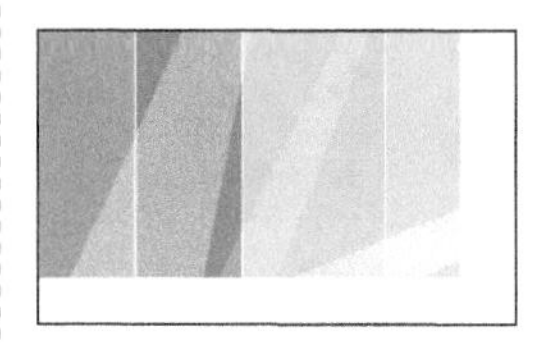

图7-64

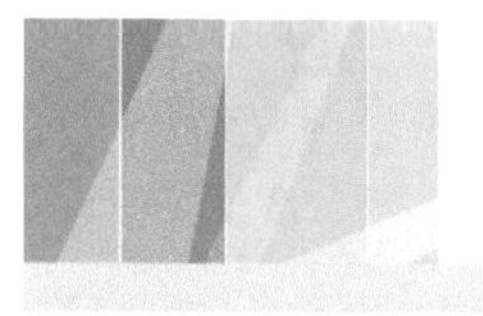

图7-65

2. 添加标题文字

（1）将前景色设为黄色（其R、G、B的值分别为232、238、70）。选择“横排文字”工具，在图像窗口中输入需要的文字并选取文字，在属性栏中选择合适的字体并设置大小，效果如图7-66所示，在“图层”控制面板中生成新的文字图层。旋转文字到适当的角度，效果如图7-67所示。

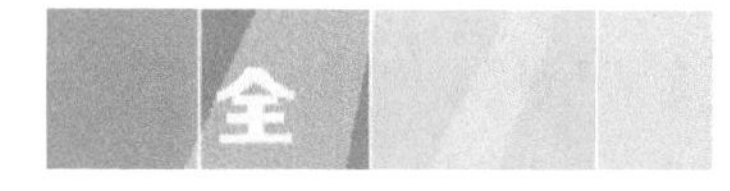

图7-66

图7-67

（2）单击“图层”控制面板下方的“添加图层样式”按钮，在弹出的菜单中选择“斜面和浮雕”命令，在弹出的对话框中进行设置，如图7-68所示，单击“确定”按钮，效果如图7-69所示。

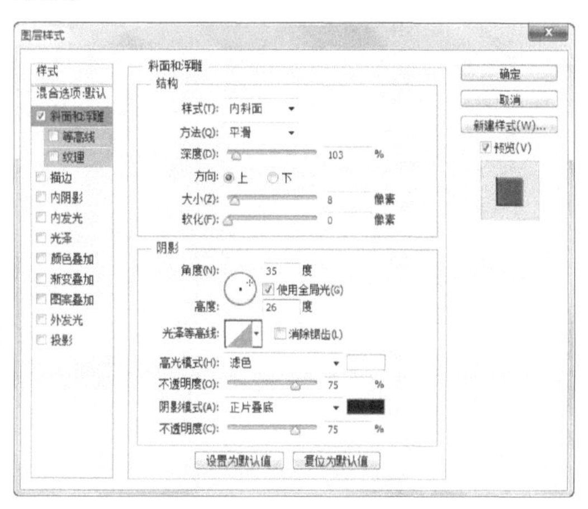

图7-68

（3）用相同的方法添加其他文字，效果如图7-70所示。将前景色设为红色（其R、G、B的值分别为232、49、38）。选择“横排文字”工具T，在图像窗口中输入需要的文字并选取文字，在属性栏中选择合适的字体并设置大小，旋转到适当的角度，效果如图7-71所示，在“图层”控制面板中生成新的文字图层。

图7-69

全场 折起

图7-70

图7-71

（4）按住Shift键的同时，将“全”文字图层和“7”文字图层之间的所有图层同时选取。按Alt+Ctrl+E组合键，合并并复制选取的图层，将其命名为“投影”，如图7-72所示。

（5）将前景色设为暗蓝色（其R、G、B的值分别为44、85、102）。按住Ctrl键的同时，单击“投影”图层的缩览图，如图7-73所示，在文字周围生成选区，如图7-74所示。按Alt+Delete组合键，用前景色填充选区。按Ctrl+D组合键，取消选区，效果如图7-75所示。

图7-72

图7-73

图7-74

图7-75

（6）选择“移动”工具，拖曳图像到适当的位置，如图7-76所示。将“投影”图层拖曳至“全”图层下面，如图7-77所示，图像效果如图7-78所示。

全场7折起

图7-76

图7-77

全场7折起

图7-78

（7）选中“7”文字图层。新建图层并将其命名为“装饰”。将前景色设为橙色（其R、G、B的值分别为255、87、0）。选择“钢笔”工具，在属性栏中的“选择工具模式”选项中选择“像素”，在图像窗口中绘制图形，效果如图7-79所示。用相同的方法绘制其他图形，效果如图7-80所示。

图7-79

图7-80

3. 添加宣传主体

（1）按Ctrl+O组合键，打开本书学习资源中的“Ch07 > 素材 > 制作高跟鞋促销海报 > 01”文件，如图7-81所示。选择“钢笔”工具，在属性栏中的“选择工具模式”选项中选择“路径”，在图像窗口中沿着高跟鞋轮廓拖曳鼠标绘制路径，如图7-82所示。

图7-81

图7-82

（2）按住Ctrl键的同时，“钢笔”工具转换为“直接选择”工具[icon]，拖曳路径中的锚点来改变路径的弧度，再次拖曳锚点上的控制手柄改变线段的弧度，效果如图7-83所示。将鼠标光标移动到建立好的路径上，“钢笔”工具[icon]转换为“添加锚点”工具[icon]，如图7-84所示，在路径上单击鼠标添加一个锚点。

图7-83

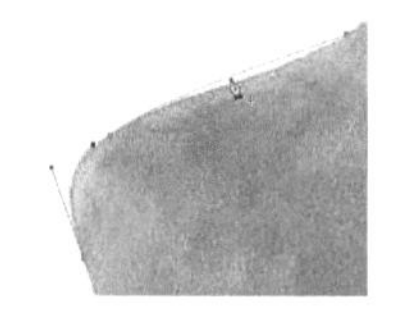
图7-84

（3）选择“转换点”工具[icon]，按住Alt键的同时，拖曳控制手柄改变锚点形状，如图7-85所示。用上述的路径工具将路径调整为更贴近鞋子的形状，效果如图7-86所示。

图7-85

图7-86

（4）按Ctrl+Enter组合键，将路径转换为选区，如图7-87所示。选择“移动”工具[icon]，将01选区中的图像拖曳到新建文件中，效果如图7-88所示，在“图层”控制面板中生成新的图层并将其命名为“蓝色高跟鞋”。

（5）新建图层并将其命名为“蓝色高跟鞋投影”。选择“钢笔”工具[icon]，在属性栏中的“选择工具模式”选项中选择“路径”，在图像窗口中绘制不规则图形。按Ctrl＋Enter组合键，将路径转化为选区，效果如图7-89所示。

图7-87

图7-88

图7-89

（6）按Shift+F6组合键，在弹出的“羽化选区”对话框中进行设置，如图7-90所示，单击“确定”按钮，羽化选区，效果如图7-91所示。

图7-90

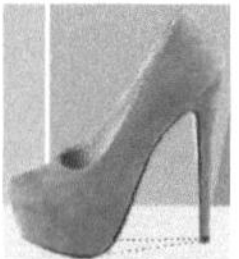
图7-91

（7）选择“渐变”工具[icon]，单击属性栏中的“点按可编辑渐变”按钮[icon]，弹出“渐变编辑器”对话框，将渐变色设为从浅蓝色（其R、G、B的值分别为186、199、224）到深褐色（其R、G、B的值分别为135、131、133），如图7-92所示，单击“确定”按钮。按住Shift键的同时，在图像窗口中从左至右拖曳渐变色，效果如图7-93所示。按Ctrl＋D组合键，取消选区。用相同的方法添加其他阴影，效果如图7-94所示。

图7-92

图7-93

图7-94

（8）选中“蓝色高跟鞋”图层，将其拖曳到“蓝色高跟鞋投影”图层的上方，如图7-95所示，图像效果如图7-96所示。用相同的方法添加图像并制作投影，效果如图7-97所示。高跟鞋促销海报制作完成。

图7-95

图7-96

图7-97

7.2.2 钢笔工具

选择“钢笔”工具，或反复按Shift+P组合键，其属性栏状态如图7-98所示。

图7-98

按住Shift键创建锚点时，将强迫系统以45° 或45° 的倍数绘制路径。按住Alt键，当“钢笔”工具移到锚点上时，暂时将“钢笔”工具转换为“转换点”工具。按住Ctrl键，暂时将“钢笔”工具转换成“直接选择”工具。

绘制直线：新建一个文件。选择“钢笔”工具，在属性栏中的“选择工具模式”选项中选择“路径”选项，“钢笔”工具绘制的将是路径。如果选中“形状”选项，将绘制出形状图层。勾选“自动添加/删除”复选框，钢笔工具的属性栏如图7-99所示。

图7-99

在图像中任意位置单击鼠标，创建一个锚点，将鼠标移动到其他位置再次单击，创建第二个锚点，两个锚点之间自动以直线进行连接，如图7-100所示。再将鼠标移动到其他位置单击，创建第三个锚点，而系统将在第二个和第三个锚点之间生成一条新的直线路径，如图7-101所示。

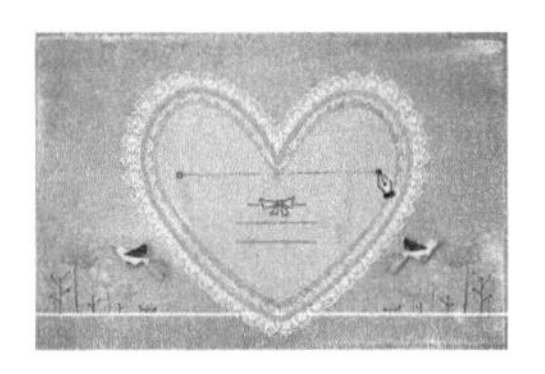

图7-100

图7-101

将鼠标指针移至第二个锚点上，暂时转换成“删除锚点”工具，如图7-102所示；在锚点上单击，即可将第二个锚点删除，如图7-103所示。

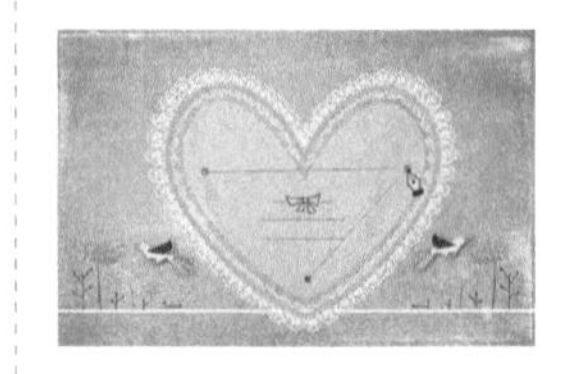

图7-102

图7-103

绘制曲线：选择“钢笔”工具，单击建立新的锚点并按住鼠标不放，拖曳鼠标，建立曲线段和曲线锚点，如图7-104所示。释放鼠标，按住Alt键的同时，单击刚建立的曲线锚点，如图7-105所示；将其转换为直线锚点，在其他位置再次单击建立下一个新的锚点，在曲线段后绘制出直线，如图7-106所示。

图7-104

图7-105

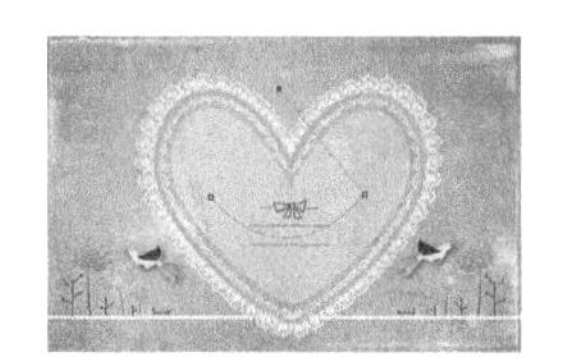

图7 106

7.2.3　自由钢笔工具

选择“自由钢笔”工具，其属性栏状态如图7-107所示。

图7-107

在心形上单击鼠标确定最初的锚点，沿图像小心地拖曳鼠标并单击，确定其他的锚点，如图7-108所示。如果在选择中存在误差，只需要使用其他的路径工具对路径进行修改和调整，就可以补救，如图7-109所示。

图7-108

图7-109

7.2.4　添加锚点工具

将“钢笔”工具移动到建立的路径上，若此处没有锚点，则“钢笔”工具转换成“添加锚点”工具，如图7-110所示；在路径上单击鼠标可以添加一个锚点，效果如图7-111所示。

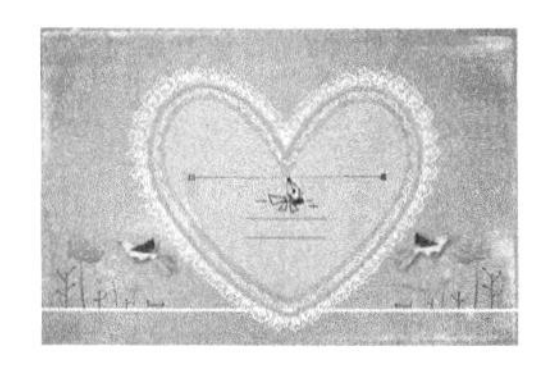

图7-110

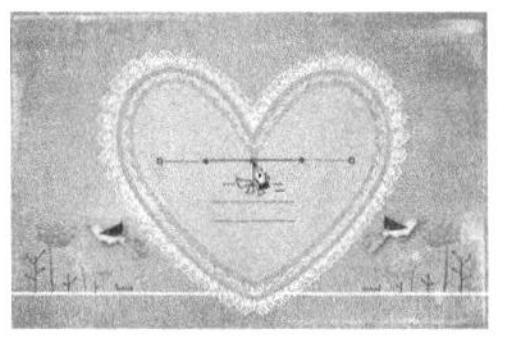

图7-111

将“钢笔”工具移动到建立的路径上，若此处没有锚点，则“钢笔”工具转换成“添加锚点”工具，如图7-112所示；单击并按住鼠标不放，向上拖曳鼠标，建立曲线段和曲线锚点，效果如图7-113所示。

图7-112

图7-113

7.2.5　删除锚点工具

将“钢笔”工具移动到路径的锚点上，则“钢笔”工具转换成“删除锚点”工具，如图7-114所示；单击锚点将其删除，效果如图7-115所示。

图7-114

图7-115

将“钢笔”工具移动到曲线路径的锚点上，单击锚点也可以将其删除。

7.2.6　转换点工具

选择“钢笔”工具，在图像窗口中绘制三角形路径，当要闭合路径时鼠标指针变为图标，如图7-116所示，单击鼠标即可闭合路径，完成三角形路径的绘制，如图7-117所示。

图7-116

图7-117

选择“转换点”工具，将鼠标放置在三角形左上角的锚点上，如图7-118所示；单击锚点并将其向右上方拖曳形成曲线锚点，如图7-119所示。用相同的方法，将三角形右上角的锚点转换为曲线锚点，绘制完成后，路径的效果如图7-120所示。

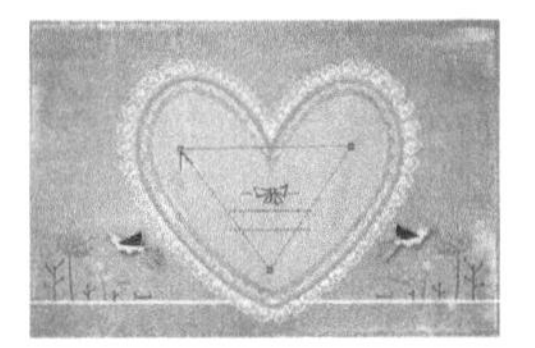

图7-118

图7-119

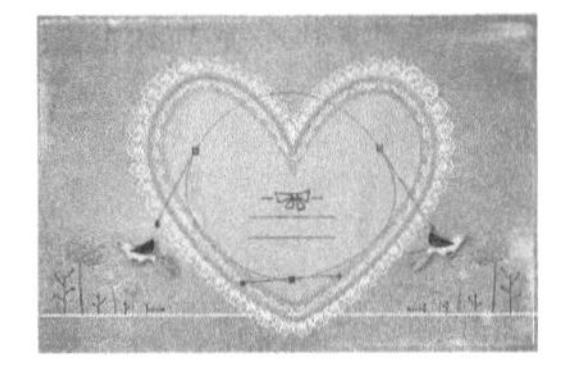

图7-120

7.2.7 选区和路径的转换

1．将选区转换为路径

在图像上绘制选区，如图7-121所示。单击“路径”控制面板右上方的图标，在弹出的菜单中选择“建立工作路径”命令，弹出“建立工作路径”对话框，“容差”选项设置转换时的误差允许范围，数值越小越精确，路径上的关键点也越多。如果要编辑生成的路径，建议将此处的数值设置为2，如图7-122所示，单击“确定”按钮，将选区转换为路径，效果如图7-123所示。

图7-121

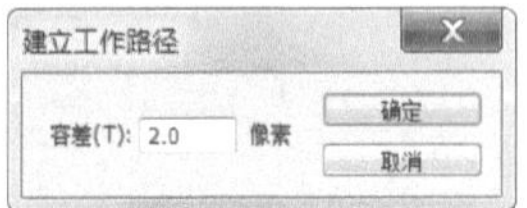

图7-122

图7-123

单击“路径”控制面板下方的“从选区生成工作路径”按钮，将选区转换为路径。

2．将路径转换为选区

在图像中创建路径，如图7-124所示。单击“路径”控制面板右上方的图标，在弹出的菜单中选择“建立选区”命令，弹出“建立选区”对话框，如图7-125所示。设置完成后，单击“确定”按钮，将路径转换为选区，效果如图7-126所示。

图7-124

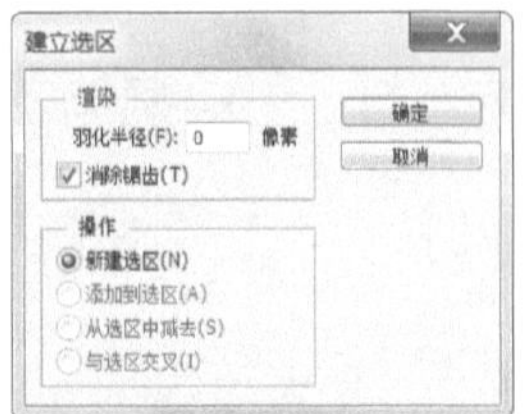

图7-125

图7-126

单击“路径”控制面板下方的“将路径作为选区载入”按钮，将路径转换为选区。

7.2.8 课堂案例——制作蓝色梦幻效果

【案例学习目标】学习使用描边路径命令为蝴蝶制作描边效果。

【案例知识要点】使用描边路径命令为路径描边，使用高斯模糊滤镜命令制作蝴蝶描边的模糊效果，使用椭圆选框工具、羽化选区命令和混合模式制作暗色边框，最终效果如图7-127所示。

【效果所在位置】Ch07/效果/制作蓝色梦幻效果. psd。

图7-127

1．制作蝴蝶描边

（1）按Ctrl+O组合键，打开本书学习资源中的“Ch07 > 素材 > 制作蓝色梦幻效果 > 01、02”

文件，01文件如图7-128所示。选择“移动”工具[icon]，拖曳02图形到01图像窗口的右上方，效果如图7-129所示，在“图层”控制面板中生成新的图层并将其命名为“装饰圆点”。

图7-128

图7-129

（2）在“图层”控制面板上方，将该图层的混合模式选项设为“叠加”，如图7-130所示，图像效果如图7-131所示。

图7-130

图7-131

（3）按Ctrl+O组合键，打开本书学习资源中的“Ch07 > 素材 > 制作蓝色梦幻效果 > 03”文件。选择“移动”工具[icon]，拖曳蝴蝶图片到图像窗口的右下方，效果如图7-132所示，在“图层”控制面板中生成新的图层并将其命名为“蝴蝶图片”。在控制面板上方，将该图层的混合模式设为“变亮”，图像效果如图7-133所示。

图7-132

图7-133

（4）按住Ctrl键的同时，单击“蝴蝶图片”图层的缩览图，图像周围生成选区。单击“路径”控制面板下方的“从选区生成工作路径”按钮[icon]，将选区转化为路径，如图7-134所示。选择“画笔”工具[icon]，在属性栏中单击“画笔”选项右侧的按钮[icon]，弹出画笔选择面板，设置如图7-135所示。在属性栏中将“不透明度”选项设为75%。

图7-134

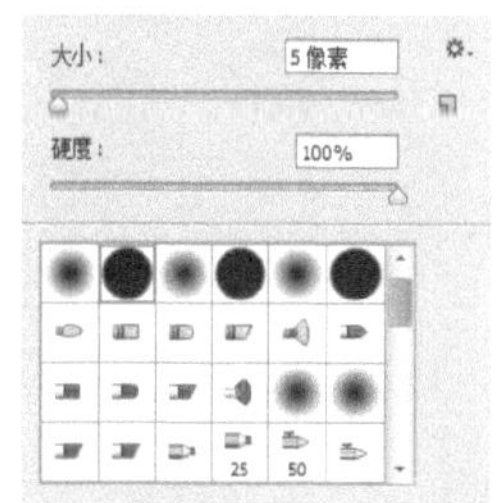

图7-135

（5）新建图层并将其命名为“选区描边”。选择“路径选择”工具[icon]，选取路径，如图7-136所示。单击鼠标右键，在弹出的菜单中选择“描边路径”命令，在弹出的对话框中进行设置，如图7-137所示，单击“确定”按钮，描边路径。按Enter键，隐藏路径，效果如图7-138所示。

图7-136

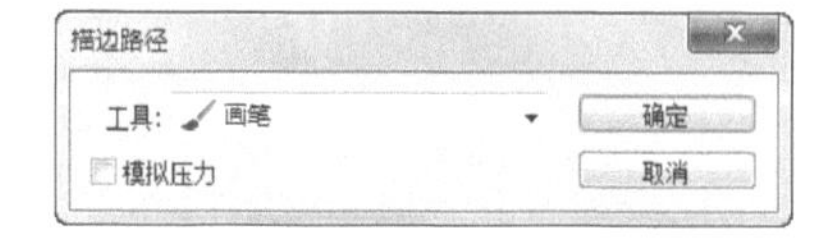

图7-137

图7-138

（6）选择“滤镜 > 模糊 > 高斯模糊”命令，在弹出的对话框中进行设置，如图7-139所示，单击“确定”按钮，效果如图7-140所示。在“图层”控制面板上方，将“选区描边”图层的混合模式设为“滤色”，如图7-141所示，效果如图7-142所示。

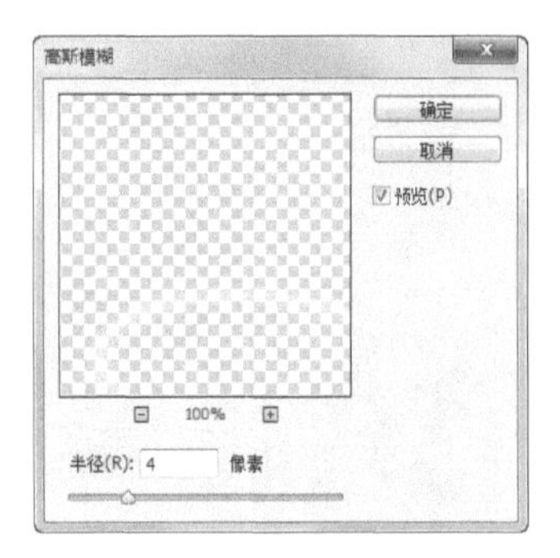

图7-139

图7-140

图7-141

图7-142

2. 制作羽化效果

（1）新建图层并将其命名为“羽化效果”。将前景色设为暗蓝色（其R、G、B的值分别为1、45、79）。选择“椭圆选框”工具，在图像窗口中绘制椭圆选区，如图7-143所示。

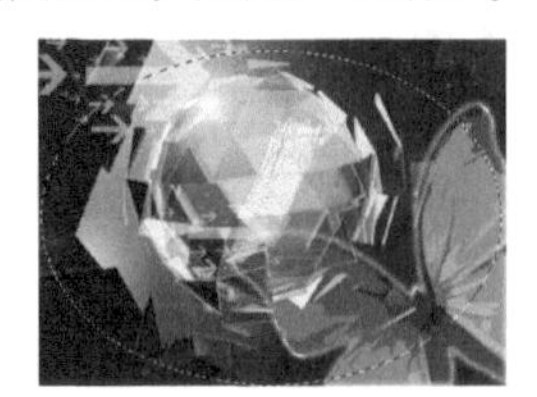

图7-143

（2）按Shift+F6组合键，在弹出的“羽化选区”对话框中进行设置，如图7-144所示，单击“确定”按钮，羽化选区。按Shift+Ctrl+I组合键，将选区反选。按Alt+Delete组合键，用前景色填充选区。按Ctrl+D组合键，取消选区，效果如图7-145所示。

图7-144

图7-145

（3）在“图层”控制面板上方，将该图层的混合模式选项设为“颜色加深”，“不透明度”选项设为60%，如图7-146所示，按Enter键确认操作，效果如图7-147所示。

图7-146

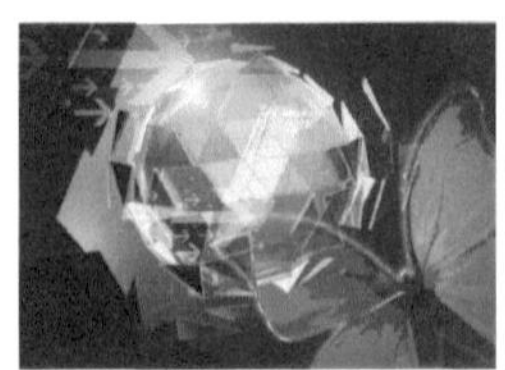

图7-147

（4）将前景色设为白色。选择“横排文字”工具，在图像窗口中分别输入需要的文字并选取文字，在属性栏中选择合适的字体并设置大小，效果如图7-148所示，在“图层”控制面板中分别生成新的文字图层。蓝色梦幻效果制作完成，如图7-149所示。

图7-148

图7-149

7.2.9　路径控制面板

绘制一条路径。选择“窗口 > 路径”命令，弹出“路径”控制面板，如图7-150所示。单击“路径”控制面板右上方的图标，弹出其面板菜单，如图7-151所示。在“路径”控制面板的底部有7个工具按钮，如图7-152所示。

图7-150　　图7-151

图7-152

用前景色填充路径：单击此按钮，将对当前选中路径进行填充，填充的对象包括当前路径的所有子路径以及不连续的路径线段。如果选定了路径中的一部分，“路径”控制面板的弹出菜单中的“填充路径”命令将变为“填充子路径”命令。如果被填充的路径为开放路径，Photoshop CS6将自动把路径的两个端点以直线段连接然后进行填充。如果只有一条开放的路径，则不能进行填充。按住Alt键的同时，单击此按钮，将弹出“填充路径”对话框。

用画笔描边路径：单击此按钮，系统将使用当前的颜色和当前在“描边路径”对话框中设定的工具对路径进行描边。按住Alt键的同时，单击此按钮，将弹出“描边路径”对话框。

将路径作为选区载入：单击此按钮，将把当前路径所圈选的范围转换为选择区域。按住Alt键的同时，单击此按钮，将弹出“建立选区”对话框。

从选区生成工作路径：单击此按钮，将把当前的选择区域转换成路径。按住Alt键的同时，单击此按钮，将弹出“建立工作路径”对话框。

添加图层蒙版：用于为当前图层添加蒙版。

创建新路径：用于创建一个新的路径。单击此按钮，可以创建一个新的路径。按住Alt键的同时，单击此按钮，将弹出“新路径”对话框。

删除当前路径：用于删除当前路径。可以直接拖曳“路径”控制面板中的一个路径到此按钮上，可将整个路径全部删除。

7.2.10　新建路径

单击“路径”控制面板右上方的图标，弹出其面板菜单，选择“新建路径”命令，弹出“新建路径”对话框，如图7-153所示。

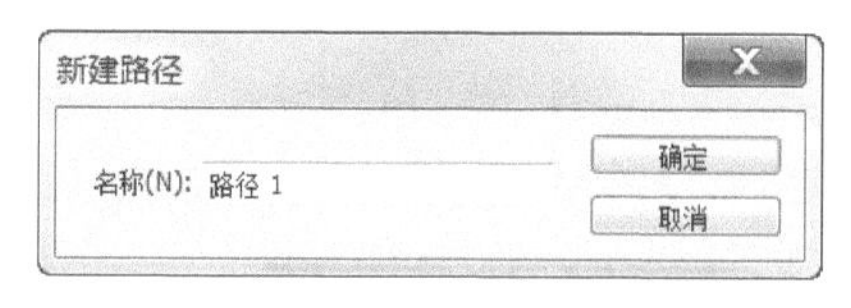

图7-153

名称：用于设定新图层的名称，可以选择与前一图层创建剪贴蒙版。

单击“路径”控制面板下方的“创建新路径”按钮，可以创建一个新路径。按住Alt键的同时，单击“创建新路径”按钮，将弹出“新建路径”对话框，设置完成后，单击“确定”按钮创建路径。

7.2.11　复制、删除、重命名路径

1. 复制路径

单击“路径”控制面板右上方的图标，弹出其面板菜单，选择“复制路径”命令，弹出“复制路径”对话框，如图7-154所示，在“名称”选项中设置复制路径的名称，单击“确定”按钮，“路径”控制面板如图7-155所示。

图7-154

图7-155

将要复制的路径拖曳到“路径”控制面板下方的“创建新路径”按钮上，即可将所选的路径复制为一个新路径。

2. 删除路径

单击“路径”控制面板右上方的图标，弹出其面板菜单，选择“删除路径”命令，将路径删除。或选择需要删除的路径，单击控制面板下方的“删除当前路径”按钮，将选择的路径删除。

3. 重命名路径

双击“路径”控制面板中的路径名，出现重命名路径文本框，如图7-156所示，更改名称后按Enter键确认即可，如图7-157所示。

图7-156

图7-157

7.2.12 路径选择工具

路径选择工具可以选择单个或多个路径，同时还可以用来组合、对齐和分布路径。

选择“路径选择”工具，或反复按Shift+A组合键，其属性栏状态如图7-158所示。

图7-158

7.2.13 直接选择工具

直接选择工具用于移动路径中的锚点或线段，还可以调整手柄和控制点。

路径的原始效果如图7-159所示。选择“直接选择”工具，拖曳路径中的锚点来改变路径的弧度，如图7-160所示。

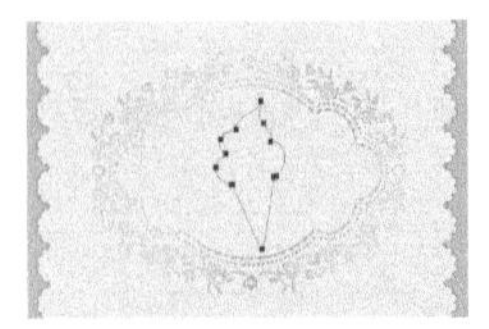

图7-159

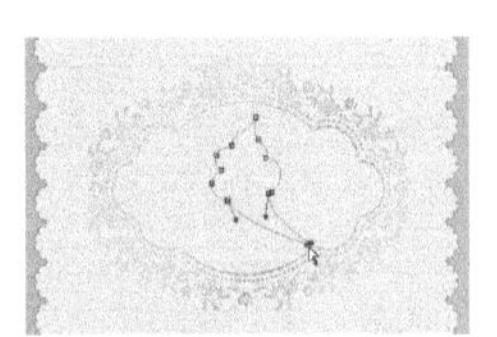

图7-160

7.2.14 填充路径

在图像中创建路径，如图7-161所示。单击“路径”控制面板右上方的图标，在弹出的菜单中选择“填充路径”命令，弹出“填充路径”对话框，如图7-162所示。设置完成后，单击“确定”按钮，效果如图7-163所示。

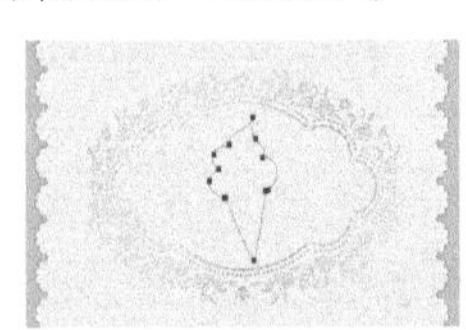

图7-161

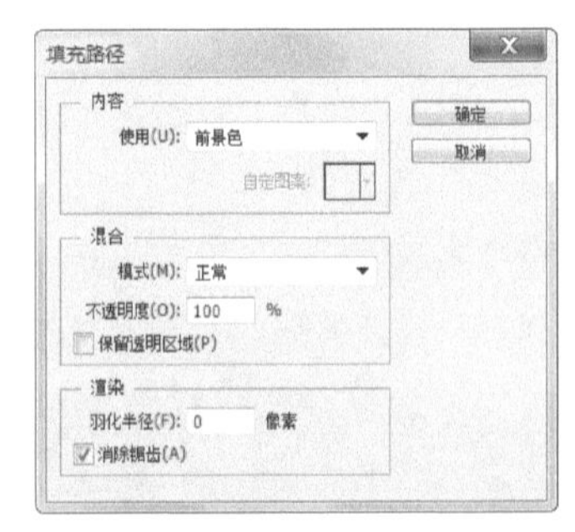

图7-162

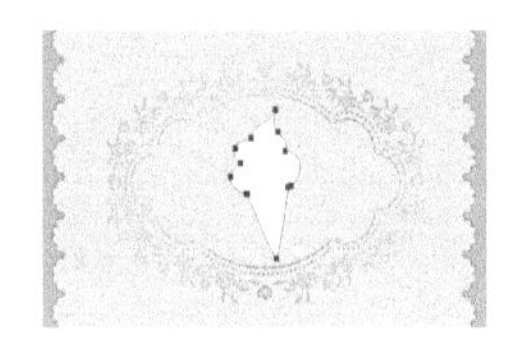

图7-163

单击“路径”控制面板下方的“用前景色填充路径”按钮，填充路径。按Alt键的同时，单击“用前景色填充路径”按钮，将弹出“填充路径”对话框，设置完成后，单击“确定”按钮，填充路径。

7.2.15　描边路径

在图像中创建路径，如图7-164所示。单击“路径”控制面板右上方的图标，在弹出的菜单中选择“描边路径”命令，弹出“描边路径”对话框。在“工具”选项下拉列表中共有19种工具可供选择，若选择了“画笔”工具，在画笔属性栏中设定的画笔类型将直接影响此处的描边效果。设置如图7-165所示，单击“确定”按钮，效果如图7-166所示。

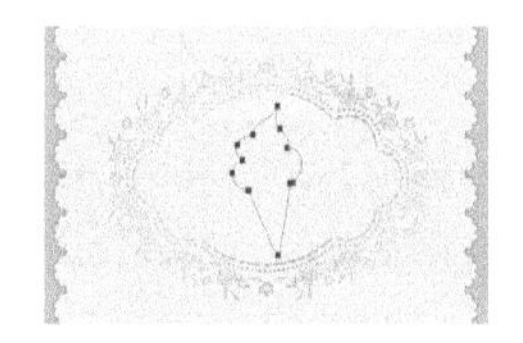

图7-164

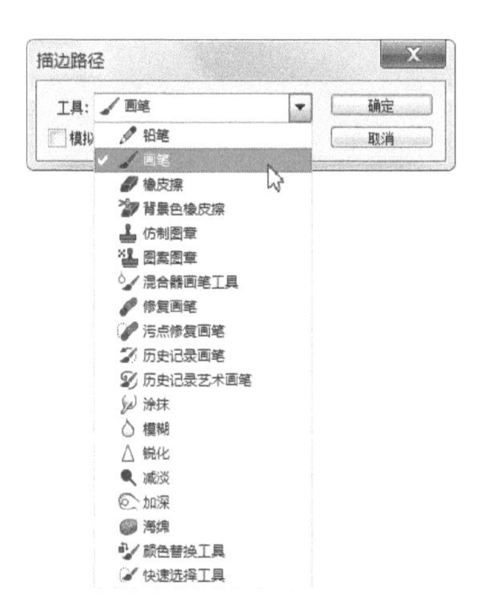

图7-165

图7-166

单击“路径”控制面板下方的“用画笔描边路径”按钮，描边路径。按住Alt键的同时，单击“用画笔描边路径”按钮，将弹出“描边路径”对话框，设置完成后，单击“确定”按钮，描边路径。

7.3　创建3D图形

在Photoshop CS6中，可以将平面图层围绕各种形状预设创建3D模型。只有将图层变为3D图层，才能使用3D工具和命令。

打开一个文件，如图7-167所示。选择“3D > 从图层新建网格 > 网格预设”命令，弹出如图7-168所示的子菜单，选择需要的命令可以创建不同的3D模型。

选择各命令创建出的3D模型如图7-169所示。

图7-167

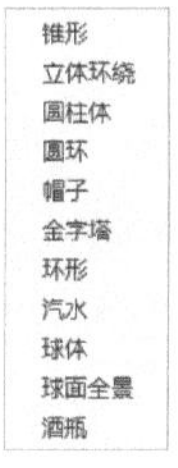

图7-168

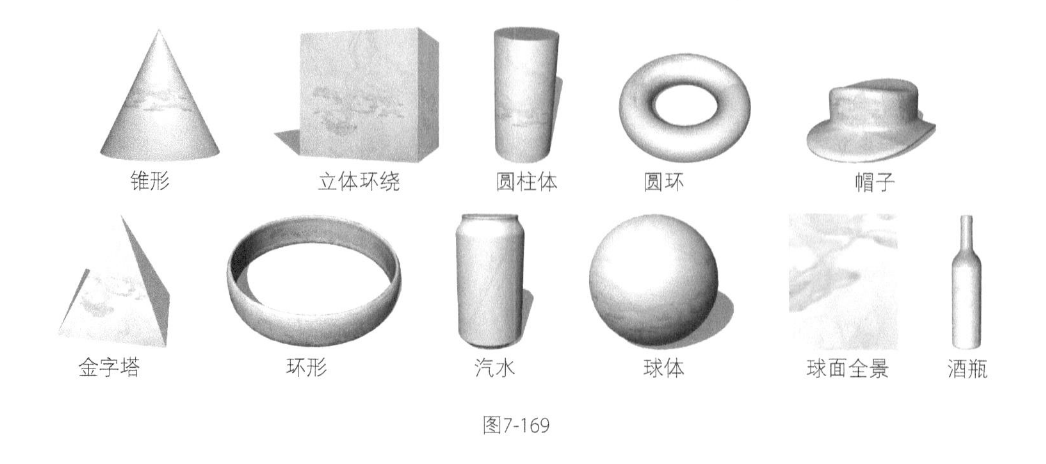

图7-169

7.4 使用3D工具

在Photoshop CS6中，使用3D对象工具可以旋转、缩放或调整模型位置。当操作3D模型时，相机视图保持固定。

打开一张包含3D模型的图片，如图7-170所示。选中3D图层，选择“旋转3D对象”工具，图像窗口中的鼠标指针变为图标，上下拖动可将模型围绕其*x*轴旋转，如图7-171所示；两侧拖动可将模型围绕其*y*轴旋转，效果如图7-172所示。按住Alt键的同时进行拖移可滚动模型。

选择“滚动3D对象”工具，图像窗口中的鼠标指针变为图标，两侧拖曳可使模型绕*z*轴旋转，效果如图7-173所示。

图7-170

图7-171

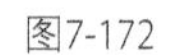

图7-172

图7-173

选择“拖动3D对象”工具，图像窗口中的鼠标指针变为图标，两侧拖曳可沿水平方向移动模型，如图7-174所示；上下拖曳可沿垂直方向移动模型，如图7-175所示。按住Alt键的同时进行拖移可沿*x*/*z*轴方向移动。

图7-174

图7-175

选择“滑动3D对象”工具，图像窗口中的鼠标指针变为图标，两侧拖曳可沿水平方向移动模型，如图7-176所示；上下拖动可将模型移近或移远，如图7-177所示。按住Alt键的同时进行拖移可沿*x*/*y*轴方向移动。

选择“缩放3D对象”工具，图像窗口中的鼠标指针变为图标，上下拖曳可将模型放大或缩小，如图7-178所示。按住Alt键的同时进行拖移可沿*z*轴方向缩放。

图7-176

图7-177

图7-178

课堂练习——制作时尚女孩照片模板

【练习知识要点】使用绘图工具和图层样式绘制照片底图，使用剪贴蒙版制作照片效果，使用自定形状工具和图层样式制作装饰图形，最终效果如图7-179所示。

【效果所在位置】Ch07/效果/制作时尚女孩照片模板. psd。

图7-179

课后习题——制作食物宣传卡

【习题知识要点】使用钢笔工具、添加锚点工具和转换点工具绘制路径，使用选区和路径的转换命令及移动工具添加蛋糕图片，最终效果如图7-180所示。

【效果所在位置】Ch07/效果/制作食物宣传卡. psd。

图7-180

第 8 章

调整图像的色彩和色调

本章介绍

本章主要介绍调整图像色彩与色调的多种命令。通过对本章的学习，读者可以根据不同的需要应用多种调整命令对图像的色彩或色调进行细微的调整，还可以对图像进行特殊颜色的处理。

学习目标

◆ 熟练掌握调整图像色彩与色调的方法。
◆ 掌握特殊的颜色处理技巧。

技能目标

◆ 掌握“购物广告”的制作方法。
◆ 掌握“回忆照片”的制作方法。
◆ 掌握“绿色照片”的制作方法。
◆ 掌握“家居海报”的制作方法。
◆ 掌握“单色照片”的制作方法。
◆ 掌握“胶片”的制作方法。

8.1 调整图像色彩与色调

调整图像的色彩与色调是Photoshop CS6的强项。在实际的设计制作中，经常会使用到这项功能。

8.1.1 课堂案例——制作购物广告

【案例学习目标】学习使用色彩平衡命令调整图像颜色。

【案例知识要点】使用图层样式制作人物外发光，使用色彩平衡命令改变眼镜、皮肤、衣服和包的颜色，最终效果如图8-1所示。

【效果所在位置】Ch08/效果/制作购物广告. psd。

图8-1

（1）按Ctrl＋O组合键，打开本书学习资源中的“Ch08 > 素材 > 制作购物广告 > 01、02”文件，01文件如图8-2所示。选择“移动”工具，将02图片拖曳到01图像窗口中的适当位置，并调整其大小，如图8-3所示，在“图层”控制面板中生成新的图层并将其命名为“人物”。

图8-2

图8-3

（2）单击“图层”控制面板下方的“添加图层样式”按钮，在弹出的菜单中选择“外发光”命令，弹出对话框，单击“等高线”选项右侧的按钮，在弹出的面板中选择需要的等高线，其他选项的设置如图8-4所示，单击“确定”按钮，效果如图8-5所示。

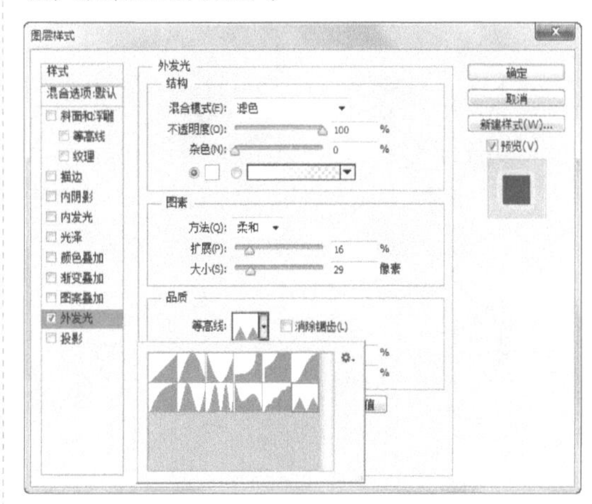

图8-4

（3）选择“磁性套索”工具，沿着人物的眼镜绘制选区，如图8-6所示。选择“图像 > 调整 > 色彩平衡”命令，在弹出的对话框中进行设置，如图8-7所示，单击“确定”按钮。按Ctrl+D组合键，取消选区，效果如图8-8所示。

图8-5

图8-6

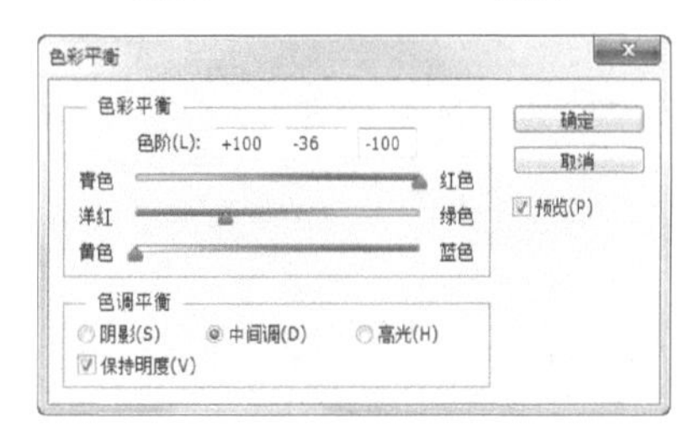

图8-7

（4）选择“磁性套索”工具，选中“添加到选区”按钮，沿着人物的皮肤绘制选区，如图8-9所示。选择“图像 > 调整 > 色彩平衡”命令，在弹出的对话框中进行设置，如图8-10所示，单击“确定”按钮。取消选区后，效果如图8-11所示。

图8-8

图8-9

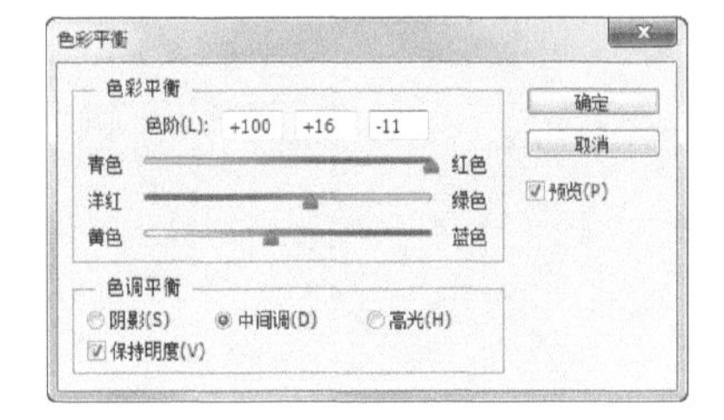

图8-10

（5）选择“磁性套索”工具，沿着人物的上衣绘制选区，如图8-12所示。选择“图像 > 调整 > 色彩平衡”命令，在弹出的对话框中进行设置，如图8-13所示，单击“确定”按钮。取消选区后，效果如图8-14所示。

图8-11

图8-12

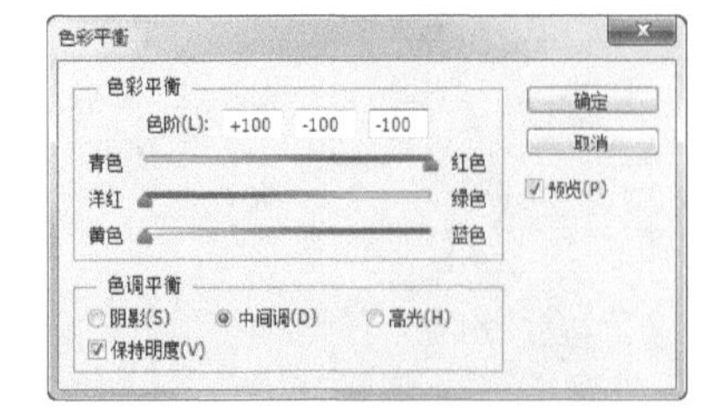

图8-13

（6）选择“磁性套索”工具，沿着手提袋绘制选区，如图8-15所示。选择“图像 > 调整 > 色彩平衡”命令，在弹出的对话框中进行设置，如图8-16所示，单击“确定”按钮。取消选区后，效果如图8-17所示。

图8-14

图8-15

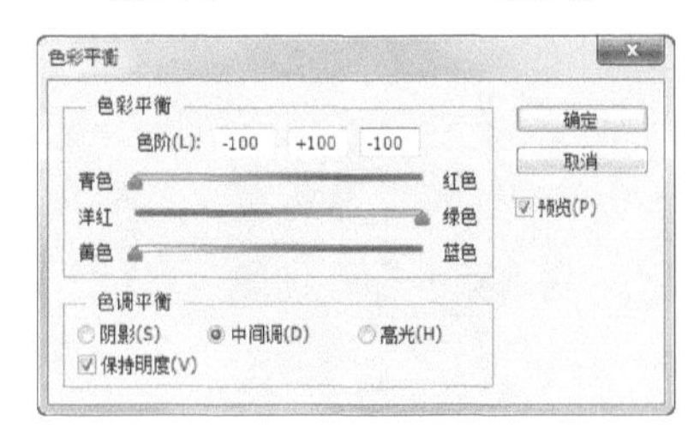

图8-16

（7）选择“磁性套索”工具，沿着手提袋绘制选区，如图8-18所示。选择“图像 > 调整 > 色彩平衡”命令，在弹出的对话框中进行设置，如图8-19所示，单击“确定”按钮。取消选区后，效果如图8-20所示。

图8-17

图8-18

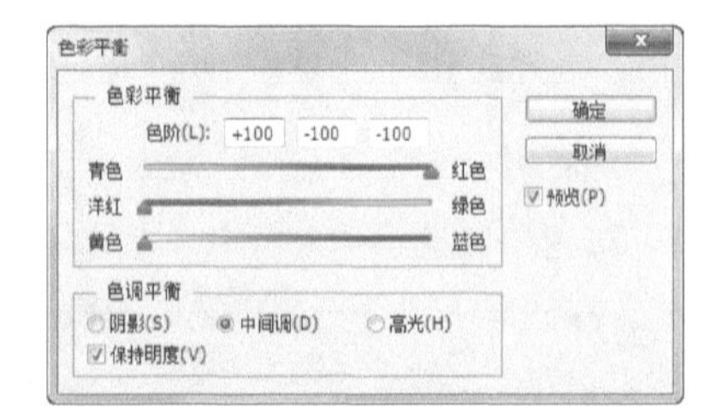

图8-19

（8）选择“磁性套索”工具，沿着手提袋绘制选区，如图8-21所示。选择“图像 > 调整 > 色彩平衡”命令，在弹出的对话框中进行设置，如图8-22所示，单击“确定”按钮。取消选区后，效果如图8-23所示。

图8-20

图8-21

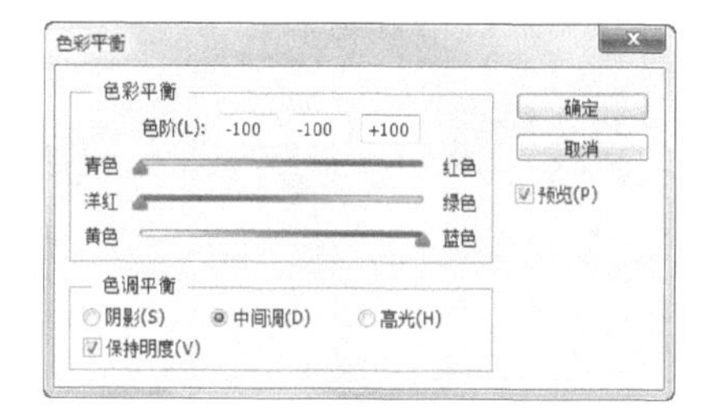

图8-22

（9）按Ctrl＋O组合键，打开本书学习资源中的“Ch08 > 素材 > 制作购物广告 > 03”文件。选择“移动”工具，将图片拖曳到图像窗口的适当位置，如图8-24所示，在“图层”控制面板中生成新的图层并将其命名为“文字”。购物广告制作完成。

图8-23

图8-24

8.1.2　亮度/对比度

使用亮度/对比度命令可以调整整个图像的亮度和对比度。

打开一张图片，如图8-25所示。选择“图像 > 调整 > 亮度/对比度”命令，弹出“亮度/对比度”对话框，设置如图8-26所示。单击“确定”按钮，效果如图8-27所示。

图8-25

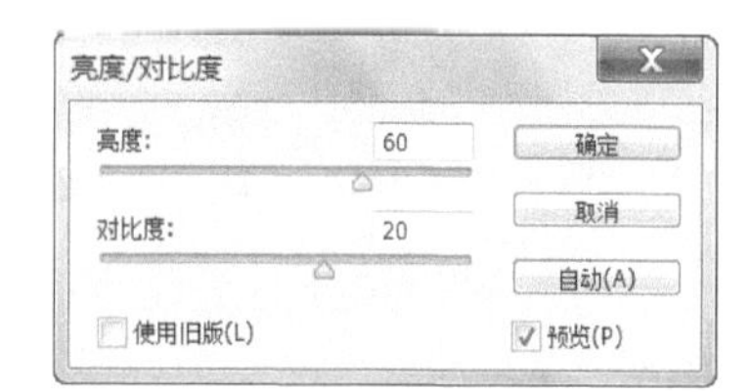

图8-26

图8-27

8.1.3　色彩平衡

选择“图像 > 调整 > 色彩平衡”命令，或按Ctrl+B组合键，弹出“色彩平衡”对话框，如图8-28所示。

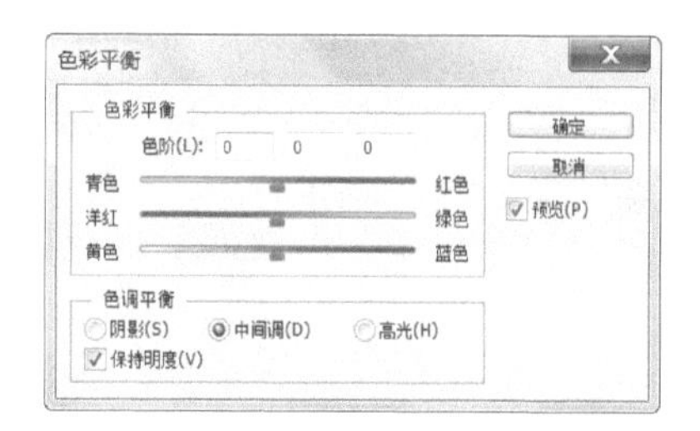

图8-28

色彩平衡：用于添加过渡色来平衡色彩效果，拖曳滑块可以调整整个图像的色彩，也可以在“色阶”选项的数值框中直接输入数值调整图像的色彩。

色调平衡：用于选取图像的调整区域，包括阴影、中间调和高光。

保持明度：用于保持原图像的明度。

设置不同的色彩平衡后，图像效果如图8-29所示。

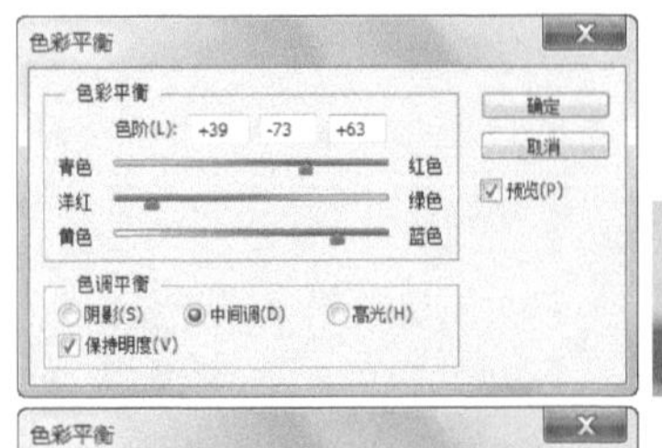

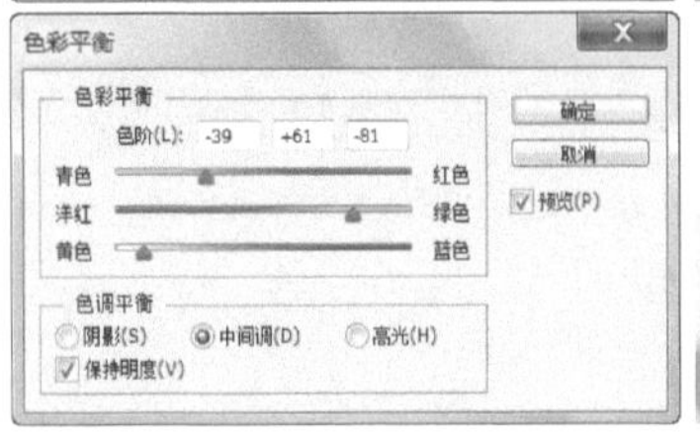

图8-29

8.1.4 反相

选择“图像 > 调整 > 反相”命令，或按Ctrl+I组合键，可以将图像或选区的像素反转为补色，使其出现底片效果。不同色彩模式的图像反相后的效果如图8-30所示。

原始图像

RGB色彩模式反相后的效果

CMYK色彩模式反相后的效果

图8-30

提示

反相效果是对图像的每一个色彩通道进行反相后的合成效果，不同色彩模式的图像反相后的效果是不同的。

8.1.5 课堂案例——制作回忆照片

【案例学习目标】学习使用色阶命令调整图片的颜色。

【案例知识要点】使用应用图像命令和色阶命令调整图片的颜色，使用亮度/对比度命令调整图片的亮度/对比度，使用横排文字工具输入需要的文字，最终效果如图8-31所示。

【效果所在位置】Ch08/效果/制作回忆照片.psd。

图8-31

（1）按Ctrl+O组合键，打开本书学习资源中的“Ch08 > 素材 > 制作回忆照片 > 01”文件，如图8-32所示。按Ctrl+J组合键，复制图层，生成新的图层并将其命名为“调色”，如图8-33所示。

图8-32

图8-33

（2）在“通道”控制面板中选择“蓝”通道，如图8-34所示。选择“图像 > 应用图像”命令，在弹出的对话框中进行设置，如图8-35所示，单击“确定”按钮，效果如图8-36所示。

图8-34

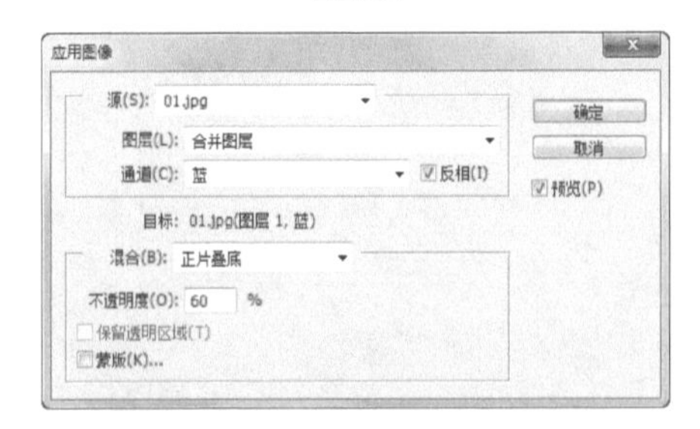

图8-35

（3）选择“绿”通道，如图8-37所示。选择“图像 > 应用图像”命令，在弹出的对话框中进行设置，如图8-38所示，单击“确定”按钮，效果如图8-39所示。

图8-36

图8-37

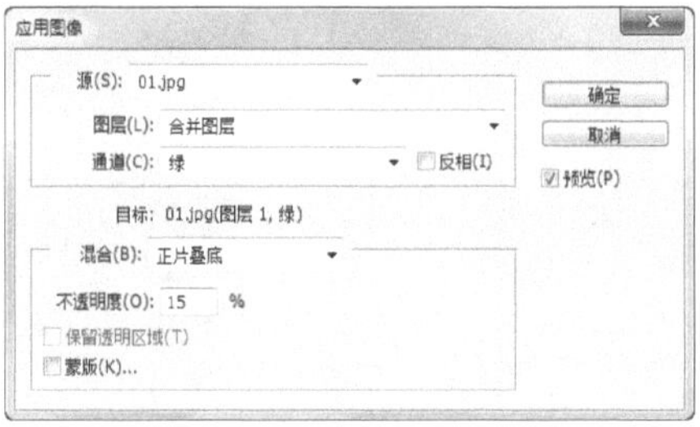

图8-38

（4）选择“红”通道，如图8-40所示。选择“图像 > 应用图像”命令，在弹出的对话框中进行设置，如图8-41所示，单击“确定”按钮，效果如图8-42所示。

图8-39

图8-40

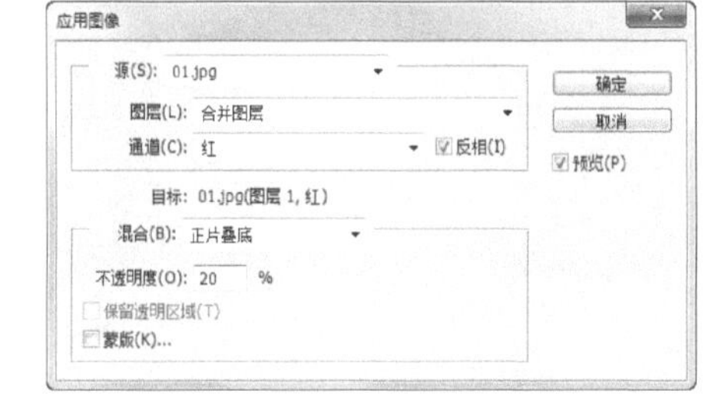

图8-41

图8-42

（5）选择“蓝”通道。按Ctrl+L组合键，在弹出的“色阶”对话框中进行设置，如图8-43所示，单击“确定”按钮，效果如图8-44所示。

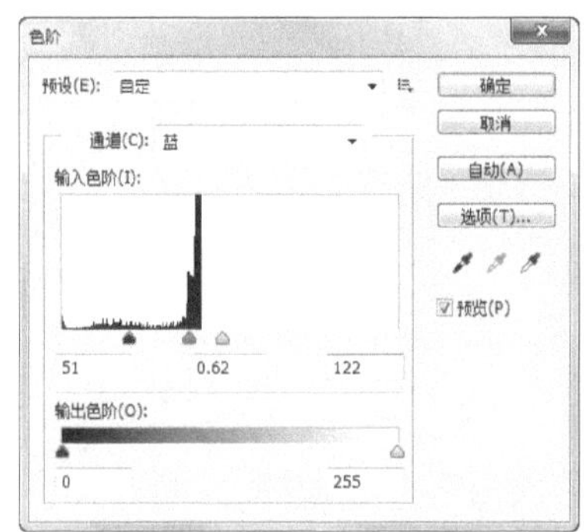

图8-43

图8-44

（6）选择“绿”通道。按Ctrl+L组合键，在弹出的“色阶”对话框中进行设置，如图8-45所示，单击“确定”按钮，效果如图8-46所示。

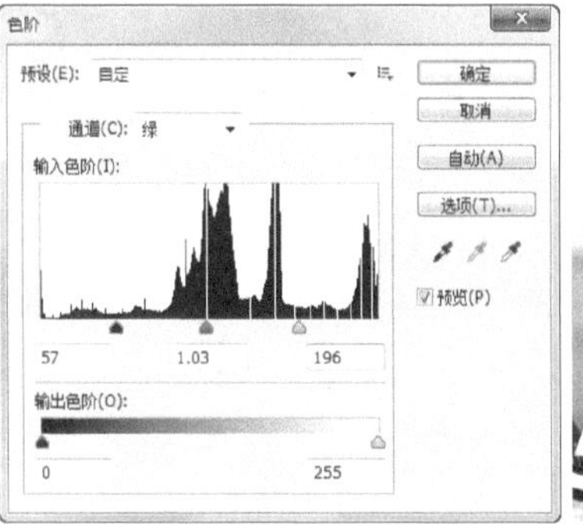

图8-45

图8-46

（7）选择“红”通道。按Ctrl+L组合键，在弹出的“色阶”对话框中进行设置，如图8-47所示，单击“确定”按钮，效果如图8-48所示。

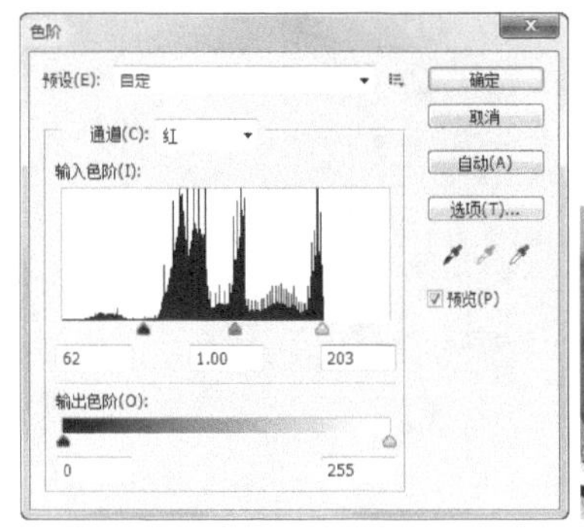

图8-47

图8-48

（8）选择“RGB”通道，图像效果如图8-49所示。选择“图像 > 调整 > 亮度/对比度”命令，在弹出的对话框中进行设置，如图8-50所示，单击“确定”按钮，效果如图8-51所示。

图8-49

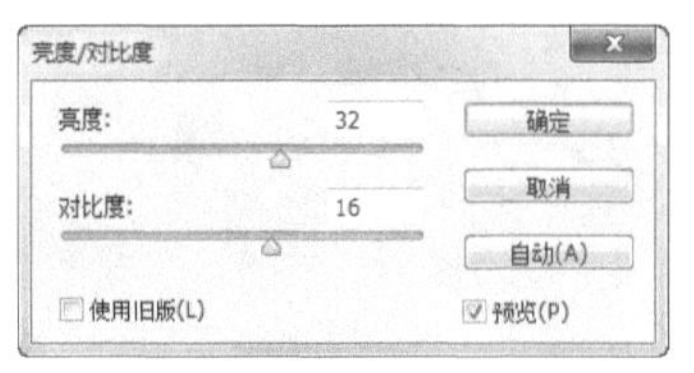

图8-50

（9）按Ctrl＋O组合键，打开本书学习资源中的“Ch08 > 素材 > 制作回忆照片 > 02”文件，选择“移动”工具，将02图片拖曳到图像窗口的适当位置，效果如图8-52所示，在“图层”控制面板中生成新的图层并将其命名为“边框”。

图8-51

图8-52

（10）将前景色设为黑色。选择“横排文字”工具[T]，在图像窗口中输入需要的文字并选择文字，在属性栏中选择合适的字体并设置大小，在“图层”控制面板中生成新的文字图层。选择“窗口 > 字符”命令，在弹出的面板中进行设置，如图8-53所示，按Enter键确认操作，文字效果如图8-54所示。

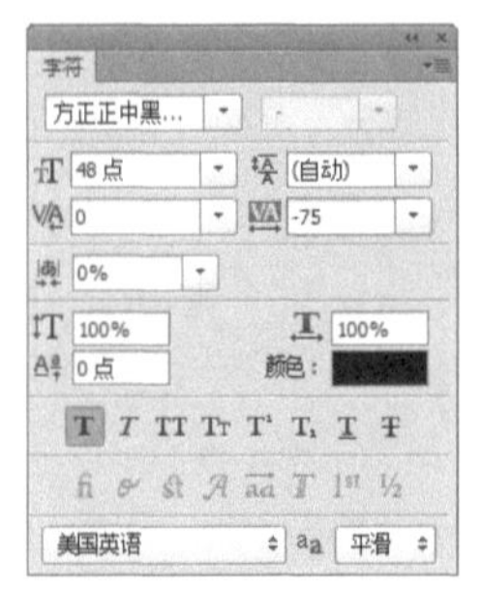

图8-53

图8-54

（11）选择“横排文字”工具[T]，在图像窗口中输入需要的文字并选择文字，在属性栏中选择合适的字体并设置大小，在“图层”控制面板中生成新的文字图层。在“字符”面板中进行设置，如图8-55所示，按Enter键确认操作，文字效果如图8-56所示。回忆照片制作完成，效果如图8-57所示。

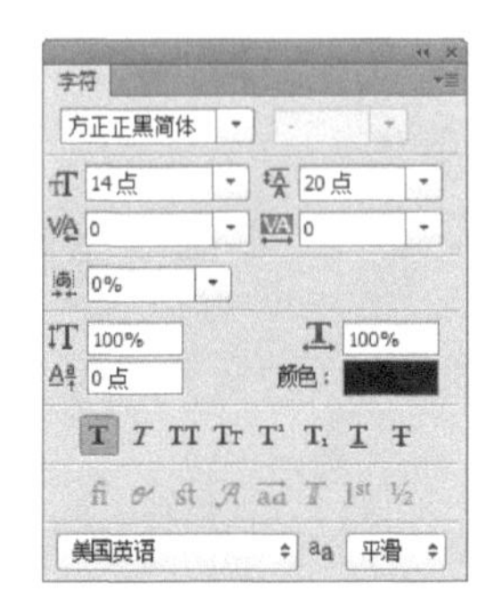

8-55

图8-56

图8-57

8.1.6　变化

选择“图像 > 调整 > 变化”命令，弹出“变化”对话框，如图8-58所示。

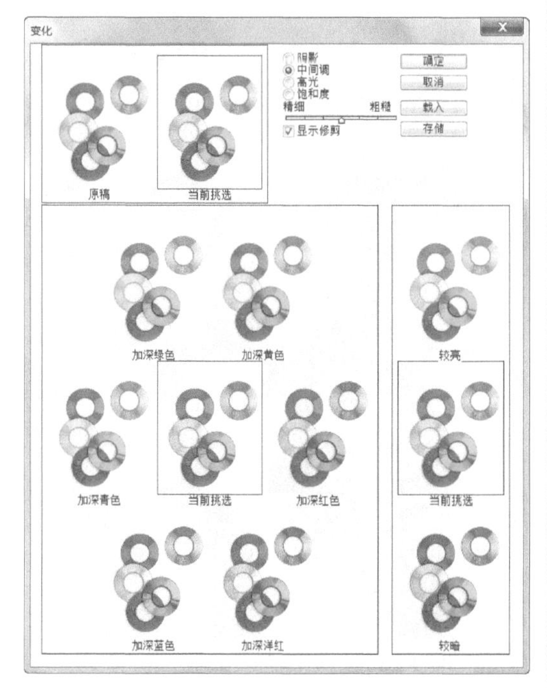

图8-58

在对话框中，上方中间的4个选项可以控制图像色彩的改变范围。下方的滑块用于设置调整的等级。左上方的两幅图像显示的是图像的原始效果和调整后的效果。左下方的七幅小图像，用于选择增加不同的颜色效果，调整图像的亮度、饱和度等色彩值。右侧的三幅小图像，用于调整图像的亮度。勾选“显示修剪”复选框，在图像色彩调整超出色彩空间时显示超色域。

8.1.7　自动色调

自动色调命令可以对图像的色调进行自动调整。系统将以0.10%色调来对图像进行加亮和变暗调整。按Shift+Ctrl+L组合键，可以对图像的色调进行自动调整。

8.1.8　自动对比度

使用自动对比度命令可以对图像的对比度进行自动调整。按Alt+Shift+Ctrl+L组合键，可以对图像的对比度进行自动调整。

8.1.9　自动颜色

使用自动颜色命令可以对图像的色彩进行自动调整。按Shift+Ctrl+B组合键，可以对图像的色彩进行自动调整。

8.1.10　色调均化

色调均化命令用于调整图像或选区像素的过黑部分，使图像变得明亮，并将图像中其他的像素平均分配在亮度色谱中。选择“图像 > 调整 > 色调均化”命令，在不同的色彩模式下图像将产生不同的效果，如图8-59所示。

原始图像

RGB色调均化的效果

CMYK色调均化的效果

LAB色调均化的效果

图8-59

8.1.11　课堂案例——制作绿色照片

【案例学习目标】学习使用不同的调色命令调整图片颜色。

【案例知识要点】使用魔棒工具选取背景图

像，使用色阶命令和曲线命令调整图片的背景颜色，最终效果如图8-60所示。

【效果所在位置】Ch08/效果/制作绿色照片.psd。

图8-60

（1）按Ctrl+O组合键，打开本书学习资源中的“Ch08 > 素材 > 制作绿色照片 > 01”文件，如图8-61所示。按Ctrl+J组合键，复制图层，生成新的图层并将其命名为“调色”，如图8-62所示。

图8-61　　图8-62

（2）选择“魔棒”工具，在属性栏中选择“添加到选区”按钮，将“容差”选项设为15，在图像窗口中多次单击鼠标生成选区，如图8-63所示。按Ctrl+L组合键，在弹出的“色阶”对话框中进行设置，如图8-64所示，单击“确定”按钮，效果如图8-65所示。

图8-63

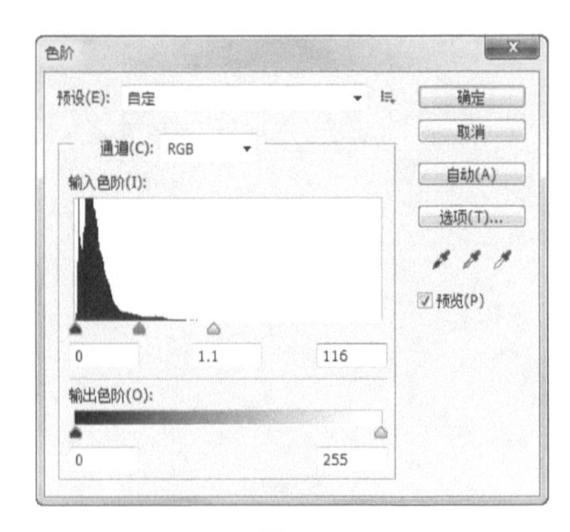

图8-64

图8-65

（3）选择“图像 > 调整 > 曲线”命令，在弹出的对话框中进行设置，如图8-66所示，单击“确定”按钮，效果如图8-67所示。

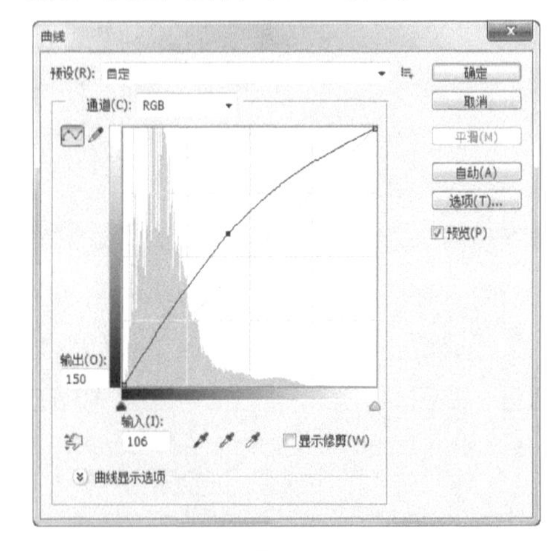

图8-66

（4）按Ctrl+D组合键，取消选区，效果如图8-68所示。将前景色设为黄绿色（其R、G、B的值分别为232、252、184）。选择“横排文本”工具，在图像窗口中输入需要的文字并选择文字，在属性栏中选择合适的字体并设置其大小，效果如图8-69所示，在“图层”控制面板中生成新的文字图层。绿色照片制作完成。

图8-67

图8-68

图8-69

8.1.12　色阶

打开一张图片，如图8-70所示。选择“图像 > 调整 > 色阶”命令，或按Ctrl+L组合键，弹出“色阶”对话框，如图8-71所示。对话框中间是一个直方图，其横坐标为0~255，表示亮度值，纵坐标为图像的像素数值。

图8-70

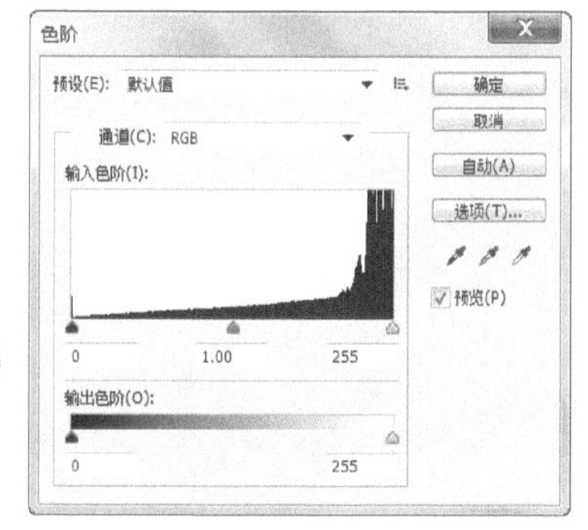

图8-71

通道：可以选择不同的颜色通道来调整图像。如果想选择两个以上的色彩通道，要先在“通道”控制面板中选择所需要的通道，再调出“色阶”对话框。

输入色阶：可以通过输入数值或拖曳滑块来调整图像。左侧的数值框和黑色滑块用于调整黑色，图像中低于该亮度值的所有像素将变为黑色；中间的数值框和灰色滑块用于调整灰度，其数值范围为0.01~9.99；右侧的数值框和白色滑块用于调整白色，图像中高于该亮度值的所有像素将变为白色。

调整“输入色阶”选项的3个滑块后，图像将产生不同色彩效果，如图8-72所示。

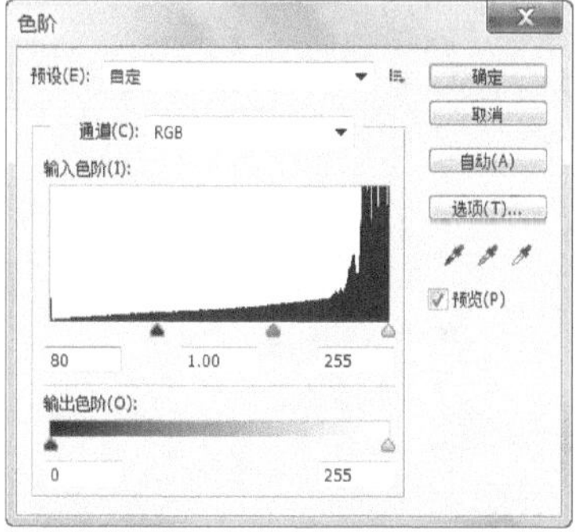

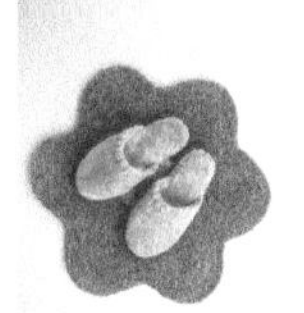

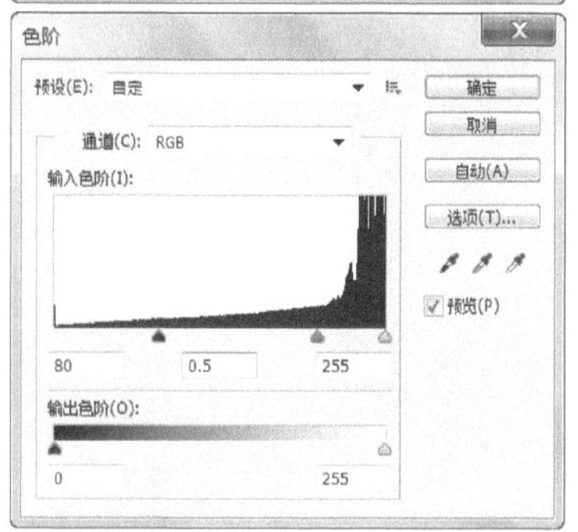

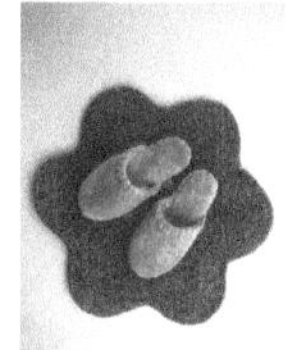

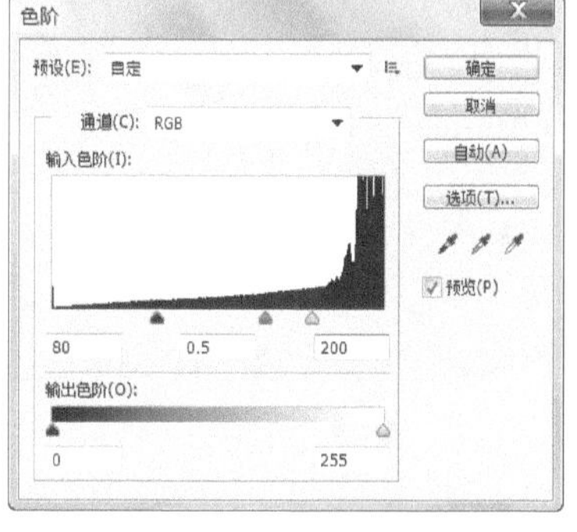

图8-72

输出色阶：可以通过输入数值或拖曳滑块来控制图像的亮度范围。左侧的数值框和黑色滑块用于调整图像中最暗像素的亮度；右侧数值框和白色滑块用于调整图像中最亮像素的亮度。

调整“输出色阶”选项的2个滑块后，图像将产生不同色彩效果，如图8-73所示。

自动(A)：可以自动调整图像并设置层次。

选项(T)...：单击此按钮，弹出“自动颜色校正选项”对话框，系统将以0.10%色阶来对图像进行加亮和变暗调整。

取消：按住Alt键，转换为复位按钮，单击此按钮可以将调整过的色阶复位还原，可以重新进行设置。

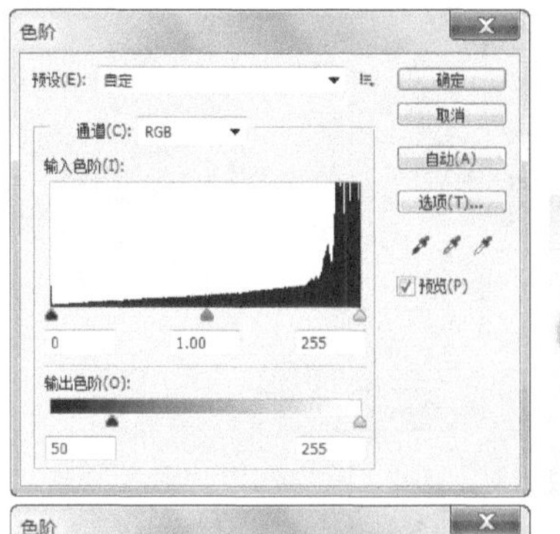

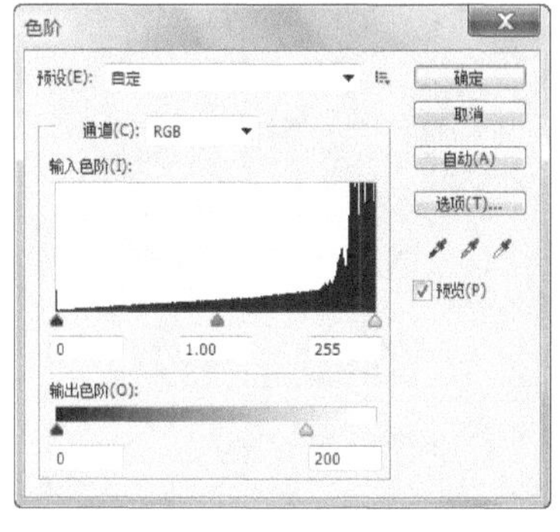

图8-73

：分别为黑色吸管工具、灰色吸管工具和白色吸管工具。选中黑色吸管工具，用鼠标在图像中单击一点，图像中暗于单击点的所有像素都会变为黑色；用灰色吸管工具在图像中单击，单击点的像素都会变为灰色，图像中的其他颜色也会有相应调整；用白色吸管工具在图像中单击一点，图像中亮于单击点的所有像素都会变为白色。双击任意吸管工具，在弹出的颜色选择对话框中设置吸管颜色。

8.1.13 曲线

曲线命令可以通过调整图像色彩曲线上的任意一个像素点来改变图像的色彩范围。

打开一张图片，如图8-74所示。选择“图像 > 调整 > 曲线”命令，或按Ctrl+M组合键，弹出对话框，如图8-75所示。在图像中单击，如图8-76所示，对话框的图表上会出现一个圆圈，x轴为色彩的输入值，y轴为色彩的输出值，表示在图像中单击处的像素数值，如图8-77所示。

图8-74

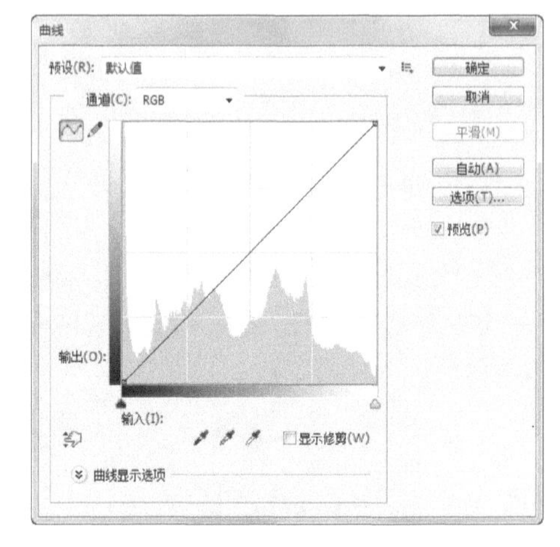

图8-75

图8-76

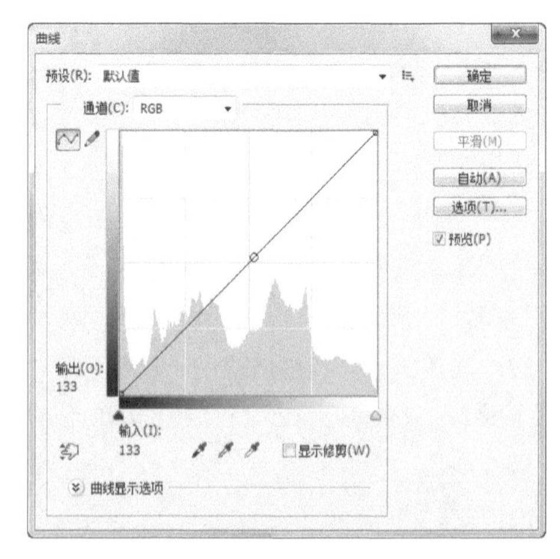

图8-77

“通道”选项：可以选择图像的颜色调整通道。

～✎：可以改变曲线的形状，添加或删除控制点。

输入/输出：显示图表中光标所在位置的亮度值。

自动(A)：可以自动调整图像的亮度。

下面为调整曲线后的图像效果，如图8-78所示。

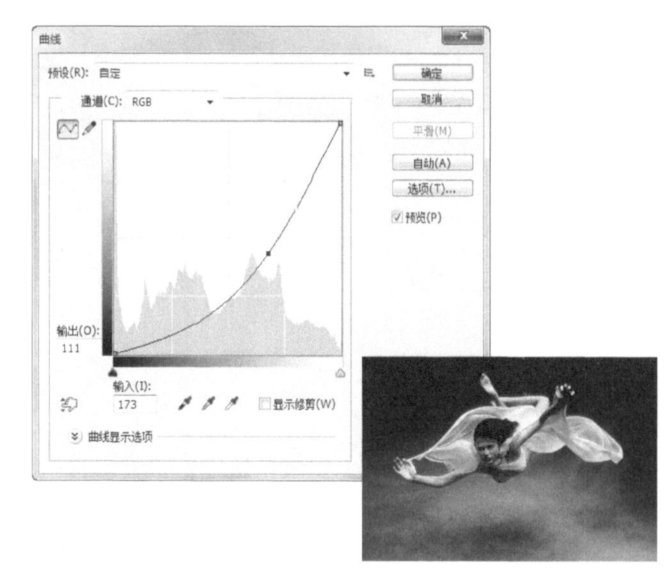

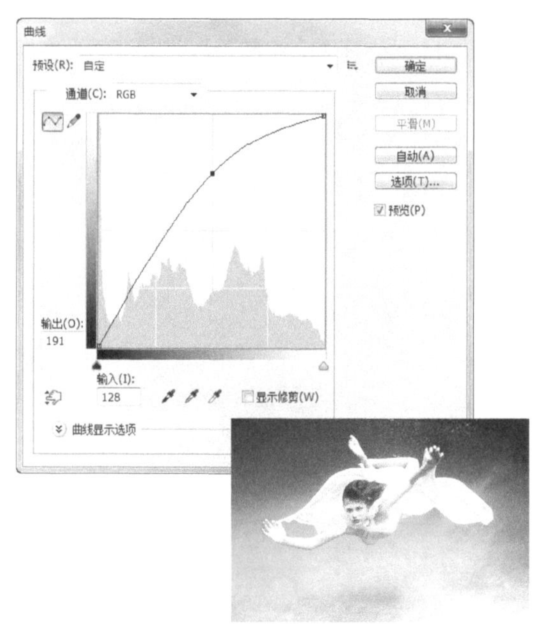

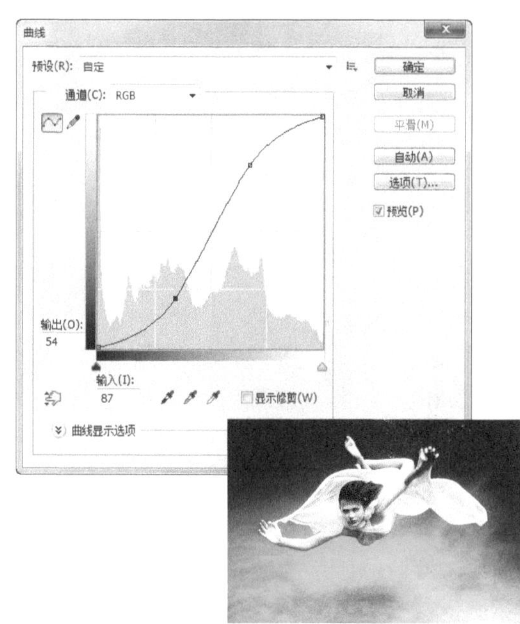

图8-78

8.1.14　渐变映射

打开一张图片，如图8-79所示。选择“图像 > 调整 > 渐变映射”命令，弹出“渐变映射”对话框，如图8-80所示。单击“点按可编辑渐变”按钮 ，在弹出的“渐变编辑器”对话框中设置渐变色，如图8-81所示。单击“确定”按钮，图像效果如图8-82所示。

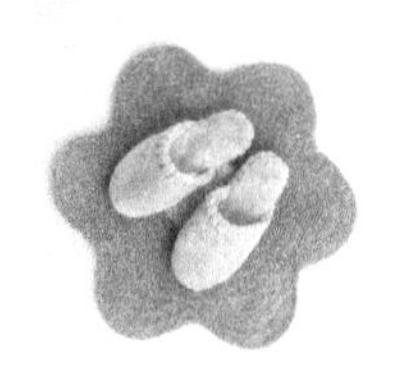

图8-79

图8-80

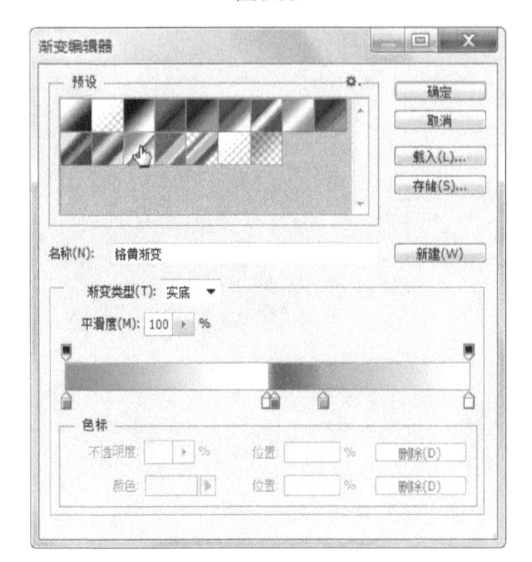

图8-81

图8-82

灰度映射所用的渐变：用于选择和设置渐变。

仿色：用于为转变色阶后的图像增加仿色。

反向：用于反转转变色阶后的图像颜色。

8.1.15 阴影/高光

打开一张图片，如图8-83所示。选择“图像 > 调整 > 阴影/高光”命令，弹出“阴影/高光”对话框，设置如图8-84所示。单击“确定”按钮，效果如图8-85所示。

图8-83

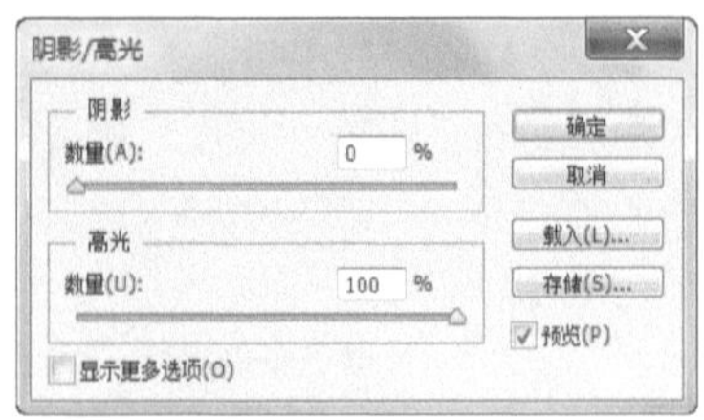

图8-84

图8-85

8.1.16 色相/饱和度

打开一张图片，如图8-86所示。选择“图像 > 调整 > 色相/饱和度”命令，或按Ctrl+U组合键，弹出“色相/饱和度”对话框，设置如图8-87所示。单击“确定”按钮，效果如图8-88所示。

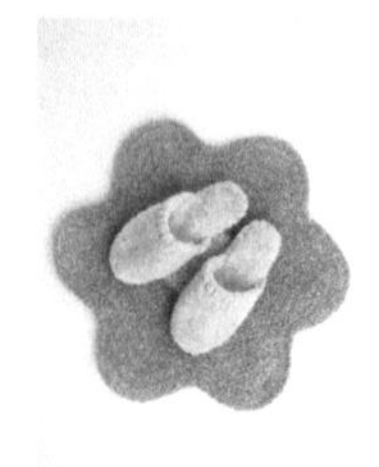

图8-86

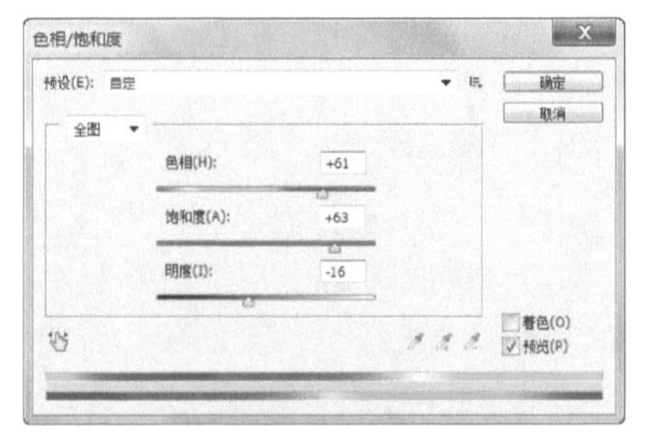

图8-87

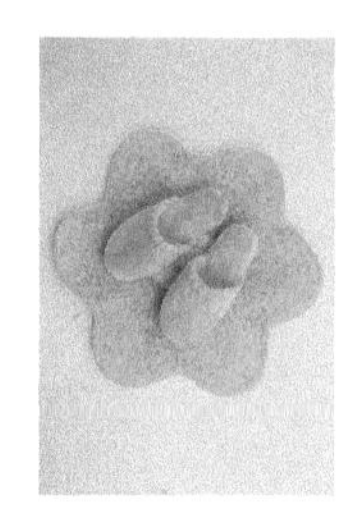

图8-88

预设：用于选择要调整的色彩范围，可以通过拖曳各选项中的滑块来调整图像的色相、饱和度和明度。

着色：用于在由灰度模式转化而来的色彩模式图像中添加需要的颜色。

在对话框中勾选“着色”复选框，设置如图8-89所示，单击“确定”按钮，图像效果如图8-90所示。

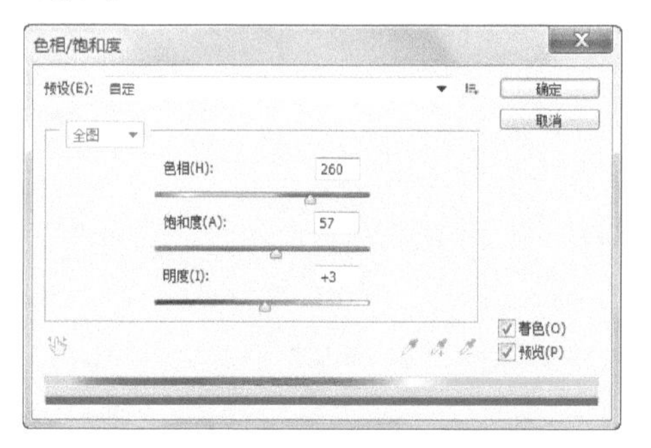

图8-89

图8-90

8.1.17　课堂案例——制作家居海报

【案例学习目标】学习使用不同的调色命令调整图片的颜色。

【案例知识要点】使用可选颜色命令、曝光度命令和照片滤镜命令调整图片颜色，使用横排文字工具添加文字，最终效果如图8-91所示。

【效果所在位置】Ch08/效果/制作家居海报.psd。

图8-91

（1）按Ctrl＋N组合键，新建一个文件，宽度为21厘米，高度为29.7厘米，分辨率为300像素/英寸，颜色模式为RGB，背景内容为白色，单击“确定”按钮。将前景色设为橙色（其R、G、B的值分别为255、162、0）。按Alt+Delete组合键，用前景色填充背景，效果如图8-92所示。

（2）按Ctrl＋O组合键，打开本书学习资源中的“Ch08 > 素材 > 制作家居海报 > 01”文件，选择“移动”工具，将01图片拖曳到图像窗口中适当的位置，效果如图8-93所示，在“图层”控制面板中生成新的图层并将其命名为“家居”。

图8-92

图8-93

（3）选择“钢笔”工具，在属性栏中的“选择工具模式”选项中选择“形状”，在图像窗口中绘制不规则图形，效果如图8-94所示，在“图层”控制面板中生成新的图层“形状1”。

用相同的方法绘制其他图形，效果如图8-95所示。按Alt+Shift+Ctrl+E组合键，盖印图层并将其命名为“底图”，如图8-96所示。

图8-94

图8-95

图8-96

（4）选择“图像 > 调整 > 可选颜色”命令，弹出对话框，选择“黄色”，其他选项的设置如图8-97所示，单击“确定”按钮，效果如图8-98所示。

图8-97

图8-98

（5）选择“图像 > 调整 > 曝光度”命令，在弹出的对话框中进行设置，如图8-99所示，单击“确定”按钮，效果如图8-100所示。

（6）选择“图像 > 调整 > 照片滤镜”命令，在弹出的对话框中进行设置，如图8-101所示，单击“确定”按钮，效果如图8-102所示。

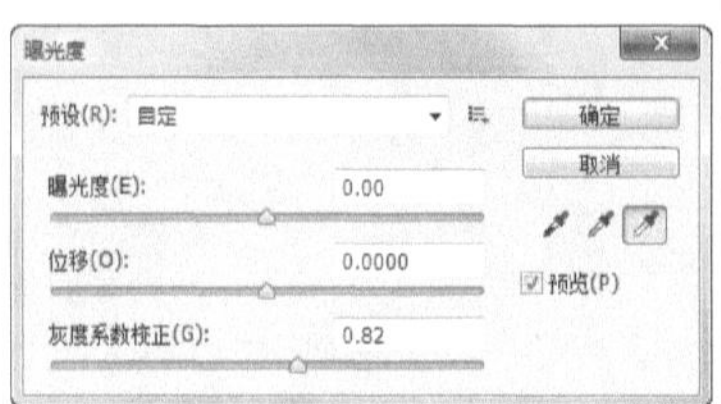

图8-99

图8-100

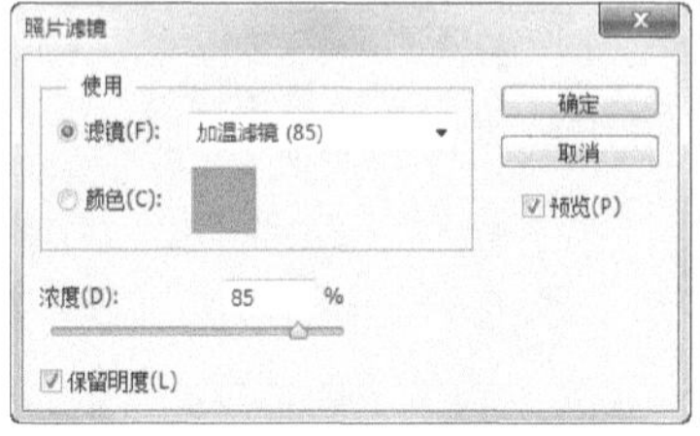

图8-101

图8-102

（7）将前景色设为白色。选择“横排文字”工具T，在图像窗口中输入需要的文字并选取文字，在属性栏中选择合适的字体并设置其大小，效果如图8-103所示，在“图层”控制面板中生成新的文字图层。用相同的方法输入草绿色（其R、G、B的值分别为219、249、154）文字，效果如图8-104所示。家居海报制作完成。

图8-103

图8-104

8.1.18 可选颜色

打开一张图片，如图8-105所示。选择“图像 > 调整 > 可选颜色”命令，弹出“可选颜色”对话框，设置如图8-106所示。单击“确定”按钮，效果如图8-107所示。

图8-105

图8-106

图8-107

颜色：可以选择图像中含有的不同色彩，通过拖曳滑块或输入数值调整青色、洋红、黄色和黑色的百分比。

方法：可以选择调整方法，包括“相对”和“绝对”。

8.1.19　曝光度

打开一张图片，如图8-108所示。选择“图像 > 调整 > 曝光度”命令，弹出“曝光度”对话框，设置如图8-109所示。单击“确定”按钮，效果如图8-110所示。

图8-108　图8-109

图8-110

曝光度：可以调整色彩范围的高光端，对极限阴影的影响不大。

位移：可以使阴影和中间调变暗，对高光的影响不大。

灰度系数校正：可以使用乘方函数调整图像灰度系数。

8.1.20　照片滤镜

照片滤镜命令用于模仿传统相机的滤镜效果处理图像，通过调整图片颜色获得各种丰富的效果。

打开一张图片。选择“图像 > 调整 > 照片滤镜”命令，弹出“照片滤镜”对话框，如图8-111所示。

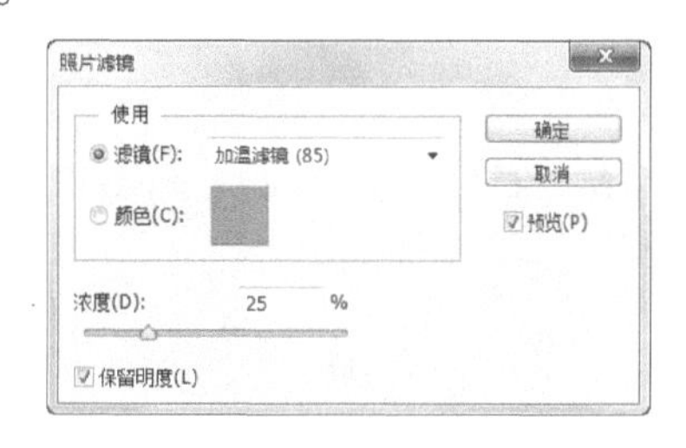

图8-111

滤镜：用于选择颜色调整的过滤模式。

颜色：单击右侧的图标，弹出“选择滤镜颜色”对话框，可以设置颜色值对图像进行过滤。

浓度：可以设置过滤颜色的百分比。

保留明度：勾选此复选框，图片的白色部分颜色保持不变；取消勾选此复选框，则图片的全部颜色都随之改变，效果如图8-112所示。

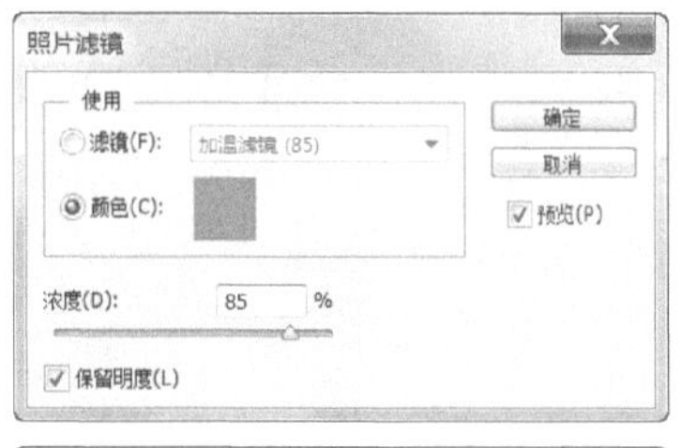

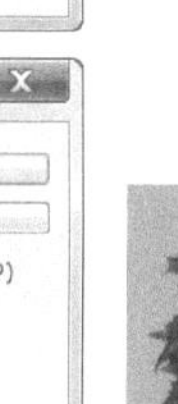

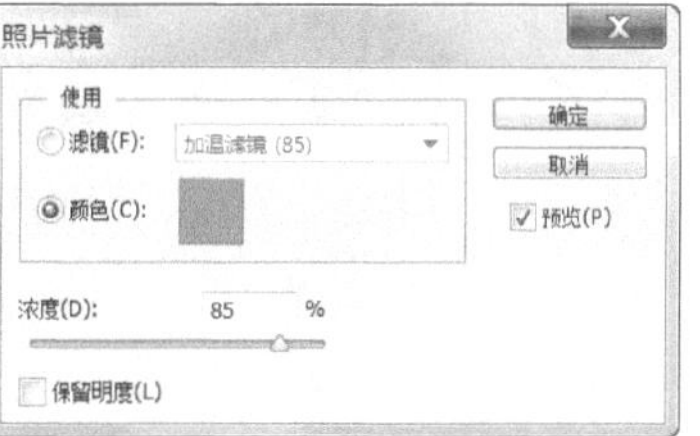

图8-112

8.2 特殊颜色处理

特殊颜色处理命令可以使图像产生独特的颜色变化。

8.2.1 课堂案例——制作单色照片

【案例学习目标】学习使用去色命令和曲线命令制作单色照片。

【案例知识要点】使用矩形工具和图层样式制作矩形，使用去色命令去除图片的颜色，使用亮度/对比度命令调整图片的亮度，使用曲线命令制作图片的单色照片，最终效果如图8-113所示。

【效果所在位置】Ch08/效果/制作单色照片.psd。

图8-113

（1）按Ctrl+O组合键，打开本书学习资源中的“Ch08 > 素材 > 制作单色照片 > 01”文件，如图8-114所示。将前景色设为白色。新建图层并将其命名为“矩形”。选择“矩形”工具，在属性栏中的“选择工具模式”选项中选择“像素”，在图像窗口中绘制矩形，如图8-115所示。

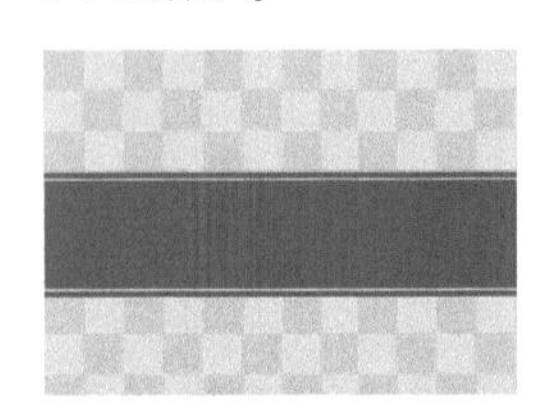

图8-114　　图8-115

（2）按Ctrl+T组合键，在图像周围出现变换框，将鼠标光标放在变换框的控制手柄外边，光标变为旋转图标，拖曳鼠标将图像旋转到适当的角度，按Enter键确认操作，效果如图8-116所示。

图8-116

（3）单击“图层”控制面板下方的“添加图层样式”按钮，在弹出的菜单中选择“投影”命令，在弹出的对话框中进行设置，如图8-117所示。

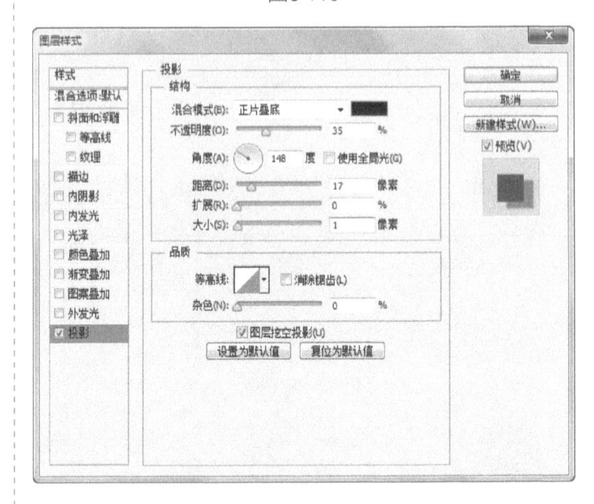

图8-117

（4）选择“内阴影”选项，切换到相应的对话框，选项的设置如图8-118所示。选择“描边”选项，切换到相应的对话框，将描边颜色设为白色，其他选项的设置如图8-119所示，单击“确定”按钮，效果如图8-120所示。

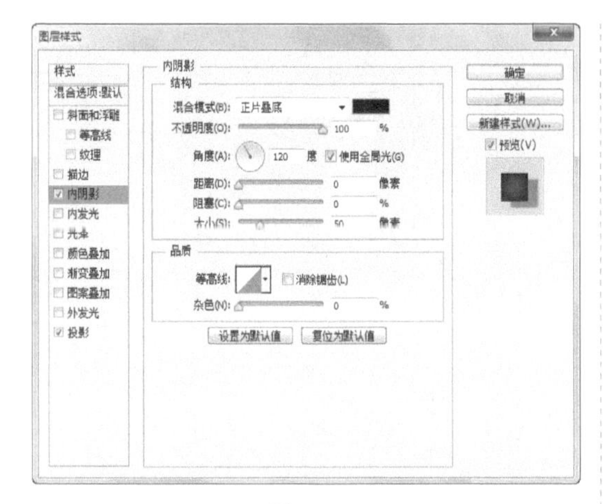

图8-118

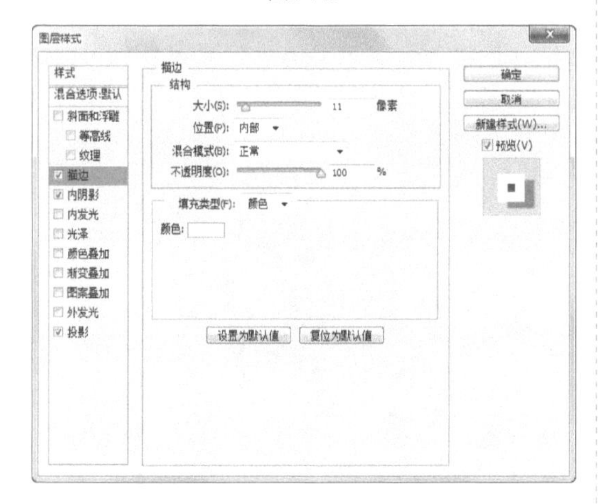

图8-119

（5）按Ctrl+J组合键，复制并生成副本图层。在图像窗口中调整图形的角度和大小，效果如图8-121所示。

图8-120

图8-121

（6）将“矩形 副本”图层拖曳到“矩形”图层的下方，效果如图8-122所示。用相同方法复制另外一个矩形，并调整其大小及角度，效果如图8-123所示。

（7）选择“矩形”图层。按Ctrl+O组合键，打开本书学习资源中的“Ch08 > 素材 > 制作单色照片> 02”文件，选择“移动”工具，将其拖曳到图像窗口的适当位置，并调整其大小及角度，效果如图8-124所示，在“图层”控制面板中生成新的图层并将其命名为“人物”。选择“图像 > 调整 > 去色”命令，去除图片颜色，效果如图8-125所示。

图8-122

图8-123

图8-124

图8-125

（8）选择“图像 > 调整 > 亮度/对比度”命令，在弹出的对话框中进行设置，如图8-126所示，单击“确定”按钮，效果如图8-127所示。

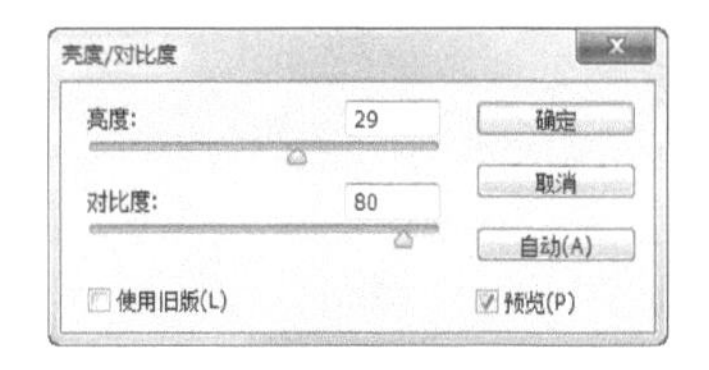

图8-126

图8-127

（9）选择“图像 > 调整 > 曲线”命令，弹出对话框，选择“蓝”通道，设置如图8-128所示；选择“绿”通道，设置如图8-129所示；选择“红”通道，设置如图8-130所示；单击“确定”按钮，效果如图8-131所示。

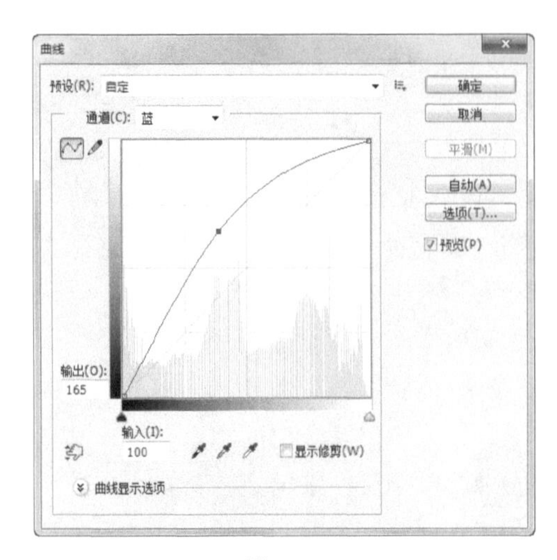

图8-128

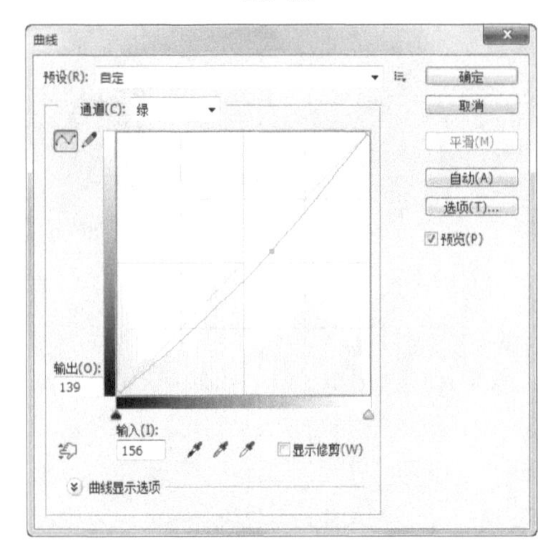

图8-129

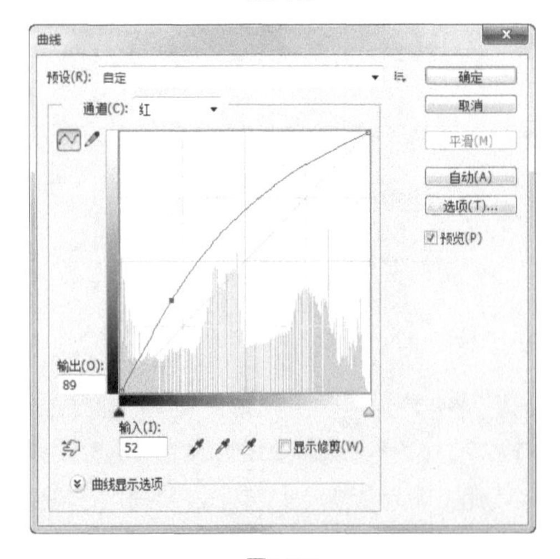

图8-130

图8-131

（10）按Alt+Ctrl+G组合键，创建剪贴蒙版，效果如图8-132所示。将前景色设为黑色。选择“横排文本”工具T，在图像窗口中输入需要的文字并选择文字，在属性栏中选择合适的字体并设置其大小，在“图层”控制面板中生成新的文字图层。选择“窗口 > 字符”命令，在弹出的面板中进行设置，如图8-133所示，按Enter键确认操作，文字效果如图8-134所示。

图8-132

图8-133　　图8-134

（11）单击“图层”控制面板下方的“添加图层样式”按钮fx，在弹出的下拉菜单中选择“描边”命令，弹出对话框，将描边颜色设为白色，其他选项的设置如图8-135所示，单击“确定”按钮，效果如图8-136所示。单色照片制作完成。

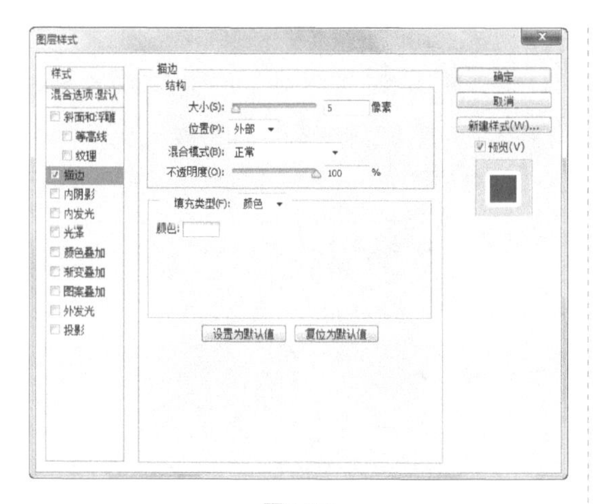

图8-135

图8-136

8.2.2　去色

选择“图像 > 调整 > 去色”命令，或按Shift+Ctrl+U组合键，可以去掉图像中的色彩，使图像变为灰度图，但图像的色彩模式并不会被改变。“去色”命令也可以对图像的选区使用，将选区中的图像去色。

8.2.3　阈值

打开一张图片，如图8-137所示。选择“图像 > 调整 > 阈值”命令，弹出“阈值”对话框，设置如图8-138所示。单击“确定”按钮，图像效果如图8-139所示。

图8-137

阈值色阶：可以通过拖曳滑块或输入数值改变图像的阈值。系统将使大于阈值的像素变为白色，小于阈值的像素变为黑色，使图像具有高度反差。

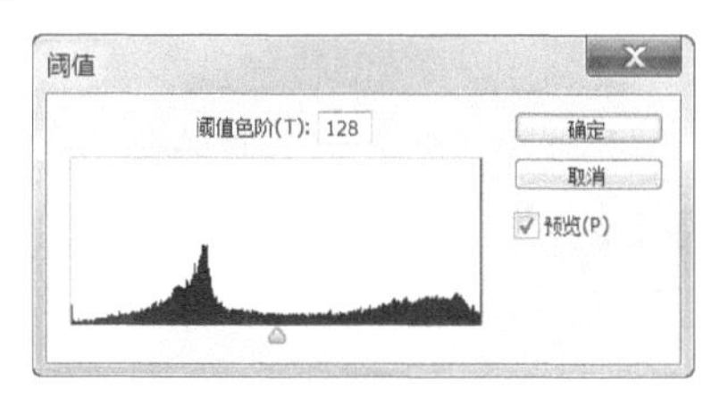

图8-138

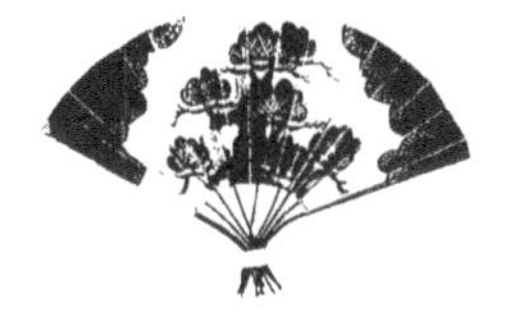

图8-139

8.2.4　色调分离

打开一张图片，如图8-140所示。选择“图像 > 调整 > 色调分离”命令，弹出“色调分离”对话框，设置如图8-141所示，单击“确定”按钮，效果如图8-142所示。

图8-140

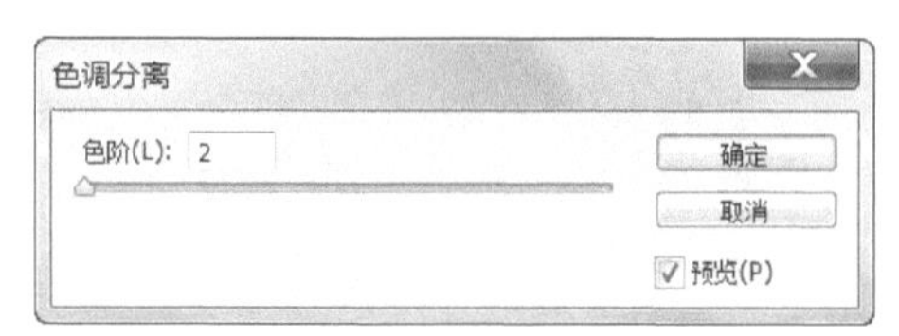

图8-141

图8-142

色阶：可以指定色阶数，系统将以256阶的亮度对图像中的像素亮度进行分配。色阶数值越高，图像产生的变化越小。

8.2.5 替换颜色

使用替换颜色命令可以将图像中的颜色进行替换。

打开一张图片，如图8-143所示。选择“图像 > 调整 > 替换颜色”命令，弹出“替换颜色”对话框。在图像中单击吸取要替换的红色，设置“结果”选项为蓝色，再调整色相、饱和度和明度，其他选项的设置如图8-144所示。单击“确定”按钮，效果如图8-145所示。

图8-143

图8-144

图8-145

颜色容差：可以设置吸取颜色的范围。

8.2.6 课堂案例——制作胶片

【案例学习目标】学习使用调整命令调整图像颜色。

【案例知识要点】使用混合模式制作图片融合，使用亮度/对比度命令和通道混合器命令调整图像颜色，最终效果如图8-146所示。

【效果所在位置】Ch08/效果/制作胶片.psd。

图8-146

（1）按Ctrl+O组合键，打开本书学习资源中的“Ch08 > 素材 > 制作胶片 > 01、02”文件，01文件如图8-147所示。选择“移动”工具，将02图片拖曳到01图像窗口的适当位置，效果如图8-148所示，在“图层”控制面板中生成新的图层并将其命名为“人物”。

图8-147

图8-148

（2）在“图层”控制面板上方，将该图层的混合模式选项设为“滤色”，如图8-149所示，图像效果如图8-150所示。

图8-149

图8-150

（3）选择“图像 > 调整 > 亮度/对比度”命令，在弹出的对话框中进行设置，如图8-151所示，单击“确定”按钮，效果如图8-152所示。

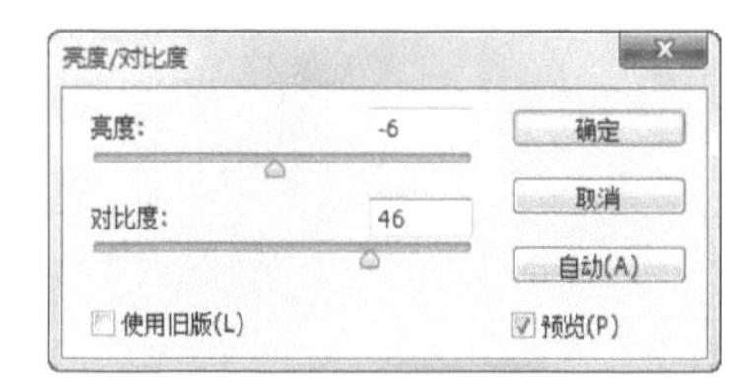

图8-151

图8-152

（4）选择“图像 > 调整 > 通道混合器”命令，在弹出的对话框中进行设置，如图8-153所示，单击“确定”按钮，效果如图8-154所示。

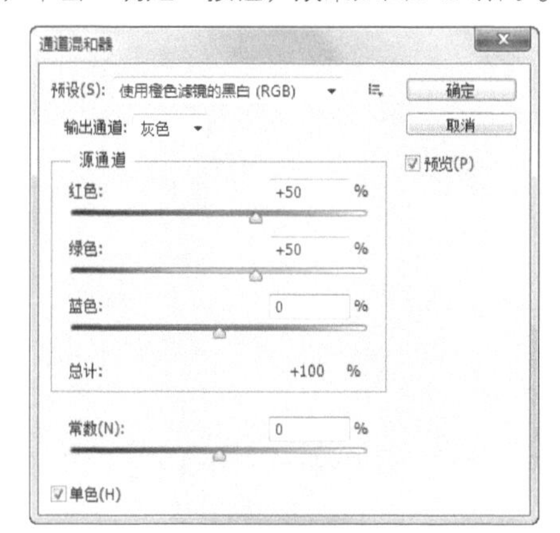

图8-153

图8-154

（5）新建图层并将其命名为“浅色”。将前景色设为浅色（其R、G、B的值分别为255、244、233）。按Alt+Delete组合键，用前景色填充图层，效果如图8-155所示。将该图层的混合模式选项设为“线性加深”，如图8-156所示，图像效果如图8-157所示。

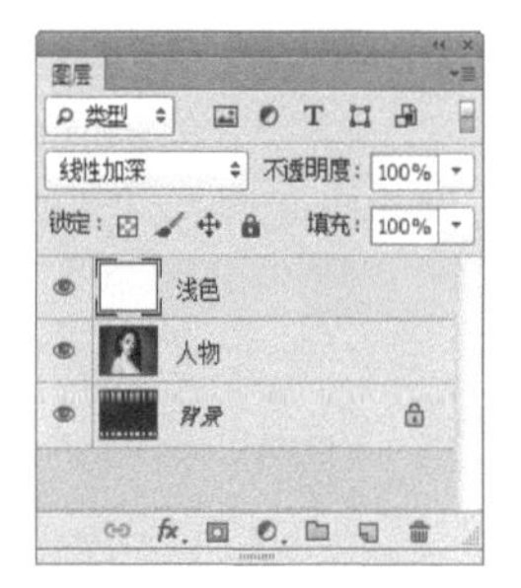

图8-155　　图8-156

图8-157

（6）按Ctrl+O组合键，打开本书学习资源中的“Ch08 > 素材 > 制作胶片 > 03”文件。选择“移动”工具，将02图片拖曳到图像窗口的适当位置，效果如图8-158所示，在“图层”控制面板中生成新的图层并将其命名为“文字”。胶片制作完成，效果如图8-159所示。

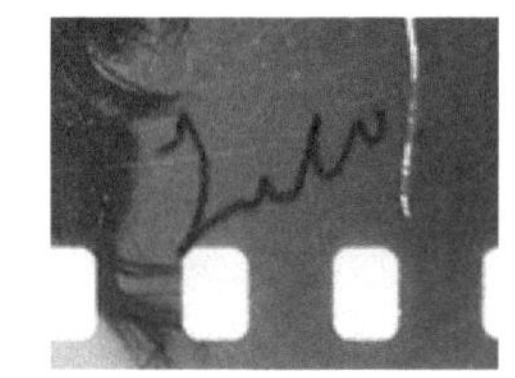

图8-158　　图8-159

8.2.7　通道混合器

打开一张图片，如图8-160所示。选择“图像 > 调整 > 通道混合器”命令，弹出“通道混合器”对话框，设置如图8-161所示。单击“确定”按钮，效果如图8-162所示。

图8-160

图8-161

图8-162

输出通道：可以选择要调整的通道。

源通道：可以设置输出通道中源通道所占的百分比。

常数：可以调整输出通道的灰度值。

单色：可以将彩色图像转换为黑白图像。

> **提示**
>
> 所选图像的色彩模式不同，则“通道混合器”对话框中的内容也不同。

8.2.8　匹配颜色

匹配颜色命令用于对色调不同的图片进行调整，从而统一成一个协调的色调。

打开两张不同色调的图片，如图8-163和图8-164所示。选择需要调整的图片，选择“图像 > 调整 > 匹配颜色”命令，弹出“匹配颜色”对话框，在“源”选项中选择匹配文件的名称，再设置其他各选项，如图8-165所示，单击“确定”按钮，效果如图8-166所示。

图8-163

图8-164

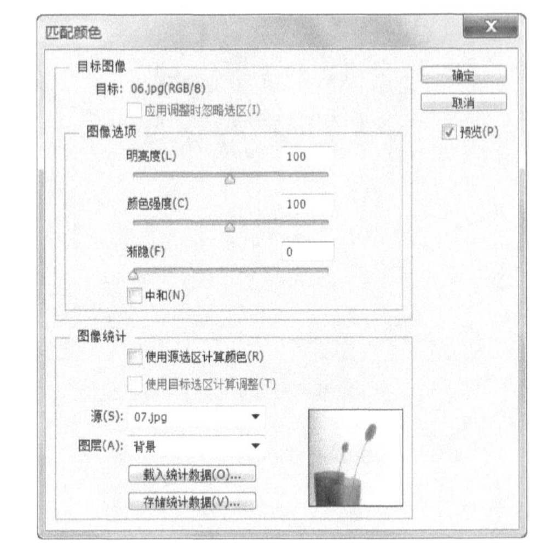

图8-165

图8-166

目标：显示所选择匹配文件的名称。

应用调整时忽略选区：勾选此复选框，可以忽略图中的选区调整整张图像的颜色；不勾选此复选框，只调整图像中选区内的颜色，效果如图8-167和图8-168所示。

图8-167

图8-168

图像选项：可以通过拖动滑块或输入数值来调整图像的明亮度、颜色强度和渐隐的数值。

中和：可以确定是否消除图像中的色偏。

图像统计：可以设置图像的颜色来源。

课堂练习——制作吉他广告

【练习知识要点】使用去色命令去除图像颜色，使用图层的混合模式、色阶命令和阈值命令调整图片的颜色，使用自定形状工具绘制图案，最终效果如图8-169所示。

【效果所在位置】Ch08/效果/制作吉他广告.psd。

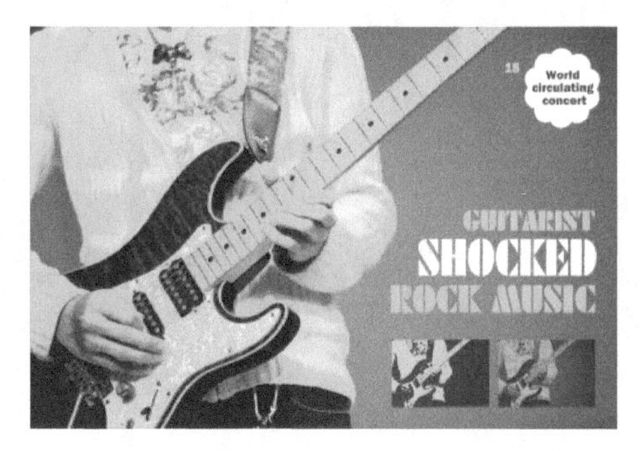

图8-169

课后习题——制作汽车广告

【习题知识要点】使用图层的混合模式改变天空图片的颜色，使用替换颜色命令改变图片颜色，使用画笔工具绘制装饰花朵，使用动感模糊滤镜命令制作汽车动感效果，使用图层样式制作文字特效，最终效果如图8-170所示。

【效果所在位置】Ch08/效果/制作汽车广告.psd。

图8-170

第 9 章

图层的应用

本章介绍

本章主要介绍图层的应用技巧，讲解图层的混合模式、样式以及填充和调整图层、复合图层、盖印图层与智能对象等高级操作。通过对本章的学习，读者可以掌握图层的高级应用技巧，制作出丰富多变的图像效果。

学习目标

- ◆ 掌握图层混合模式和图层样式的使用。
- ◆ 掌握新建填充和调整图层的应用技巧。
- ◆ 了解图层复合、盖印和智能对象图层。

技能目标

- ◆ 掌握“合成特效”的制作方法。
- ◆ 掌握“趣味文字”的制作方法。
- ◆ 掌握“艺术照片”的制作方法。

9.1 图层的混合模式

图层混合模式被广泛应用于图像处理及效果制作，特别是在多个图像合成方面更有其独特的作用及灵活性。

9.1.1 课堂案例——制作合成特效

【案例学习目标】 学习使用混合模式制作合成特效。

【案例知识要点】 使用混合模式、图层蒙版和画笔工具制作图片融合，使用横排文字工具和图层样式添加文字，最终效果如图9-1所示。

图9-1

【效果所在位置】 Ch09/效果/制作合成特效. psd

（1）按Ctrl+O组合键，打开本书学习资源中的“Ch09 > 素材 > 制作合成特效 > 01、02”文件，如图9-2和图9-3所示。选择“移动”工具，将02图片拖曳到01图像窗口中的适当位置，并调整其大小，在“图层”控制面板中生成新的图层并将其命名为“人物”。

图9-2

图9-3

（2）在“图层”控制面板上方，将该图层的混合模式选项设为“叠加”，如图9-4所示，图像效果如图9-5所示。

图9-4

图9-5

（3）单击“图层”控制面板下方的“添加图层蒙版”按钮，为图层添加蒙版，如图9-6所示。将前景色设为黑色。选择“画笔”工具，在属性栏中单击“画笔”选项右侧的按钮，弹出画笔选择面板，设置如图9-7所示，在图像窗口中拖曳鼠标擦除不需要的图像，效果如图9-8所示。

图9-6

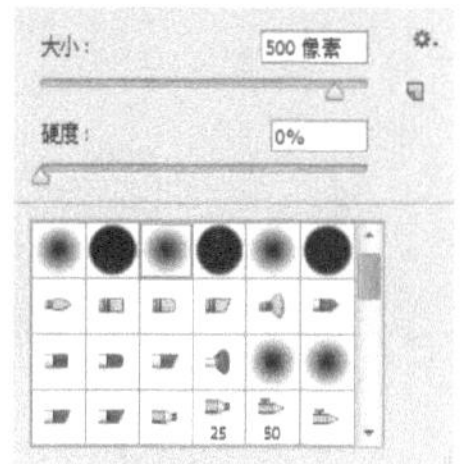

图9-7

（4）选择“横排文本”工具，在图像窗口中输入需要的文字并选取文字，在属性栏中选择合适的字体并设置大小，如图9-9所示，在“图层”控制面板中生成新的文字图层。选择“窗口 > 字符”命令，在弹出的面板中进行设置，如图9-10所示，按Enter键确认操作，文字效果如图9-11所示。

图9-8

图9-9

图9-10

图9-11

（5）单击“图层”控制面板下方的“添加图层样式”按钮fx，在弹出的菜单中选择“外发光”命令，在弹出的对话框中进行设置，如图9-12所示，单击“确定”按钮，效果如图9-13所示。合成特效制作完成。

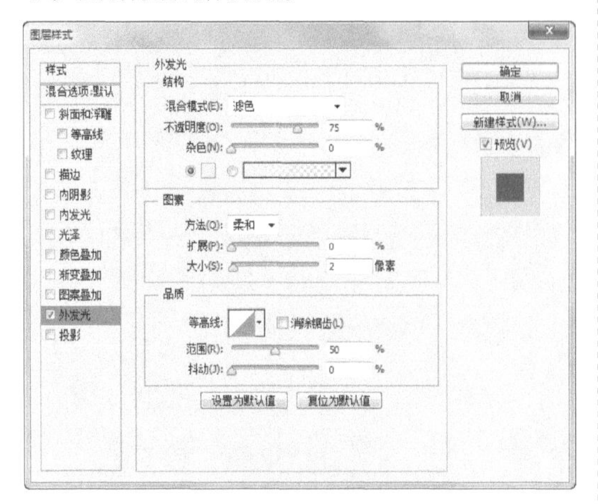

图9-12

图9-13

9.1.2 图层的混合模式

图层的混合模式用于制作图层间的混合，使图层产生特殊的合成效果。

在“图层”控制面板中，“设置图层的混合模式”选项 正常 用于设定图层的混合模式，它包含有27种模式。打开一张图片，如图9-14所示，“图层”控制面板如图9-15所示。

图9-14

图9-15

在对“动物”图层应用不同的混合模式后，图像效果如图9-16所示。

溶解

变暗

正片叠底

颜色加深

线性加深

深色

变亮

滤色

颜色减淡

线性减淡（添加）

浅色

叠加

柔光

强光

亮光

线性光

点光

实色混合

图9-16

图9-16（续）

9.2 图层样式

图层样式用于为图层中的图像添加斜面和浮雕、阴影、发光、叠加和投影等效果，制作具有丰富质感的图像。

9.2.1　课堂案例——制作趣味文字

【案例学习目标】学习使用图层样式制作趣味文字。

【案例知识要点】使用横排文字工具和变换命令制作文字，使用矩形工具、椭圆工具、矩形选框工具和定义图案命令绘制和定义图案，使用图层样式制作趣味文字，最终效果如图9-17所示。

【效果所在位置】Ch09/效果/制作趣味文字.psd。

图9-17

（1）按Ctrl+O组合键，打开本书学习资源中的“Ch09 > 素材 > 制作趣味文字 > 01”文件，如图9-18所示。将前景色设为红色（其R、G、B的值分别为255、0、0）。选择“横排文字”工具T，在适当的位置分别输入需要的文字并选取文字，在属性栏中选择合适的字体并设置其大小，效果如图9-19所示，在“图层”控制面板中分别生成新的文字图层。

图9-18　　图9-19

（2）选择“H”文字图层。按Ctrl+T组合键，在图像周围出现变换框，将鼠标光标放在变换框的控制手柄外边，光标将变为旋转图标，拖曳鼠标将图像旋转到适当的角度，按Enter键确认操作，效果如图9-20所示。用相同的方法旋转其他文字，效果如图9-21所示。按住Shift键的同时，将文字图层同时选取。按Ctrl+E组合键，合并图层并将其命名为“文字”，如图9-22所示。

图9-20　　图9-21

图9-22

（3）选择“矩形”工具，在属性栏的“选择工具模式”选项中选择“形状”，将“填充”颜色设为白色，在图像窗口中拖曳鼠标绘制矩形，效果如图9-23所示，在“图层”控制面板中生成新的形状图层“矩形1”。

（4）选择“椭圆”工具，在属性栏中将“填充”颜色设为无，“描边”颜色设为深红色（其R、G、B的值分别为230、0、18），“描边粗细”选项设为5.7点。按住Shift键的同时，在图像窗口中拖曳鼠标绘制圆形，效果如图9-24所示，在“图层”控制面板中生成新的形状图层“椭圆1”。

图9-23　　图9-24

（5）在属性栏中单击“路径操作”按钮，在弹出的面板中选择“减去顶层形状”。按住Shift键的同时，在图像窗口中拖曳鼠标绘制圆形，如图9-25所示。按住Ctrl键的同时，单击“矩形1”图层的缩览图，在图像窗口中生成选区，如图9-26所示。

图9-25　　图9-26

（6）选择“编辑 > 定义图案”命令，在弹出的对话框中进行设置，如图9-27所示，单击“确定”按钮，定义图案。按Ctrl+D组合键，取消选区。按Delete键，将“矩形1”和“椭圆1”图层删除。

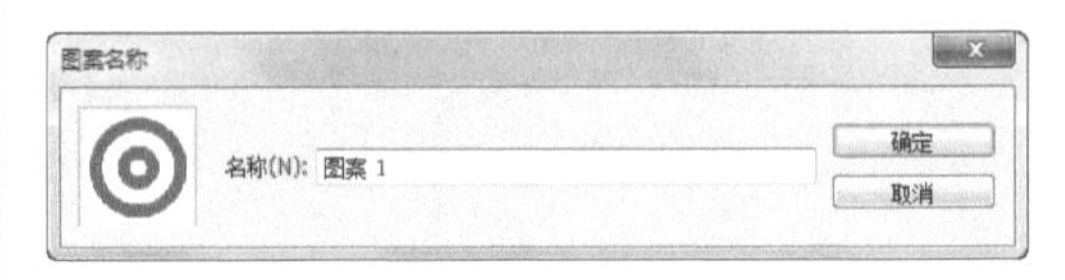

图9-27

（7）单击“图层”控制面板下方的“添加图层样式”按钮，在弹出的菜单中选择“斜面和浮雕”命令，弹出对话框，单击“光泽等高线”右侧的图标，在弹出的“等高线编辑器”对话框中进行设置，如图9-28所示，单击“确定”按钮。返回“斜面和浮雕”对话框，将“高光模式”选项右侧的颜色块设为浅蓝色（其R、G、B的值分别为203、226、255），其他选项的设置如图9-29所示。

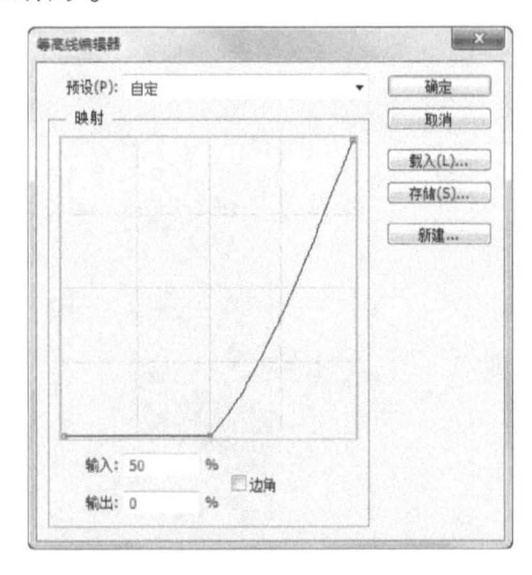

图9-28

（8）选择“等高线”选项，切换到相应的对话框，单击“等高线”右侧的按钮，在弹出的面板中选择需要的等高线，如图9-30所示，其他选项的设置如图9-31所示。选择“描边”选项，切换到相应的对话框，将“填充类型”选项设为渐变，单击“渐变”选项右侧的“点按可编辑渐变”按钮，弹出“渐变编辑器”对话框，将渐变色设为从暗红色（其R、G、B的值分别为82、4、4）到红色（其R、G、B的值分别为249、133、133），如图9-32所示，单击“确定”按钮。返回“描边”对话框，其他选项的设置如图9-33所示。

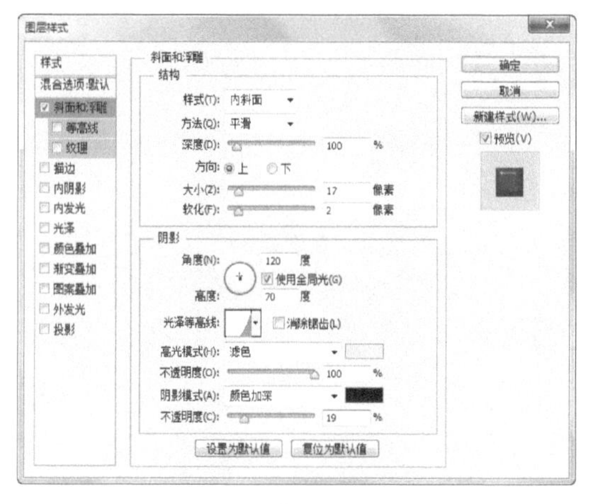

图9-29

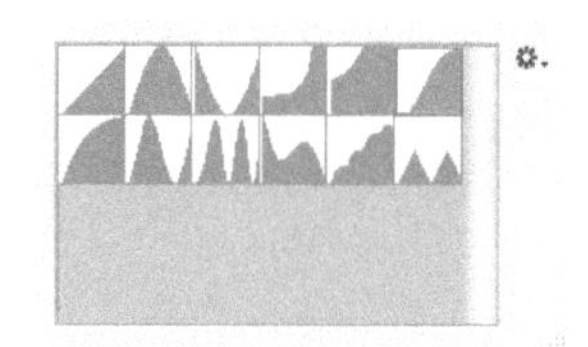

图9-30

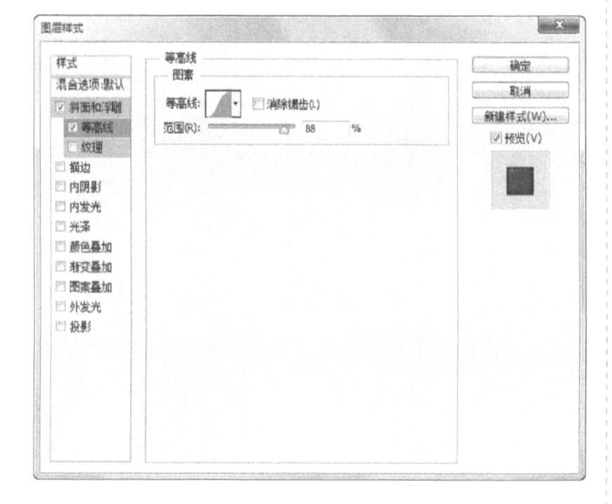

图9-31

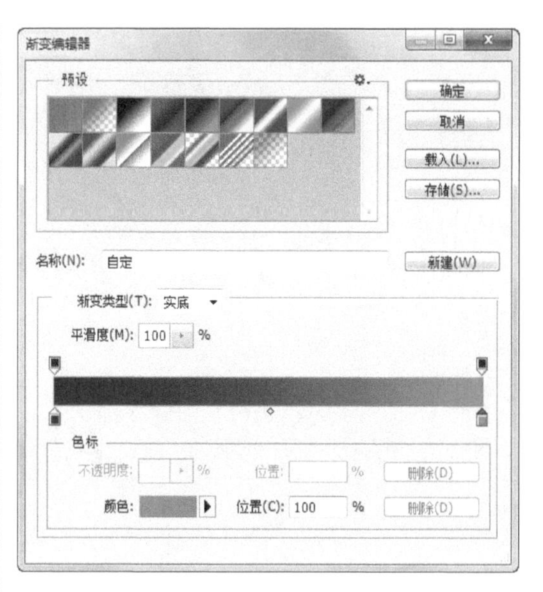

图9-32

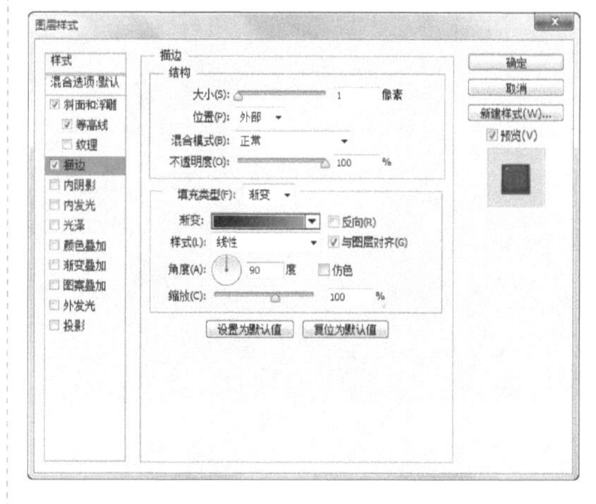

图9-33

（9）选择“内阴影”选项，切换到相应的对话框，将“混合模式”选项右侧的颜色块设为深红色（其R、G、B的值分别为121、4、29），其他选项的设置如图9-34所示。选择“内发光”选项，切换到相应的对话框，将发光颜色设为红色（其R、G、B的值分别为255、78、0），其他选项的设置如图9-35所示。

（10）选择“图案叠加”选项，切换到相应的对话框，单击“图案”选项右侧的图标，在弹出的面板中选择定义的图案，其他选项的设置如图9-36所示。选择“外发光”选项，切换到相应的对话框，将发光颜色设为棕色（其R、G、B的值分别为188、118、61），其他选项的设置如图9-37所示。

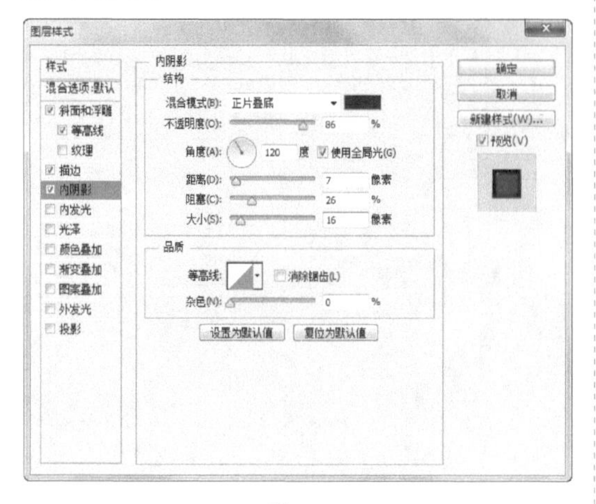

图9-34

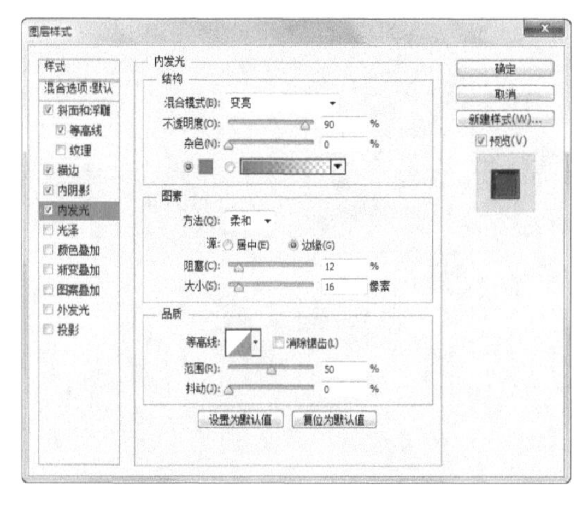

图9-35

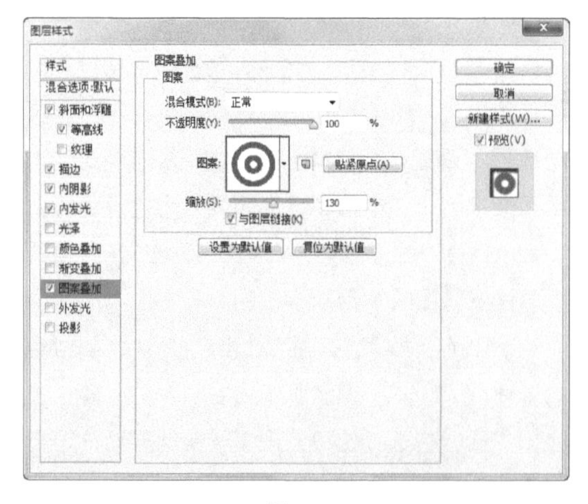

图9-36

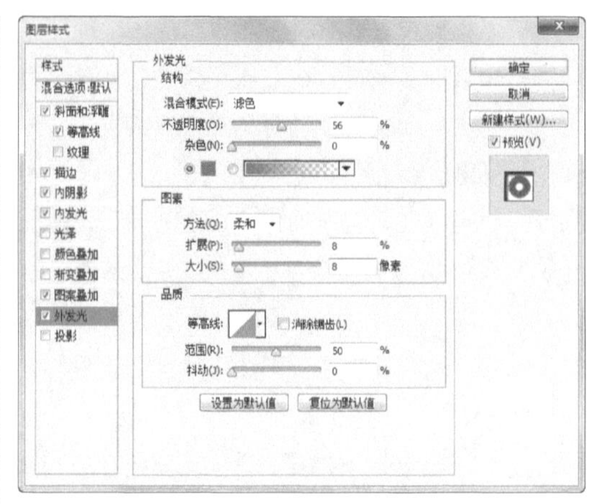

图9-37

（11）选择“投影”选项，切换到相应的对话框，将投影颜色设为深红色（其R、G、B的值分别为128、44、3），其他选项的设置如图9-38所示，单击“确定”按钮，效果如图9-39所示。

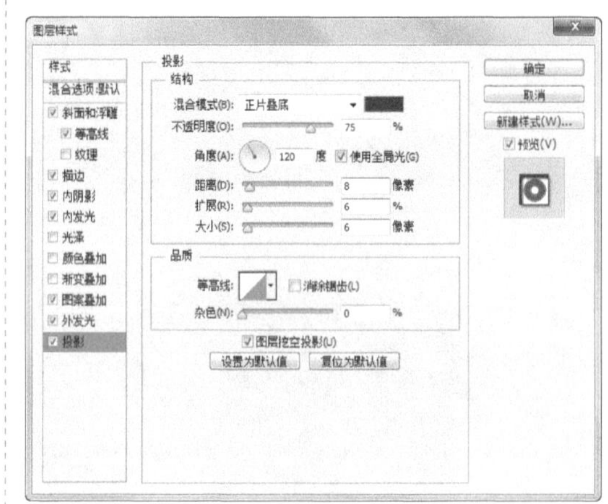

图9-38

图9-39

（12）按两次Ctrl+J组合键，复制两个副本图层，如图9-40所示。将副本图层的图层样式拖曳到控制面板下方的“删除图层”按钮 上，删除图层样式，如图9-41所示。

图9-40

图9-41

（13）将“文字 副本”图层拖曳到“文字”图层的下方，如图9-42所示。选择“移动”工具，在图像窗口中将副本文字拖曳到适当的位置，效果如图9-43所示。在“图层”控制面板上方，将该图层的“填充”选项设为0，如图9-44所示。

图9-42

图9-43

图9-44

（14）单击“图层”控制面板下方的“添加图层样式”按钮，在弹出的菜单中选择“外发光”命令，弹出对话框，将发光颜色设为白色，其他选项的设置如图9-45所示，单击“确定”按钮，效果如图9-46所示。

（15）将“文字 副本2”图层拖曳到“背景”图层的上方。选择“移动”工具，在图像窗口中将副本文字拖曳到适当的位置，效果如图9-47所示。单击“图层”控制面板下方的“添加图层样式”按钮，在弹出的菜单中选择“颜色叠加”命令，弹出对话框，将叠加颜色设为白色，其他选项的设置如图9-48所示，单击“确定”按钮，效果如图9-49所示。

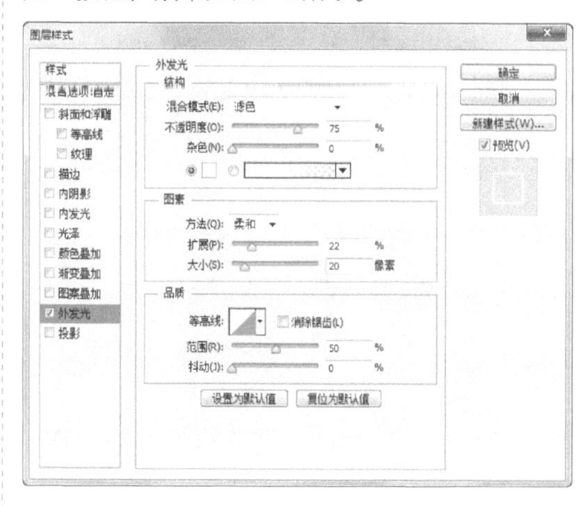

图9-45

图9-46　图9-47

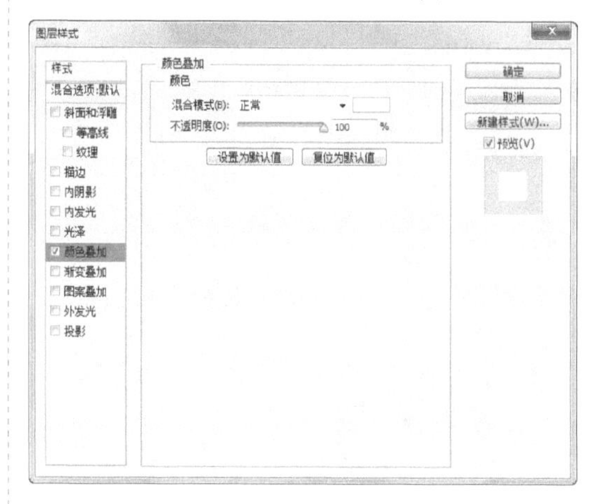

图9-48

图9-49

（16）按Ctrl+O组合键，打开本书学习资源中的“Ch09 > 素材 > 制作趣味文字 > 02”文件。选择“移动”工具，将02图片拖曳到01图像窗口中的适当位置，并调整其大小，如图9-50所示，在“图层”控制面板中生成新的图层并将其命名为“笑脸”。趣味文字制作完成。

图9-50

9.2.2 样式控制面板

“样式”控制面板用于存储各种图层特效，并将其快速套用在要编辑的对象中，节省操作步骤和操作时间。

打开一幅图像，选择要添加样式的图层，如图9-51所示。选择“窗口 > 样式”命令，弹出“样式”控制面板，单击右上方的图标，在弹出的菜单中选择“摄影效果”命令，弹出提示对话框，如图9-52所示，单击“确定”按钮，样式被载入控制面板中，选择“内斜面投影”样式，如图9-53所示，图形被添加样式，效果如图9-54所示。

图9-51

图9-52

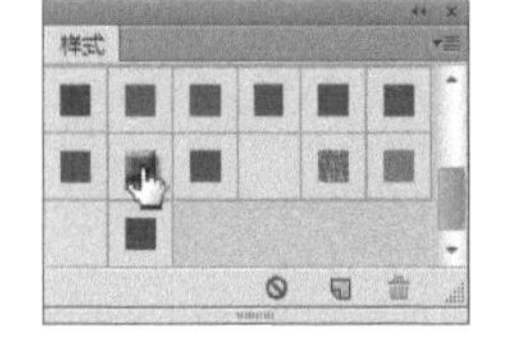

图9-53

图9-54

样式添加完成后，“图层”控制面板如图9-55所示。如果要删除其中某个样式，将其直接拖曳到控制面板下方的“删除图层”按钮上，如图9-56所示，删除后的效果如图9-57所示。

图9-55

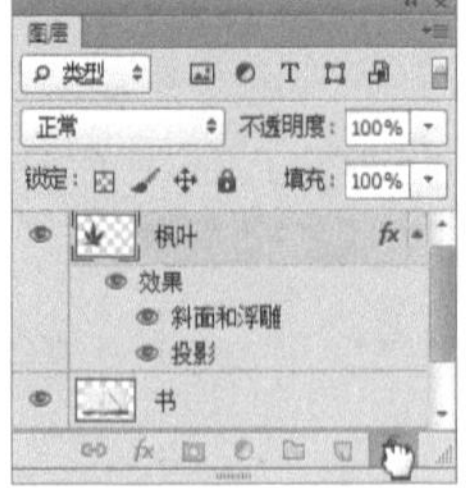

图9-56

图9-57

9.2.3 图层样式

Photoshop CS6提供了多种图层样式可供选择，可以单独为图像添加一种样式，还可同时为图像添加多种样式。

单击“图层”控制面板右上方的图标，弹出命令菜单，选择“混合选项”命令，弹出对话框，如图9-58所示。单击对话框左侧的任意选项，将弹出相应的效果对话框。还可以单击“图层”控制面板下方的“添加图层样式”按钮，弹出其下拉菜单命令，如图9-59所示。

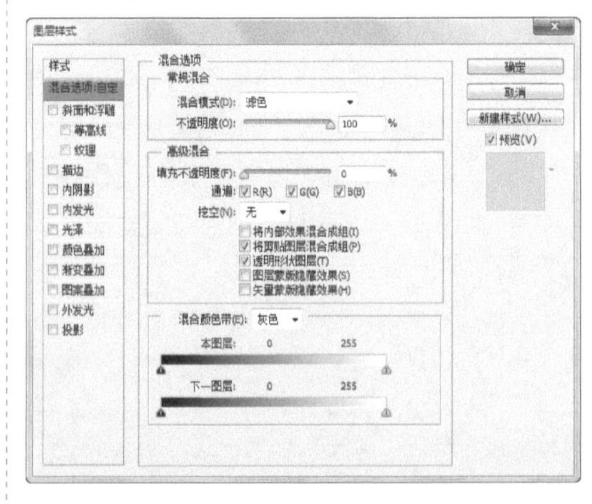

图9-58

图9-59

“斜面和浮雕”命令用于使图像产生一种倾斜与浮雕的效果，“描边”命令用于为图像描边，“内阴影”命令用于使图像内部产生阴影效果，如图9-60所示。

斜面和浮雕

描边

内阴影

图9-60

“内发光”命令用于在图像的边缘内部产生一种辉光效果，“光泽”命令用于使图像产生一种光泽的效果，“颜色叠加”命令用于使图像产生一种颜色叠加效果，如图9-61所示。

内发光

光泽

颜色叠加

图9-61

“渐变叠加”命令用于使图像产生一种渐变叠加效果，“图案叠加”命令用于在图像上添加图案效果，如图9-62所示。

渐变叠加

图案叠加

图9-62

“外发光”命令用于在图像的边缘外部产生一种辉光效果，“投影”命令用于使图像产生阴影效果，如图9-63所示。

外发光

投影

图9-63

9.3 新建填充和调整图层

填充图层可以为图层添加纯色、渐变和图案，调整图层是将调整色彩和色调命令应用于图层，两种调整都是在不改变原图层像素的前提下创建特殊的图像效果。

9.3.1 课堂案例——制作艺术照片

【案例学习目标】学习使用填充和调整图层制作艺术照片。

【案例知识要点】使用色阶和曲线调整层更改图片颜色，使用图案填充命令制作底纹效果，使用横排文字工具和图层样式制作文字，最终效果如图9-64所示。

图9-64

【效果所在位置】Ch09/效果/制作艺术照片.psd。

（1）按Ctrl+O组合键，打开本书学习资源中的“Ch09 > 素材 > 制作艺术照片 > 01”文件，如图9-65所示。单击“图层”控制面板下方的“创建新的填充或调整图层”按钮，在弹出的菜单中选择“色阶”命令，在“图层”控制面板中生成“色阶 1”图层，同时弹出“色阶”面板，选项的设置如图9-66所示，按Enter键确认操作，效果如图9-67所示。

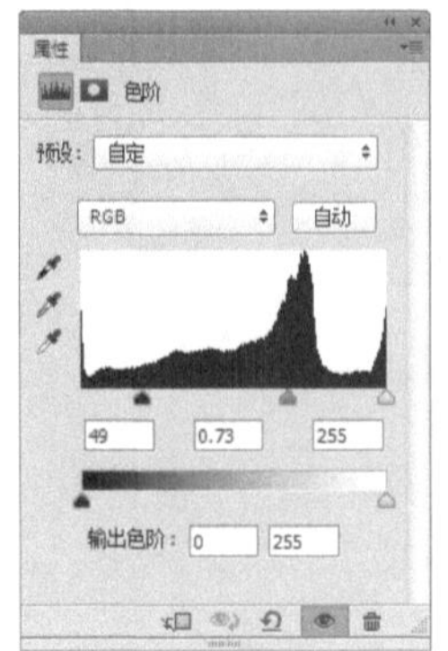

图9-65　　图9-66

（2）单击“图层”控制面板下方的“创建新的填充或调整图层”按钮，在弹出的菜单中选择“图案填充”命令，在“图层”控制面板中生成“图案填充 1”图层，同时弹出“图案填充”对话框，单击“图案”选项右侧的按钮，弹出面板，单击右上方的按钮，在弹出的菜单中选择“艺术表面”命令，弹出提示对话框，单击“追加”按钮。在面板中选中需要的图案，如图9-68所示。返回“图案填充”对话框，选项的设置如图9-69所示，单击“确定”按钮，效果如图9-70所示。

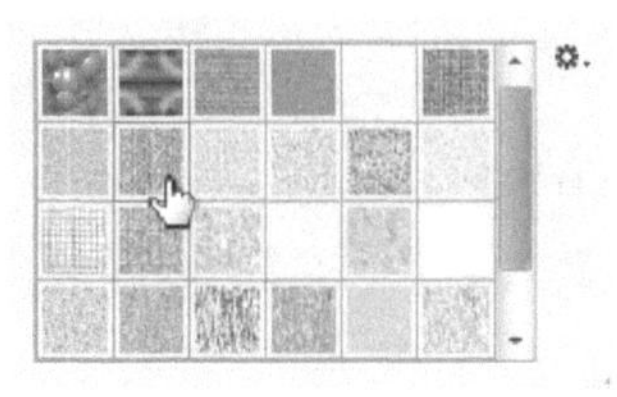

图9-67　　图9-68

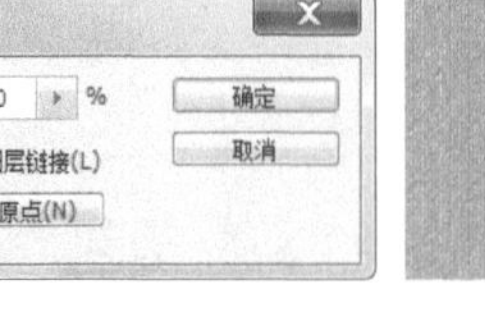

图9-69　　图9-70

（3）在“图层”控制面板上方，将“图案填充1”图层的混合模式选项设为“划分”，“不透明度”选项设为63%，如图9-71所示，图像效果如图9-72所示。

图9-71　　图9-72

（4）单击“图层”控制面板下方的“创建新的填充或调整图层”按钮，在弹出的菜单中选择“曲线”命令，在“图层”控制面板中生成“曲线1”图层，同时弹出“曲线”面板，在曲线上单击鼠标添加控制点，将“输入”选项设为170，“输出”选项设为192；单击鼠标添加控制点，将“输入”选项设为136，“输出”选项设为163；单击鼠标添加控制点，将“输入”选项设为111，“输出”选项设为141；单击鼠标添加控制点，将“输入”选项设为50，“输出”选项设为75，如图9-73所示，按Enter键确认操作，效果如图9-74所示。

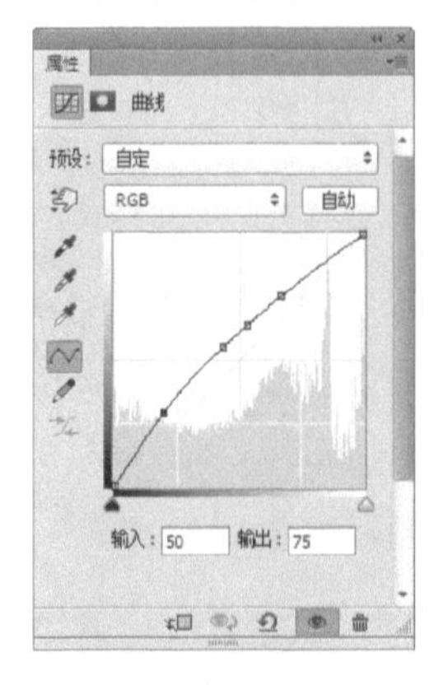

图9-73　　图9-74

（5）将前景色设为白色。选择“横排文字”工具，在适当的位置分别输入需要的文字并选取文字，在属性栏中选择合适的字体并设置其大小，效果如图9-75所示，在“图层”控制面板中分别生成新的文字图层。

（6）选取“青春”文字图层。按Ctrl+T组合键，文字周围出现变换框，在变换框中单击鼠标右键，在弹出的菜单中选择“斜切”命令，向右拖曳上方中间的控制手柄到适当的位置，斜切文字，按Enter键确认操作，效果如图9-76所示。

图9-75

图9-76

（7）单击“图层”控制面板下方的“添加图层样式”按钮fx，在弹出的菜单中选择“描边”命令，弹出对话框，将描边颜色设为深绿色（其R、G、B的值分别为3、59、35），其他选项的设置如图9-77所示。选择“投影”选项，切换到相应的对话框，选项的设置如图9-78所示，单击“确定”按钮，效果如图9-79所示。

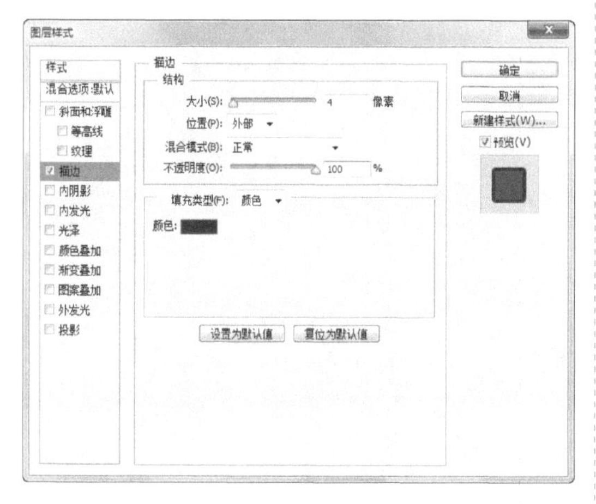

图9-77

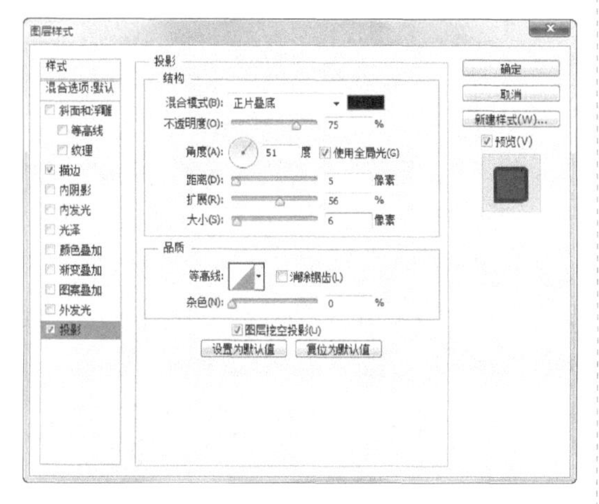

图9-78

图9-79

（8）选取英文文字图层。单击“图层”控制面板下方的“添加图层样式”按钮fx，在弹出的菜单中选择“描边”命令，弹出对话框，将描边颜色设为深绿色（其R、G、B的值分别为3、59、35），其他选项的设置如图9-80所示。选择“投影”选项，切换到相应的对话框，选项的设置如图9-81所示，单击“确定”按钮，效果如图9-82所示。艺术照片制作完成，效果如图9-83所示。

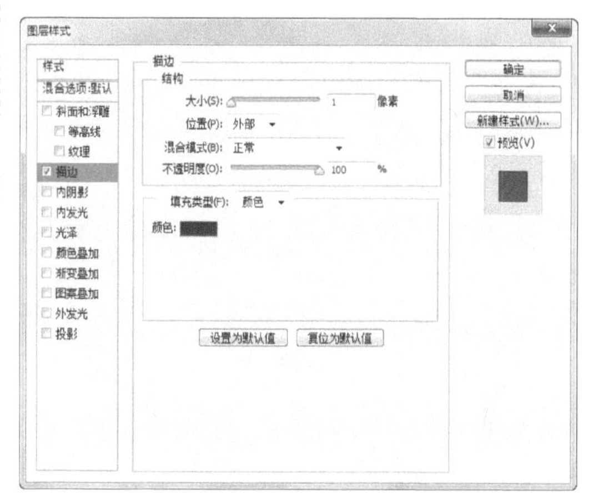

图9-80

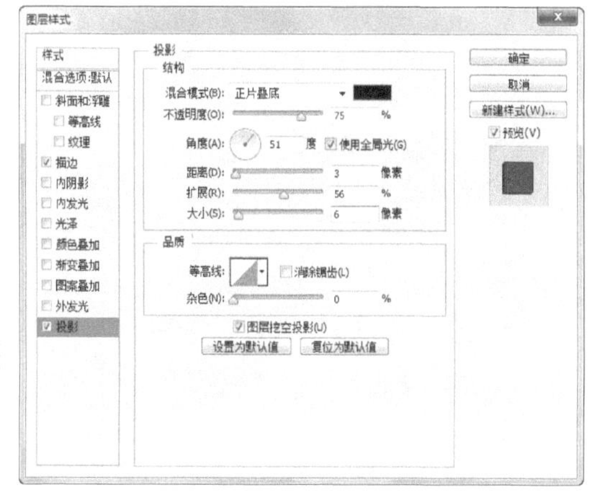

图9-81

图9-82

图9-83

9.3.2 填充图层

选择“图层 > 新建填充图层”命令，或单击“图层”控制面板下方的“创建新的填充和调整图层”按钮，弹出填充图层的3种方式，如图9-84所示，选择其中的一种方式，弹出“新建图层”对话框。这里以“渐变填充”为例，如图9-85所示，单击“确定”按钮，弹出“渐变填充”对话框，如图9-86所示。单击“确定”按钮，“图层”控制面板和图像的效果如图9-87和图9-88所示。

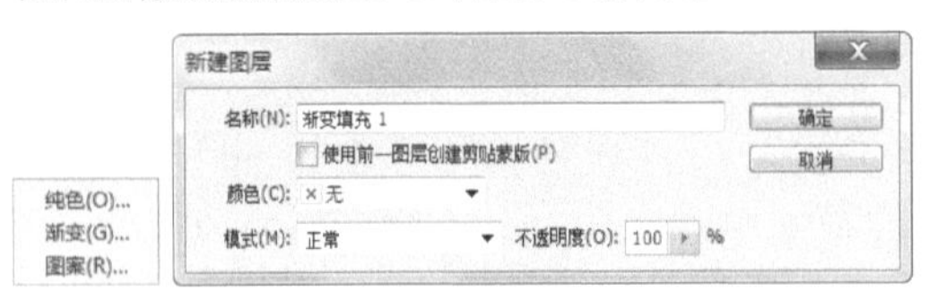

图9-84 图9-85

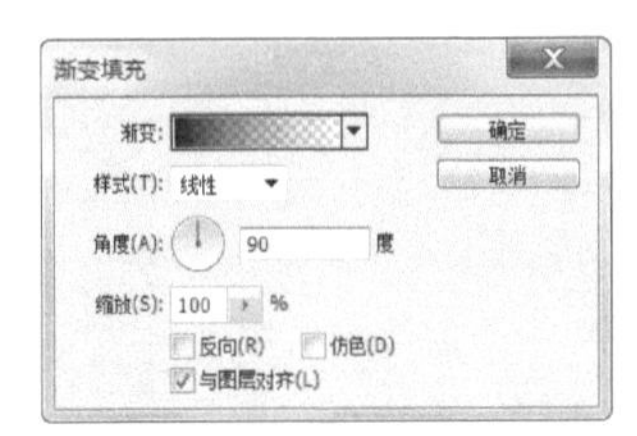

图9-86

图9-87

图9-88

9.3.3 调整图层

选择“图层 > 新建调整图层”命令，或单击“图层”控制面板下方的“创建新的填充或调整图层”按钮，弹出调整图层的多种方式，如图9-89所示，选择其中的一种方式，将弹出“新建图层”对话框，如图9-90所示，选择不同的调整方式，将弹出不同的调整面板。以“色相/饱和度”为例，如图9-91所示，按Enter键确认操作，“图层”控制面板和图像的效果如图9-92和图9-93所示。

图9-89

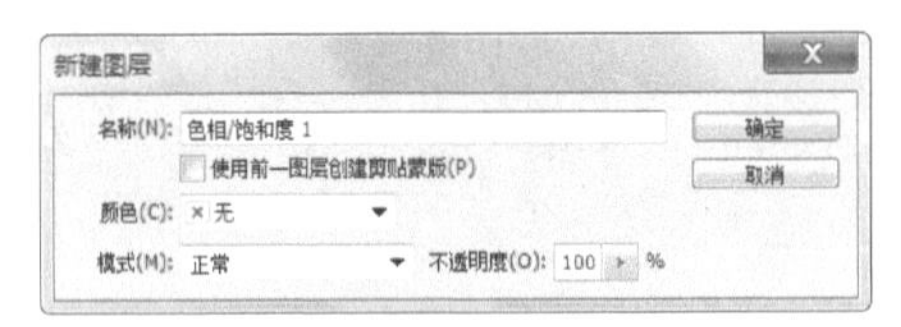

图9-90

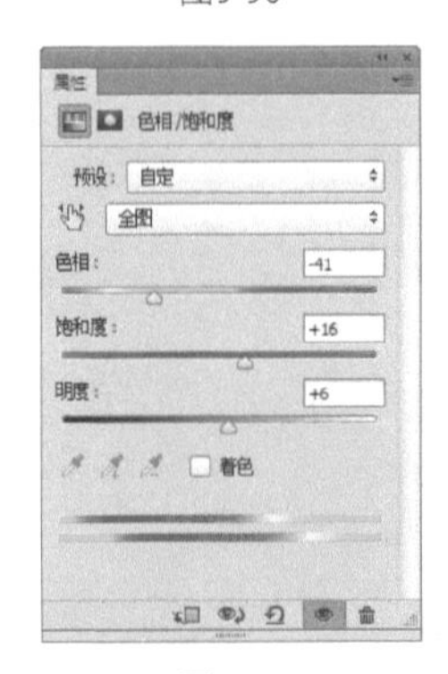

图9-91

图9-92

图9-93

9.4 图层复合、盖印图层与智能对象图层

应用图层复合、盖印图层和智能对象图层可以提高制作图像的效率，快速地得到制作过程中的步骤效果。

9.4.1 图层复合

图层复合可将同一文件中的不同图层效果组合并另存为多个“图层效果组合”，可以更加方便快捷地展示和比较不同图层组合设计的视觉效果。

1. 控制面板

设计好的图像效果如图9-94所示，“图层”控制面板如图9-95所示。选择“窗口 > 图层复合”命令，弹出“图层复合”控制面板，如图9-96所示。

图9-94

图9-95

图9-96

2. 创建图层复合

单击“图层复合”控制面板右上方的图标，在弹出的菜单中选择“新建图层复合”命令，弹出“新建图层复合”对话框，如图9-97所示，单击“确定”按钮，建立“图层复合1”，如图9-98所示，所建立的“图层复合1”中存储的是当前制作的效果。

再对图像进行修饰和编辑，图像效果如图9-99所示，“图层”控制面板如图9-100所示。选择“新建图层复合”命令，建立“图层复合2”，如图9-101所示，所建立的“图层复合2”中存储的是修饰编辑后制作的效果。

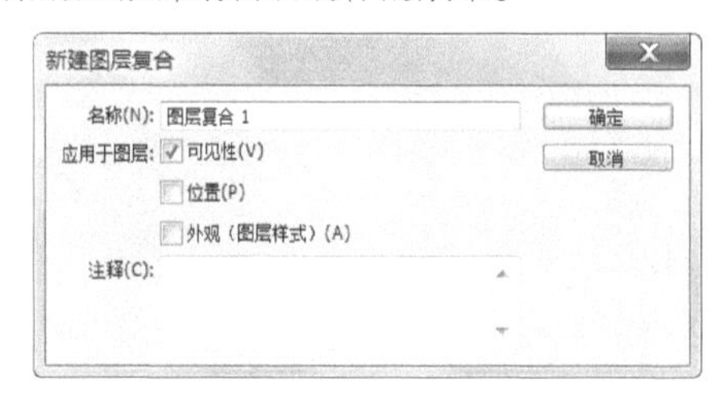

图9-97

图9-98

图9-99

图9-100

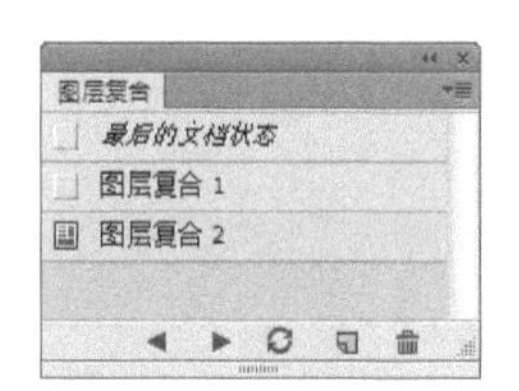

图9-101

3. 查看图层复合

在“图层复合”控制面板中，单击“图层复合1”左侧的方框，显示图标，如图9-102所示，可以观察“图层复合1”中的图像，效果如图9-103所示。单击“图层复合2”左侧的方框，显示图标，如图9-104所示，可以观察“图层复合2”中的图像，效果如图9-105所示。

单击“应用选中的上一图层复合”按钮和“应用选中的下一图层复合”按钮，可以快

速对两次的图像编辑效果进行比较。

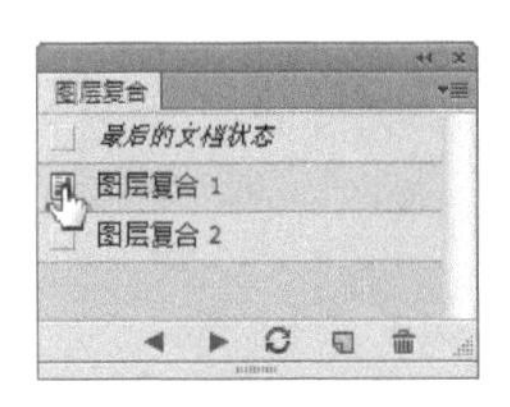

图9-102

图9-103

图9-104

图9-105

9.4.2 盖印图层

盖印图层是将图像窗口中所有当前显示出来的图像合并到一个新的图层中。

在“图层”控制面板中选中一个可见图层，如图9-106所示。按Alt+Shift+Ctrl+E组合键，将每个图层中的图像复制并合并到一个新的图层中，如图9-107所示。

图9-106

图9-107

> **提 示**
>
> 在执行此操作时，必须选择一个可见的图层，否则将无法实现此操作。

9.4.3 智能对象图层

智能对象可以将一个或多个图层，甚至是一个矢量图形文件包含在Photoshop文件中。以智能对象形式嵌入Photoshop文件中的位图或矢量文件与当前的Photoshop文件能够保持相对的独立性。当对Photoshop文件进行修改或对智能对象进行变形、旋转时，不会影响嵌入的位图或矢量文件。

1. 创建智能对象

选择“文件 > 置入”命令，为当前的图像文件置入一个矢量文件或位图文件。

选中一个或多个图层后，选择“图层 > 智能对象 > 转换为智能对象”命令，可以将选中的图层转换为智能对象图层。

在Illustrator软件中对矢量对象进行复制，再回到Photoshop软件中将复制的对象进行粘贴，创建智能对象图层。

2. 编辑智能对象

打开一幅图像，图像效果和“图层”控制面板如图9-108和图9-109所示。

图9-108

图9-109

双击“小熊”图层的缩览图，Photoshop CS6将打开一个新文件，即为智能对象“小熊”，如图9-110所示。此智能对象文件包含一个普通图层，如图9-111所示。

图9-110

图9-111

在智能对象文件中对图像进行修改并保存，效果如图9-112所示。保存修改后，修改操作将影响嵌入此智能对象文件的图像最终效果，如图9-113所示。

图9-112

图9-113

课堂练习——制作美食城堡宣传单

【练习知识要点】使用图案填充命令、图层的混合模式和不透明度选项制作底纹，使用色阶调整层调整图片颜色，使用图层样式为图片和文字添加特殊效果，使用横排文字工具、栅格化文字命令和自由变换命令制作标题文字，最终效果如图9-114所示。

【效果所在位置】Ch09/效果/制作美食城堡宣传单. psd。

图9-114

课后习题——制作网页播放器

【习题知识要点】使用色相/饱和度命令调整背景图形，使用矩形工具、填充选项和样式面板制作底图，使用形状工具和图层样式制作按钮图形，使用横排文字工具添加播放器文字，最终效果如图9-115所示。

【效果所在位置】Ch09/效果/制作网页播放器.psd。

图9-115

第 10 章

应用文字

本章介绍

本章主要介绍Photoshop中文字的应用技巧。通过对本章的学习，读者可以了解并掌握文字的功能及特点，快速地掌握点文字、段落文字的输入方法以及变形文字的设置和路径文字的制作技巧。

学习目标

◆ 熟练掌握文字的输入和编辑的技巧。
◆ 熟练掌握创建变形文字与路径文字的技巧。

技能目标

◆ 掌握“房地产广告”的制作方法。
◆ 掌握“金融宣传单”的制作方法。

10.1 文字的输入与编辑

应用文字工具可以输入文字，使用字符和段落控制面板可以对文字进行编辑和调整。

10.1.1　课堂案例——制作房地产广告

【案例学习目标】学习使用横排文字工具添加广告文字。

【案例知识要点】使用绘图工具绘制插画背景，使用横排文字工具和图层样式制作标题文字，使用直线工具和自定形状工具绘制装饰图形，使用横排文字工具添加宣传文字，最终效果如图10-1所示。

【效果所在位置】Ch10/效果/制作房地产广告.psd。

图10-1

1. 绘制背景图形

（1）按Ctrl+N组合键，新建一个文件，宽度为21厘米，高度为29.7厘米，分辨率为300像素/英寸，颜色模式为RGB，背景内容为白色，单击“确定”按钮。

（2）按Ctrl+O组合键，打开本书学习资源中的“Ch10 > 素材 > 制作房地产广告 > 01”文件，选择“移动”工具，将01图片拖曳到新建文件的适当位置，效果如图10-2所示，在“图层”控制面板中生成新的图层并将其命名为“楼盘”。

（3）新建图层并将其命名为“形状1”。选择“钢笔”工具，在属性栏中的“选择工具模式”选项中选择“路径”，在图像窗口中绘制不规则路径。按Ctrl+Enter组合键，将路径转化为选区，效果如图10-3所示。

图10-2

图10-3

（4）选择“渐变”工具，单击属性栏中的“点按可编辑渐变”按钮，弹出“渐变编辑器”对话框，将渐变色设为从墨绿色（其R、G、B的值分别为15、76、75）到绿色（其R、G、B的值分别为41、133、134），如图10-4所示，单击“确定”按钮。按住Shift键的同时，在选区中从下向上拖曳渐变色，效果如图10-5所示。按Ctrl+D组合键，取消选区。

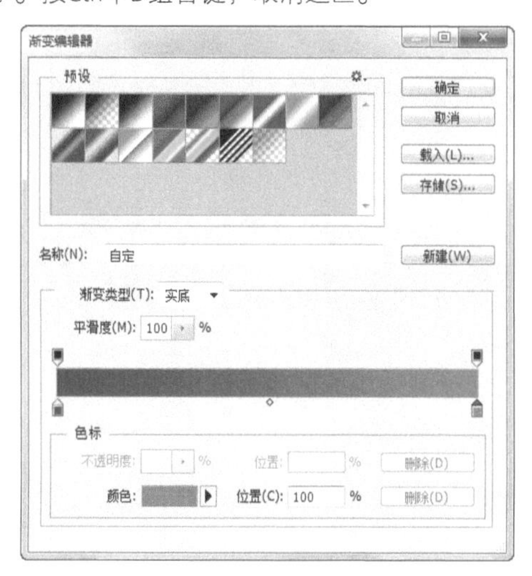

图10-4

图10-5

（5）将前景色设为绿色（其R、G、B的值分别为104、175、41）。选择“钢笔”工具，在属性栏中的“选择工具模式”选项中选择“形状”，在图像窗口中绘制不规则图形，效果如图10-6所示。在“图层”控制面板中生成新的图层“形状2”，如图10-7所示。

图10-6　图10-7

（6）将前景色设为蓝色（其R、G、B的值分别为0、183、238）。选择“椭圆”工具，在属性栏中的“选择工具模式”选项中选择“形状”，按住Shift键的同时，在图像窗口中绘制圆形，效果如图10-8所示，在“图层”控制面板中生成新的图层“椭圆1”。

图10-8　图10-9

（7）在“图层”控制面板上方，将该图层的“不透明度”选项设为34%，如图10-9所示，按Enter键确认操作，图像效果如图10-10所示。用相同方法绘制其他的圆形，填充适当的颜色并设置不透明度，图像效果如图10-11所示。

图10-10　图10-11

2．添加宣传文字和装饰图形

（1）将前景色设为白色。选择“横排文字”工具，在图像窗口中输入需要的文字并选取文字，在属性栏中选择合适的字体并设置其大小，效果如图10-12所示，在“图层”控制面板中生成新的文字图层。单击“图层”控制面板下方的“添加图层样式”按钮，在弹出的菜单中选择“投影”命令，在弹出的对话框中进行设置，如图10-13所示，单击“确定”按钮，效果如图10-14所示。

图10-12

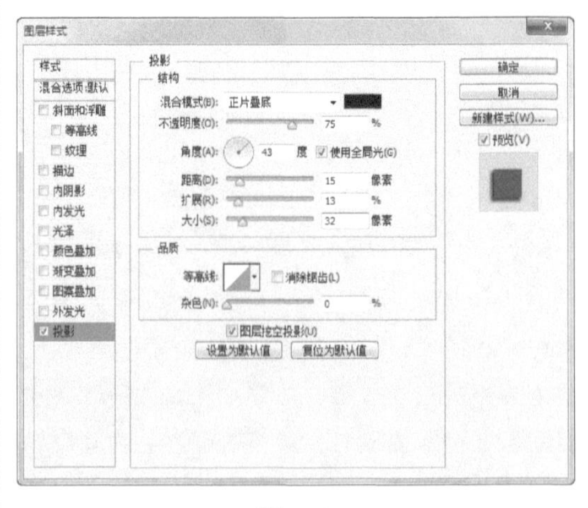

图10-13

图10-14

（2）新建图层并将其命名为“直线”。选择“直线”工具[/]，在属性栏中的“选择工具模式”选项中选择“像素”，将“粗细”选项设为8px。按住Shift键的同时，在图像窗口中拖曳鼠标绘制直线，效果如图10-15所示。选择“移动”工具[+]，按住Alt+Shift组合键的同时，水平向右拖曳直线到适当的位置，复制直线，效果如图10-16所示。

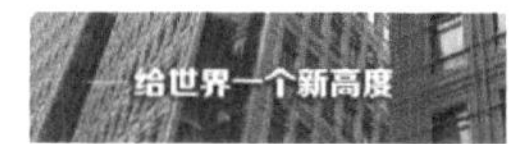

图10-15

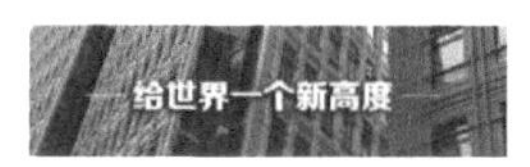

图10-16

（3）选择“横排文字”工具[T]，在图像窗口中输入需要的文字并选取文字，在属性栏中选择合适的字体并设置文字大小，效果如图10-17所示，在“图层”控制面板中生成新的文字图层。

图10-17

（4）单击“图层”控制面板下方的“添加图层样式”按钮[fx]，在弹出的菜单中选择“投影”命令，在弹出的对话框中进行设置，如图10-18所示，单击“确定”按钮，效果如图10-19所示。用相同的方法添加其他文字，效果如图10-20所示。

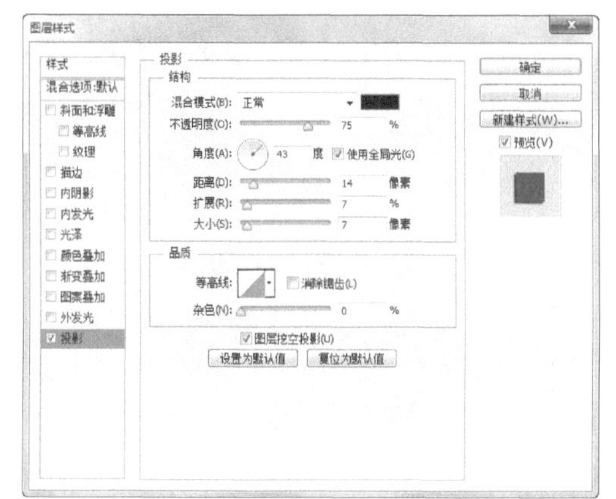

图10-18

图10-19

图10-20

（5）按Ctrl+O组合键，打开本书学习资源中的“Ch10 > 素材 > 制作房地产广告 > 02”文件，选择“移动”工具[+]，将02图片拖曳到图像窗口适当的位置，效果如图10-21所示，在“图层”控制面板中生成新的图层并将其命名为“花纹”。

图10-21

（6）单击“图层”控制面板下方的“添加图层样式”按钮[fx]，在弹出的菜单中选择“投影”命令，在弹出的对话框中进行设置，如图10-22所示，单击“确定”按钮，效果如图10-23所示。

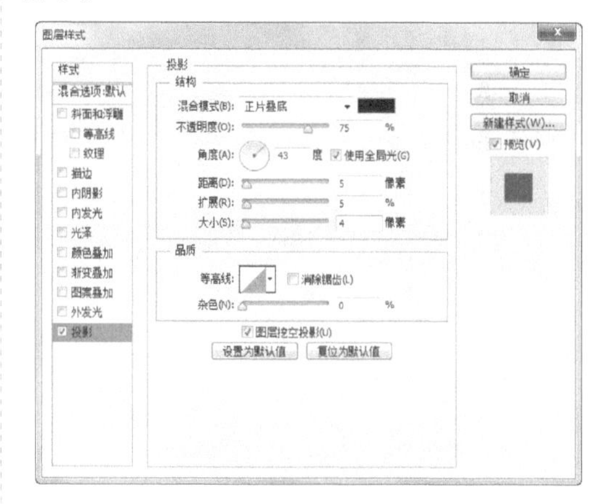

图10-22

图10-23

（7）将前景色设为金黄色（其R、G、B的值分别为235、182、113）。选择“横排文字”工具，在图像窗口中输入需要的文字并选取文字，在属性栏中选择合适的字体并设置其大小，效果如图10-24所示，在“图层”控制面板中生成新的文字图层。

图10-24

（8）单击“图层”控制面板下方的“添加图层样式”按钮，在弹出的菜单中选择“投影”命令，在弹出的对话框中进行设置，如图10-25所示，单击“确定”按钮，效果如图10-26所示。

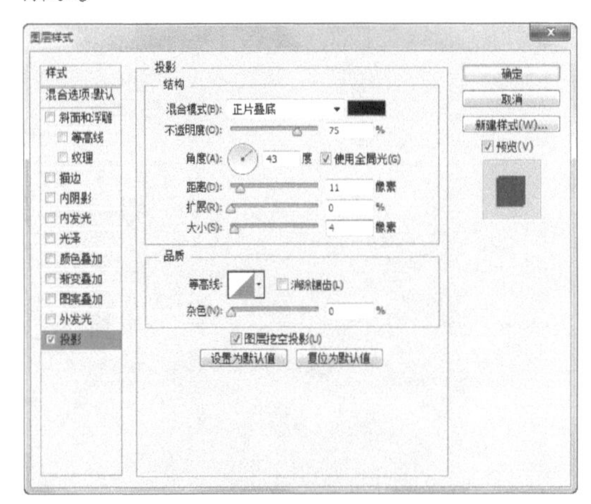

图10-25

图10-26

（9）新建图层并将其命名为“鸟”。将前景色设为黄绿色（其R、G、B的值分别为224、245、142）。选择“自定形状”工具，单击属性栏中的“形状”选项，弹出“形状”面板，单击右上方的按钮，在弹出的菜单中选择“动物”选项，弹出提示对话框，单击“追加”按钮。在面板中选择需要的图形，如图10-27所示。按住Shift键的同时，拖曳鼠标绘制图形，效果如图10-28所示。

（10）按Ctrl+T组合键，在图像周围出现变换框，将变换框放在控制手柄的外边，光标将变为旋转图标，拖曳鼠标将图形旋转到适当的角度；拖曳右侧中间和下方中间的控制手柄，调整图形，按Enter键确认操作，效果如图10-29所示。

图10-27

图10-28　　图10-29

（11）在“图层”控制面板上方，将“鸟”图层的“不透明度”选项设为31%，如图10-30所示，按Enter键确认操作，图像效果如图10-31所示。选择“移动”工具，按住Alt键的同时，向上拖曳鼠标复制图像，并调整其大小，效果如图10-32所示，在“图层”控制面板中生成新的图层“鸟 副本”。

图10-30

图10-31　　图10-32

（12）将前景色设为白色。选择“横排文字”工具[T]，在图像窗口中分别输入需要的文字并选取文字，在属性栏中分别选择合适的字体并设置大小，效果如图10-33所示，在“图层”控制面板中分别生成新的文字图层。

（13）选择“直线”工具[/]，在属性栏中的“选择工具模式”选项中选择“形状”，将“粗细”选项设为5px，按住Shift键的同时，在图像窗口中拖曳鼠标绘制直线，效果如图10-34所示。

图10-33　　图10-34

（14）按Ctrl+O组合键，打开本书学习资源中的“Ch10 > 素材 > 制作房地产广告 > 03”文件，选择“移动”工具[▸+]，将03图片拖曳到图像窗口适当的位置，效果如图10-35所示，在“图层”控制面板中生成新的图层并将其命名为“LOGO”。

（15）选择“横排文字”工具[T]，在图像窗口中分别输入需要的文字并选取文字，在属性栏中分别选择合适的字体并设置其大小，效果如图10-36所示，在“图层”控制面板中分别生成新的文字图层。房地产广告制作完成，效果如图10-37所示。

图10-35　　图10-36

图10-37

10.1.2 输入水平、垂直文字

选择“横排文字”工具[T]，或按T键，其属性栏状态如图10-38所示。

图10-38

切换文本取向[ ]：用于切换文字输入的方向。

[宋体]：用于设定文字的字体及属性。

[12点]：用于设定字体的大小。

[锐利]：用于消除文字的锯齿，包括无、锐利、犀利、浑厚和平滑5个选项。

[ ]：用于设定文字的段落格式，分别是左对齐、居中对齐和右对齐。

[ ]：用于设置文字的颜色。

创建文字变形[ ]：用于对文字进行变形操作。

切换字符和段落面板：用于打开“段落”和“字符”控制面板。

取消所有当前编辑：用于取消对文字的操作。

提交所有当前编辑：用于确定对文字的操作。

选择“直排文字”工具，可以在图像中建立垂直文本，创建直排文字工具属性栏和创建横排文本工具属性栏的功能基本相同。

10.1.3 创建文字形状选区

“横排文字蒙版”工具：可以在图像中建立文本的选区，创建文本选区工具属性栏和创建文本工具属性栏的功能基本相同。

“直排文字蒙版”工具：可以在图像中建立垂直文本的选区，创建直排文本选区工具属性栏和创建文本工具属性栏的功能基本相同。

10.1.4 字符设置

“字符”控制面板用于编辑文本字符。选择“窗口 > 字符”命令，弹出“字符”控制面板，如图10-39所示。

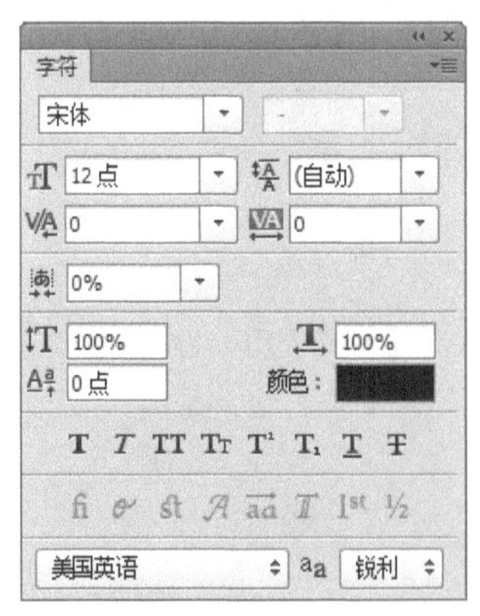

图10-39

单击字体选项右侧的按钮，在其下拉列表中选择字体。

在设置字体大小选项的数值框中直接输入数值，或单击选项右侧的按钮，在其下拉列表中选择字体大小的数值。

在设置行距选项的数值框中直接输入数值，或单击选项右侧的按钮，在其下拉列表中选择需要的行距数值，可以调整文本段落的行距，效果如图10-40所示。

数值为30时的文字效果

数值为48时的文字效果

数值为70时的文字效果

图10-40

在两个字符间插入光标，在设置两个字符间的字距微调选项的数值框中输入数值，或单击选项右侧的按钮，在其下拉列表中选择需要的字距数值。输入正值时，字符的间距加大；输入负值时，字符的间距缩小，效果如图10-41所示。

数值为0时的文字效果

数值为200时的文字效果

数值为-200时的文字效果

图10-41

在设置所选字符的字距调整选项 0 的数值框中直接输入数值，或单击选项右侧的按钮，在其下拉列表中选择字距数值，可以调整文本段落的字距。输入正值时，字距加大；输入负值时，字距缩小，效果如图10-42所示。

数值为0时的效果

数值为100时的效果

数值为-100时的效果

图10-42

在设置所选字符的比例间距选项 0% 的下拉列表中选择百分比数值，可以对所选字符的比例间距进行细微的调整，效果如图10-43所示。

数值为0%时的文字效果

数值为100%时的文字效果

图10-43

在垂直缩放选项 100% 的数值框中直接输入数值，可以调整字符的高度，效果如图10-44所示。

数值为100%时的文字效果

数值为150%时的文字效果

图10-44

数值为200%时的文字效果

图10-44（续）

在水平缩放选项 100% 的数值框中输入数值，可以调整字符的宽度，效果如图10-45所示。

数值为100%时的文字效果

数值为120%时的文字效果

数值为180%时的文字效果

图10-45

选中字符，在设置基线偏移选项 0点 的数值框中直接输入数值，可以调整字符上下移动。输入正值时，水平字符将上移，直排的字符将右移；输入负值时，水平字符将下移，直排的字符将左移，效果如图10-46所示。

选中字符

数值为20时的文字效果

数值为-20时的文字效果

图10-46

在设置文本颜色图标颜色：上单击，弹出“选择文本颜色”对话框，在对话框中设置需要的颜色后，单击“确定”按钮，改变文字的颜色。

设定字符形式：从左到右依次为“仿粗体”按钮、“仿斜体”按钮、“全部大写字母”按钮、“小型大写字母”按钮、“上标”按钮、“下标”按钮、“下划线”按钮和“删除线”按钮。单击需要的按钮，得到的不同形式效果如图10-47所示。

正常效果

仿粗体效果

仿斜体效果

全部大写字母效果

小型大写字母效果

上标效果

下标效果

下划线效果

图10-47

删除线效果

图10-47（续）

单击语言设置选项美国英语右侧的按钮，在其下拉列表中选择需要的字典。选择字典主要用于拼写检查和连字的设定。

消除锯齿的方法选项锐利可以选择无、锐利、犀利、浑厚和平滑5种消除锯齿的方法。

10.1.5 输入段落文字

建立段落文字图层就是以段落文字框的方式建立文字图层。

选择“横排文字”工具，将鼠标指针移动到图像窗口中，鼠标光标变为图标。单击并按住鼠标左键不放，拖曳鼠标，在图像窗口中创建一个段落定界框，如图10-48所示。插入点显示在定界框的左上角，段落定界框具有自动换行的功能，如果输入的文字较多，则当文字遇到定界框时，会自动换到下一行显示，输入文字，效果如图10-49所示。

如果输入的文字需要分段落，可以按Enter键进行操作，还可以对定界框进行旋转、拉伸等操作。

图10-48

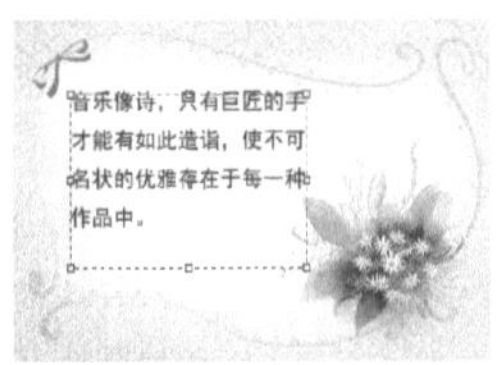

图10-49

10.1.6 段落设置

“段落”控制面板用于编辑文本段落。选择“窗口 > 段落”命令，弹出“段落”控制面板，如图10-50所示。

图10-50

：用于调整文本段落中每行的对齐方式，包括左对齐、中间对齐和右对齐。

：用于调整段落的对齐方式，包括段落最后一行左对齐、段落最后一行中间对齐和段落最后一行右对齐。

全部对齐：用于设置整个段落中的行两端对齐。

左缩进：在选项中输入数值可以设置段落左端的缩进量。

右缩进：在选项中输入数值可以设置段落右端的缩进量。

首行缩进：在选项中输入数值可以设置段落第一行的左端缩进量。

段前添加空格：在选项中输入数值可以设置当前段落与前一段落的距离。

段后添加空格：在选项中输入数值可以设置当前段落与后一段落的距离。

避头尾法则设置、间距组合设置：用于设置段落的样式。

连字：用于确定文字是否与连字符链接。

10.1.7　栅格化文字

"图层"控制面板如图10-51所示。选择"文字 > 栅格化文字图层"命令，可以将文字图层转换为图像图层，如图10-52所示。也可用鼠标右键单击文字图层，在弹出的菜单中选择"栅格化文字"命令。

图10-51

图10-52

10.1.8　载入文字的选区

按住Ctrl键的同时，单击文字图层的缩览图，即可载入文字选区。

10.2　创建变形与路径文字

在Photoshop中，应用创建变形文字与路径文字命令可以制作出多样的文字效果。

10.2.1　课堂案例——制作金融宣传单

【**案例学习目标**】学习使用文字工具添加宣传单文字。

【**案例知识要点**】使用横排文字工具输入需要的文字，使用字符面板调整字距和行距，使用文字变形命令制作变形文字，最终效果如图10-53所示。

【**效果所在位置**】Ch10/效果/制作金融宣传单.psd。

图10-53

（1）按Ctrl＋N组合键，新建一个文件，宽度为28.2厘米，高度为42.3厘米，分辨率为150像素/英寸，颜色模式为RGB，背景内容为白色，单击“确定”按钮。

（2）按Ctrl+O组合键，打开本书学习资源中的“Ch10 > 素材 > 制作金融宣传单 > 01”文件，选择“移动”工具，将01图片拖曳到图像窗口的适当位置，效果如图10-54所示，在“图层”控制面板中生成新的图层并将其命名为“图片”。选择“套索”工具，在图像窗口中拖曳鼠标绘制选区，如图10-55所示。

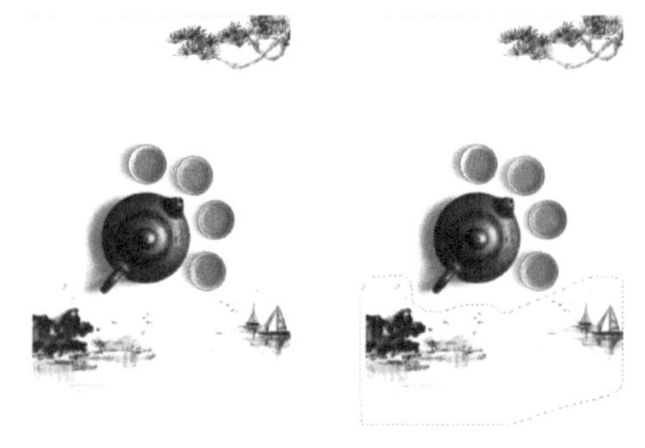

图10-54　　图10-55

（3）单击“图层”控制面板下方的“创建新的填充或调整图层”按钮，在弹出的菜单中选择“色彩平衡”命令，在“图层”控制面板中生成“色彩平衡1”图层，同时弹出“色彩平衡”面板，选项的设置如图10-56所示，按Enter键确认操作，图像效果如图10-57所示。

（4）新建图层并将其命名为“矩形框”。将前景色设为深红色（其R、G、B的值分别为82、1、1）。选择“矩形选框”工具，在图像窗口中绘制矩形选区，如图10-58所示。按Alt+Delete组合键，用前景色填充选区。按Ctrl+D组合键，取消选区，效果如图10-59所示。

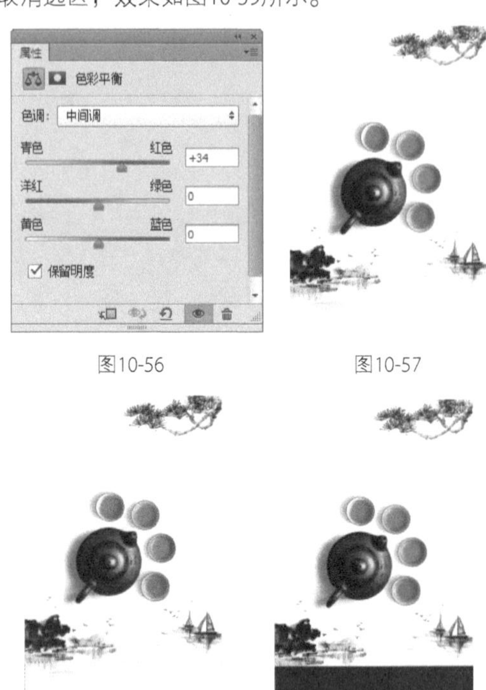

图10-56　　图10-57

图10-58　　图10-59

（5）将前景色设为红色（其R、G、B的值分别为146、2、2）。选择“横排文字”工具，在图像窗口中输入文字并选取文字，在属性栏中选择合适的字体并设置其大小，单击鼠标右键，在弹出的菜单中选择“仿斜体”命令，倾斜文字，效果如图10-60所示，在“图层”控制面板中生成新的文字图层。

（6）选择“横排文字”工具，在图像窗口中分别输入需要的文字并选取文字，在属性栏中选择合适的字体并设置其大小，如图10-61所示，在“图层”控制面板中分别生成新的文字图层。按住Shift键的同时，将刚输入的文字图层选取。单击属性栏中的“创建变形文本”按钮，在弹出的对话框中进行设置，如图10-62所示，单击“确定”按钮，效果如图10-63所示。

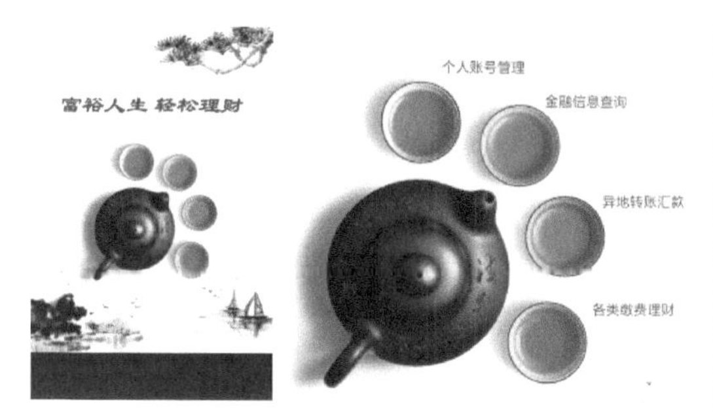

图10-60　　　　图10-61

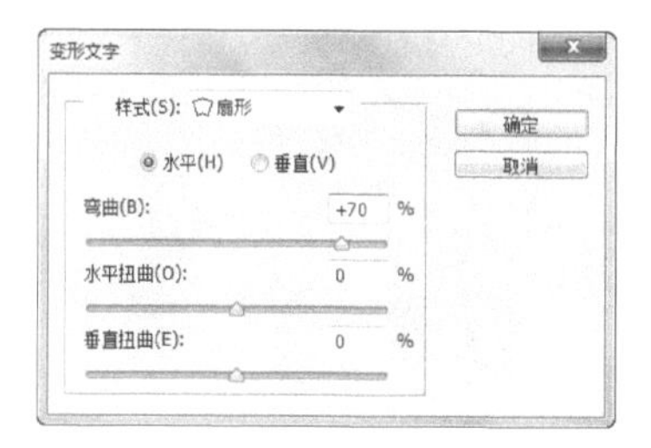

图10-62

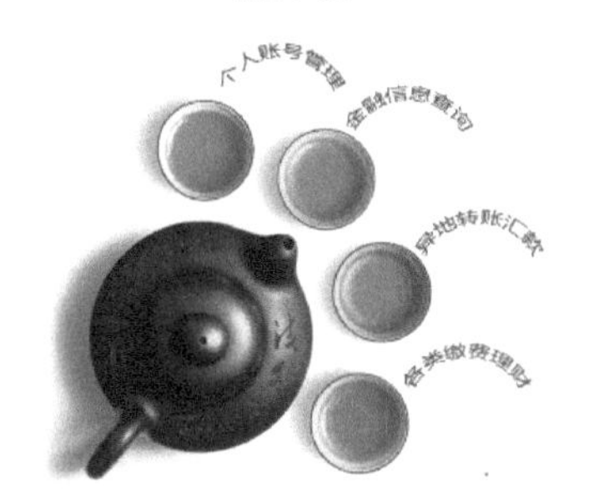

图10-63

（7）选择“个人账户管理”文字图层。选择“移动”工具，在图像窗口中将其拖曳到适当位置，效果如图10-64所示。选择“金融信息查询”文字图层，按Ctrl+T组合键，在图形周围出现变换框，将鼠标光标放在变换框的控制手柄外边，光标变为旋转图标，拖曳鼠标调整其角度和位置，按Enter键确定操作，效果如图10-65所示。用相同的方法调整其他文字的角度和位置，如图10-66所示。

（8）将前景色设为白色。选择“横排文字”工具，在图像窗口中输入需要的文字并选取文字，在属性栏中选择合适的字体并设置其大小，在“图层”控制面板中生成新的文字图层。选择“窗口 > 字符”命令，弹出“字符”面板，选项的设置如图10-67所示，按Enter键确认操作，效果如图10-68所示。

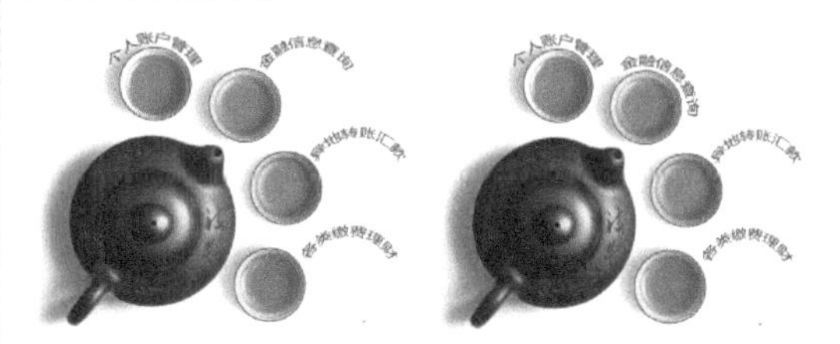

图10-64　　　　图10-65

图10-66

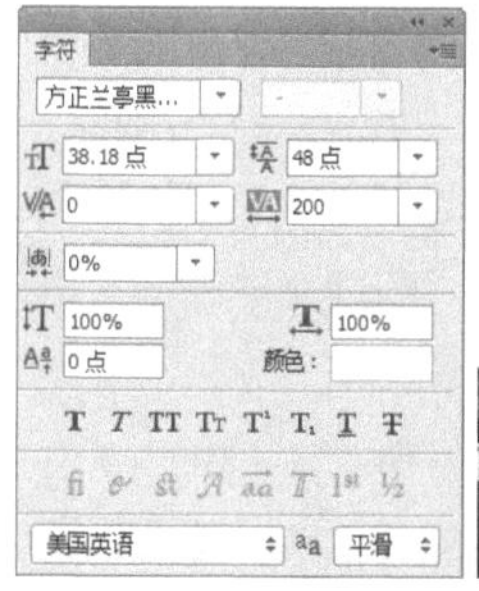

图10-67　　　　图10-68

（9）将前景色设为黑色。选择“横排文字”工具，在图像窗口中输入需要的文字并选取文字，在属性栏中选择合适的字体并设置其大小，在“图层”控制面板中生成新的文字图层。在“字符”面板中进行设置，如图10-69所示，按Enter键确认操作，效果如图10-70所示。

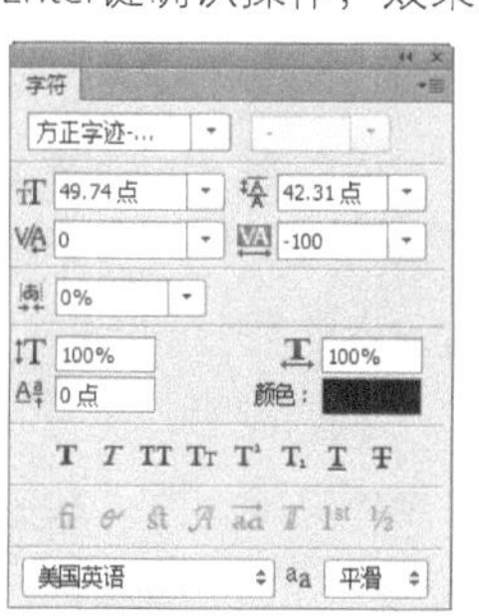

图10-69　　　　图10-70

（10）选择“横排文字”工具T，在图像窗口中输入需要的文字并选取文字，在属性栏中选择合适的字体并设置大小，在“图层”控制面板中生成新的文字图层。在“字符”面板中进行设置，如图10-71所示，按Enter键确认操作，效果如图10-72所示。

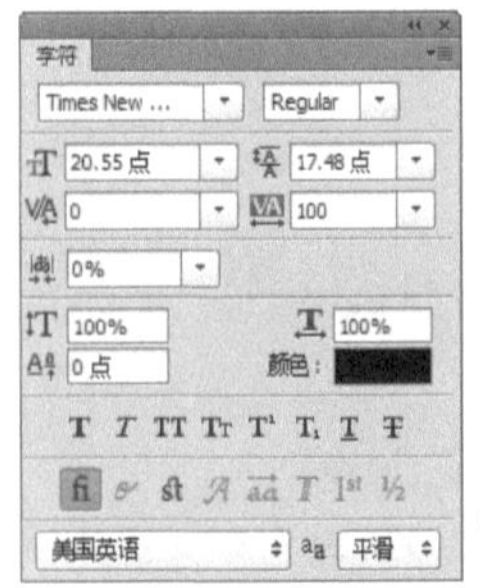

图10-71

图10-72

（11）新建图层并将其命名为“图标”。将前景色设为红色（其R、G、B的值分别设为146、2、2）。选择“自定形状”工具，单击属性栏中“形状”选项右侧的按钮，弹出形状面板。单击面板右上方的按钮，在弹出的菜单中选择“全部”命令，弹出提示对话框，单击“确定”按钮。在面板中选择需要的形状，如图10-73所示。在属性栏中的“选择工具模式”选项中选择“像素”，按住Shift键的同时，在图像窗口中拖曳鼠标绘制图形，效果如图10-74所示。

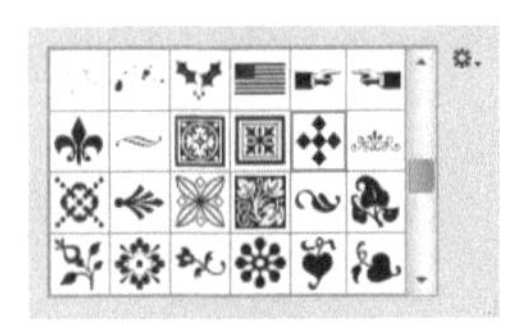

图10-73

图10-74

（12）新建图层并将其命名为“圆环”。选择“自定形状”工具，单击属性栏中“形状”选项右侧的按钮，弹出形状面板，在面板中选择需要的图形，如图10-75所示。按住Shift键的同时，在图像窗口中拖曳鼠标绘制图形，效果如图10-76所示。金融宣传单制作完成，效果如图10-77所示。

图10-75

图10-76

图10-77

10.2.2 变形文字

变形文字命令可以对文字进行多种样式的变形，如扇形、旗帜、波浪、膨胀和扭转等。

1. 制作扭曲变形文字

打开一幅图像。选择“横排文字”工具T，在属性栏中设置文字的属性，如图10-78所示，将鼠标指针移动到图像窗口中，鼠标指针将变成I图标。在图像窗口中单击，此时会出现一个文字的插入点，输入需要的文字，效果如图10-79所示，在“图层”控制面板中生成新的文字图层。

单击属性栏中的“创建文字变形”按钮，弹出“变形文字”对话框，如图10-80所示，其中“样式”选项中有15种文字的变形效果，如图10-81所示。

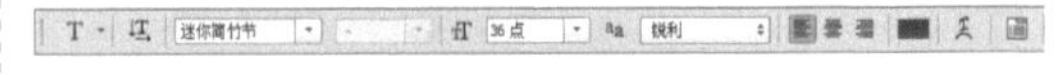

图10-78

图10-79

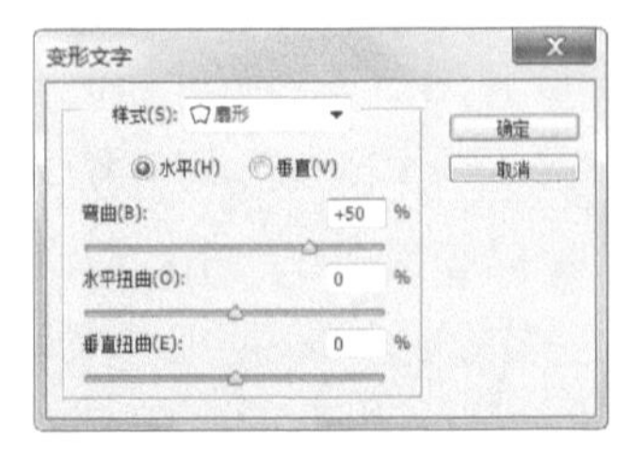

图10-80

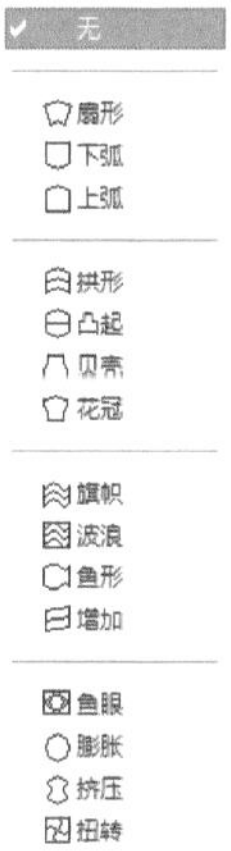

无
扇形
下弧
上弧
拱形
凸起
贝壳
花冠
旗帜
波浪
鱼形
增加
鱼眼
膨胀
挤压
扭转

图10-81

文字的多种变形效果，如图10-82所示。

花草世界
扇形
下弧
上弧
拱形
凸起
贝壳
花冠
旗帜
波浪
鱼形
增加
鱼眼
膨胀
挤压
扭转

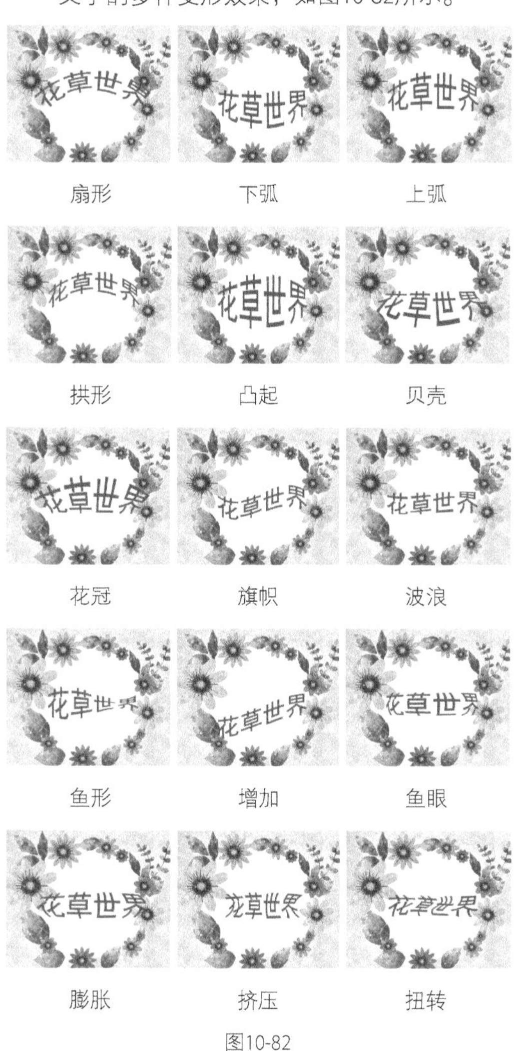

图10-82

2. 设置变形选项

如果要修改文字的变形效果，可以调出“变形文字”对话框，在对话框中重新设置样式或更改当前应用样式的数值。

3. 取消文字变形效果

如果要取消文字的变形效果，可以调出“变形文字”对话框，在“样式”选项的下拉列表中选择“无”。

10.2.3　路径文字

在Photoshop中可以将文字建立在路径上，并应用路径对文字进行调整。

1. 在路径上创建文字

选择“钢笔”工具，在图像中绘制一条路径，如图10-83所示。选择“横排文字”工具，将鼠标指针放在路径上，鼠标指针将变为图标，如图10-84所示，单击路径出现闪烁的光标，此处为输入文字的起始点。输入的文字会沿着路径的形状进行排列，效果如图10-85所示。

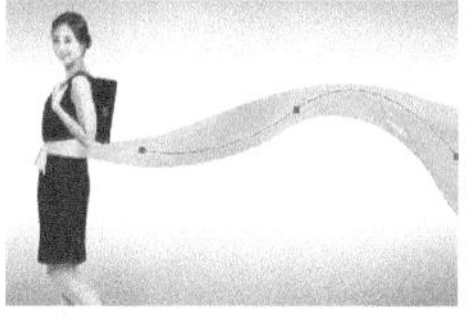

图10-83

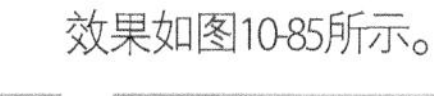

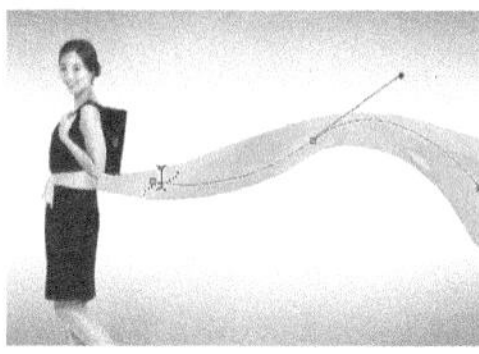

图10-84

爱自己、爱生活、浪漫人生。

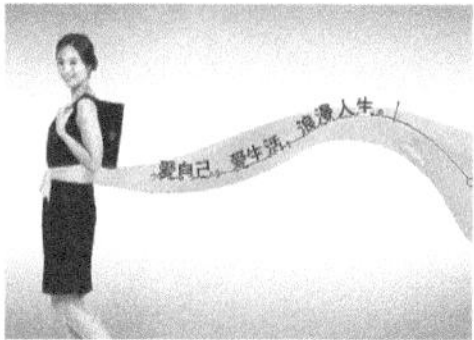

图10-85

文字输入完成后，在“路径”控制面板中会自动生成文字路径层，如图10-86所示。取消“视图 > 显示额外内容”命令的选中状态，可以隐藏文字路径，如图10-87所示。

路径
工作路径
爱自己，爱生活，浪漫...

图10-86

爱自己、爱生活、浪漫人生。

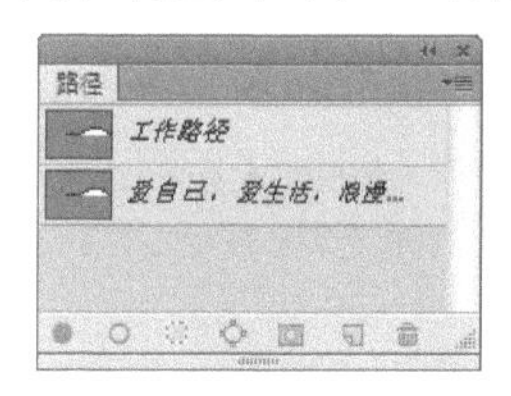

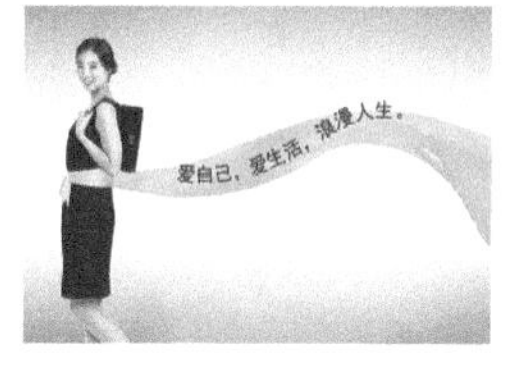

图10-87

提示

“路径”控制面板中的文字路径层与“图层”控制面板中相对的文字图层是相链接的，删除文字图层时，文字的路径层会自动被删除，删除其他工作路径不会对文字的排列有影响。如果要修改文字的排列形状，需要对文字路径进行修改。

2. 在路径上移动文字

选择“路径选择”工具▶，将鼠标指针放置在文字上，鼠标指针显示为Ⅰ图标，如图10-88所示，单击并沿着路径拖曳鼠标，可以移动文字，效果如图10-89所示。

图10-88

图10-89

3. 在路径上翻转文字

选择“路径选择”工具▶，将鼠标指针放置在文字上，鼠标指针显示为Ⅰ图标，如图10-90所示，将文字向路径内部拖曳，可以沿路径翻转文字，效果如图10-91所示。

图10-90

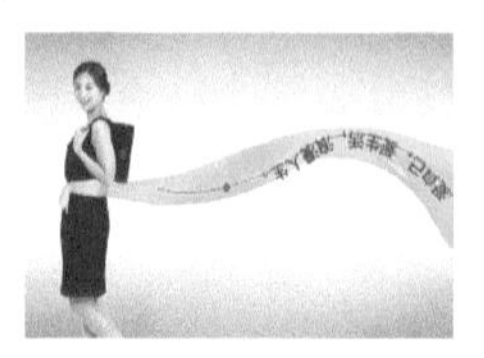

图10-91

4. 修改绕排形态

选择“直接选择”工具▶，在路径上单击，路径上显示出控制手柄，拖曳控制手柄修改路径的形状，如图10-92所示，文字会按照修改后的路径进行排列，效果如图10-93所示。

图10-92

图10-93

课堂练习——制作音乐卡片

【练习知识要点】使用横排文字工具输入文字，使用创建文字变形命令制作变形文字，使用图层样式为文字添加特殊效果，最终效果如图10-94所示。

【效果所在位置】Ch10/效果/制作音乐卡片.psd。

图10-94

课后习题——制作运动鞋海报

【习题知识要点】使用横排文字工具输入文字，使用创建文字变形命令制作变形文字，使用图层蒙版和画笔工具绘制音符，最终效果如图10-95所示。

【效果所在位置】Ch10/效果/制作运动鞋海报.psd。

图10-95

第 11 章

通道与蒙版

本章介绍

本章主要介绍Photoshop中通道与蒙版的使用方法。通过对本章的学习，读者可以掌握通道的基本操作和运算方法，以及各种蒙版的创建和使用技巧，从而快速、准确地创作出精美的图像。

学习目标

◆ 掌握通道、运算和蒙版的使用方法。
◆ 熟练掌握图层蒙版的使用技巧。
◆ 掌握剪贴蒙版和矢量蒙版的创建方法。

技能目标

◆ 掌握“怀旧照片”的制作方法。
◆ 掌握“海边蜡笔画”的制作方法。
◆ 掌握“茶道生活照片”的制作方法。
◆ 掌握“戒指广告”的制作方法。

11.1 通道的操作

应用通道控制面板可以对通道进行创建、复制、删除、分离和合并等操作。

11.1.1 课堂案例——制作怀旧照片

【案例学习目标】学习使用通道面板抠出人物。

【案例知识要点】使用通道控制面板、反相命令和画笔工具抠出人物，使用渐变映射命令调整图片的颜色，使用横排文字工具添加文字，最终效果如图11-1所示。

【效果所在位置】Ch11/效果/制作怀旧照片.psd。

图11-1

（1）按Ctrl+O组合键，打开本书学习资源中的“Ch11 > 素材 > 制作怀旧照片 > 01、02”文件，如图11-2和图11-3所示。

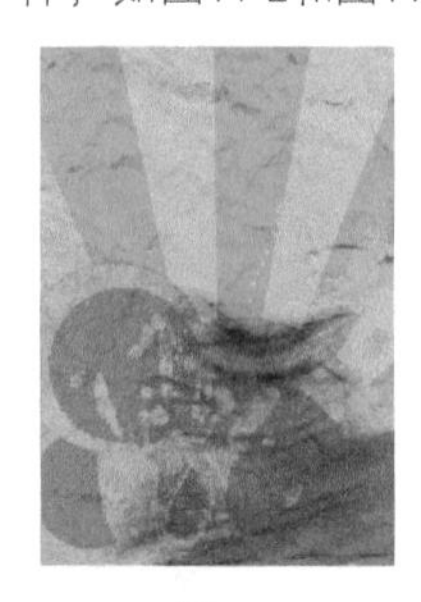

图11-2

图11-3

（2）选中02素材文件。选择“通道”控制面板，选中“红”通道，将其拖曳到控制面板下方的“创建新通道”按钮上进行复制，生成新的通道“红 副本”，如图11-4所示。按Ctrl+I组合键，将图像反相，图像效果如图11-5所示。

图11-4

图11-5

（3）将前景色设为白色。选择“画笔”工具，在属性栏中单击“画笔”选项右侧的按钮，弹出画笔选择面板，将“大小”选项设为150，将“硬度”选项设为0，在图像窗口中将人物涂抹为白色，效果如图11-6所示。将前景色设为黑色。在图像窗口的灰色背景上涂抹为黑色，效果如图11-7所示。

图11-6

图11-7

（4）按住Ctrl键的同时，单击“红 副本”通道，白色图像周围生成选区。选中“RGB”通道，选择“移动”工具，将选区中的图像拖曳到01文件窗口中的适当位置，效果如图11-8所示。在“图层”控制面板中生成新的图层并将其命名为“人物”，如图11-9所示。

（5）按Ctrl+J组合键，复制图层，生成新的图层“人物 副本”，将其拖曳到“人物”图层的下方，如图11-10所示。选择“滤镜 > 模糊 > 动感模糊”命令，在弹出的对话框中进行设置，如图11-11所示，单击“确定”按钮，效果如图11-12所示。

图11-8

图11-9

图11-10

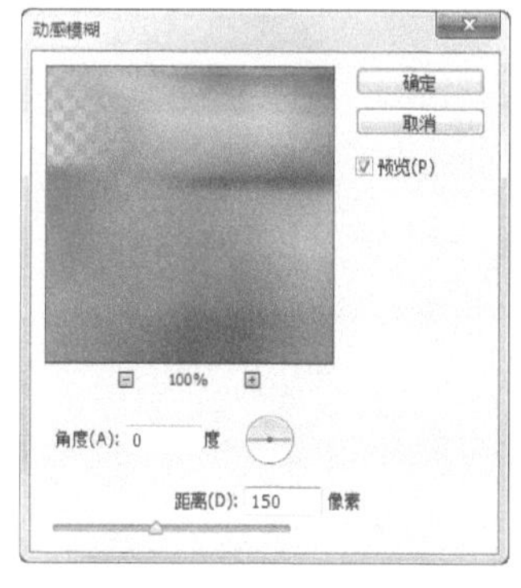

图11-11

图11-12

（6）选择“人物”图层。单击“图层”控制面板下方的“创建新的填充或调整图层”按钮，在弹出的菜单中选择“渐变映射”命令，在“图层”控制面板中生成“渐变映射 1”图层，同时弹出“渐变映射”面板，单击“点按可编辑渐变”按钮，弹出“渐变编辑器”对话框，在“位置”选项中分别输入0、41、100 3个位置点，分别设置3个位置点颜色的RGB值为0（72、2、32）、41（233、150、5）、100（248、234、195），如图11-13所示，单击“确定”按钮，图像效果如图11-14所示。

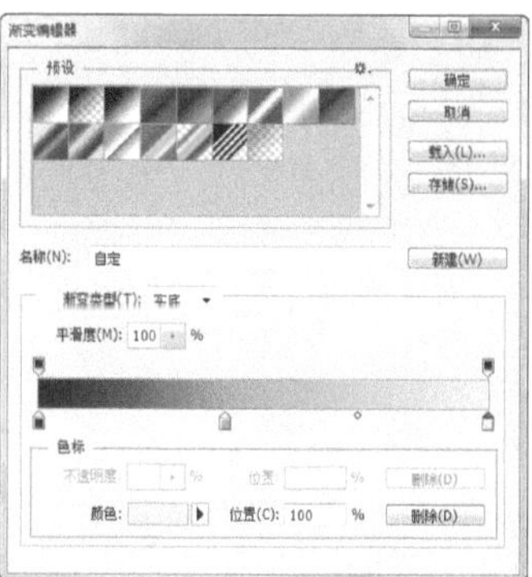

图11-13

图11-14

（7）将前景色设为黑色。选择“横排文字”工具，在图像窗口中分别输入需要的文字并选取文字，在属性栏中选择合适的字体并设置其大小，在“图层”控制面板中分别生成新的文字图层。选择“窗口 > 字符”命令，在弹出的面板中进行设置，如图11-15所示，按Enter键确认操作，效果如图11-16所示。

图11-15

图11-16

（8）选择“MUSIC”文字图层。按Ctrl+T组合键，在文字周围出现变换框，将鼠标光标放在变换框的控制手柄外边，光标变为旋转图标，拖曳鼠标将文字旋转到适当的角度，按Enter键确认操作，效果如图11-17所示。用相同的方法旋转其他文字，效果如图11-18所示。怀旧照片制作完成。

图11-17

图11-18

11.1.2 通道控制面板

通道控制面板可以管理所有的通道并对通道进行编辑。

选择“窗口 > 通道”命令，弹出“通道”控制面板，如图11-19所示。

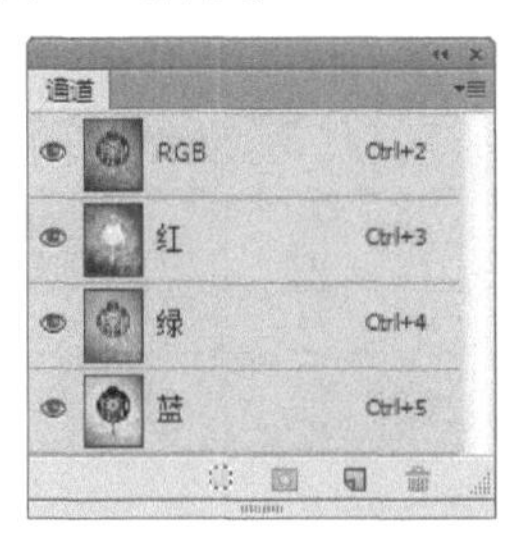

图11-19

在“通道”控制面板中，放置区用于存放当前图像中存在的所有通道。在通道放置区中，如果选中的只是其中的一个通道，则只有这个通道处于选中状态，通道上将出现一个蓝色条。如果想选中多个通道，可以按住Shift键，再单击其他通道。通道左侧的眼睛图标用于显示或隐藏颜色通道。

在“通道”控制面板的底部有4个工具按钮，如图11-20所示。

图11-20

将通道作为选区载入：用于将通道作为选择区域调出。

将选区存储为通道：用于将选择区域存入通道中。

创建新通道：用于创建或复制新的通道。

删除当前通道：用于删除图像中的通道。

11.1.3 创建新通道

在编辑图像的过程中，可以建立新的通道。

单击“通道”控制面板右上方的图标，弹出其面板菜单，选择“新建通道”命令，弹出“新建通道”对话框，如图11-21所示。

名称：用于设置当前通道的名称。

色彩指示：用于选择两种区域方式。

颜色：用于设置新通道的颜色。

不透明度：用于设置当前通道的不透明度。

单击“确定”按钮，“通道”控制面板中将创建一个新通道，即Alpha 1，面板如图11-22所示。

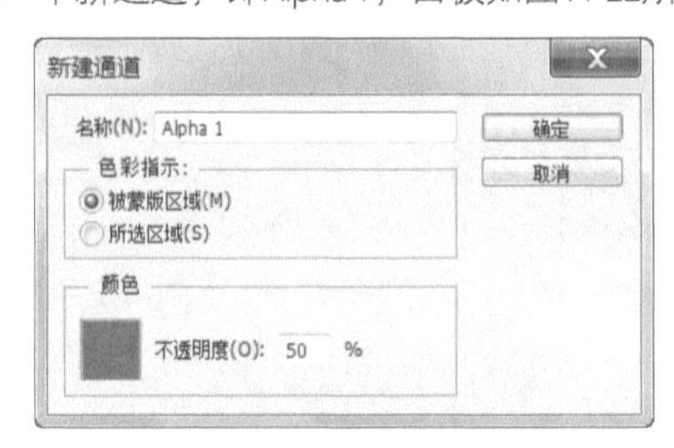

图11-21

图11-22

单击“通道”控制面板下方的“创建新通道”按钮，也可以创建一个新通道。

11.1.4 复制通道

复制通道命令用于将现有的通道进行复制，产生相同属性的多个通道。

单击“通道”控制面板右上方的图标，弹出其面板菜单，选择“复制通道”命令，弹出“复制通道”对话框，如图11-23所示。

图11-23

为：用于设置复制出的新通道的名称。

文档：用于设置复制通道的文件来源。

将需要复制的通道拖曳到控制面板下方的“创建新通道”按钮上，即可将所选的通道复制为一个新的通道。

11.1.5　删除通道

单击“通道”控制面板右上方的图标，弹出其命令菜单，选择“删除通道”命令，即可将通道删除。

单击“通道”控制面板下方的“删除当前通道”按钮，弹出提示对话框，如图11-24所示，单击“是”按钮，将通道删除。也可将需要删除的通道直接拖曳到“删除当前通道”按钮上进行删除。

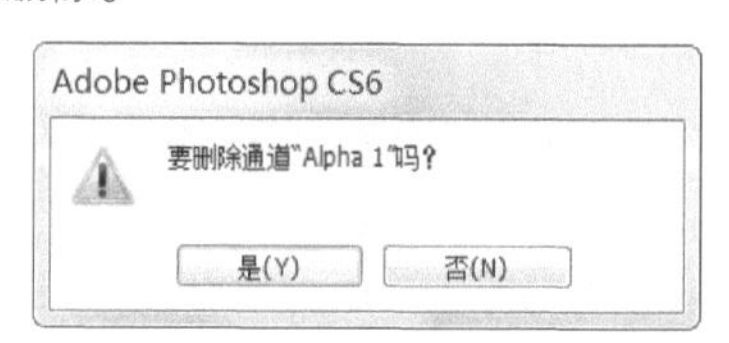

图11-24

11.1.6　通道选项

单击“通道”控制面板右上方的图标，弹出其面板菜单，在弹出的菜单中选择“通道选项”命令，弹出“通道选项”对话框，如图11-25所示。

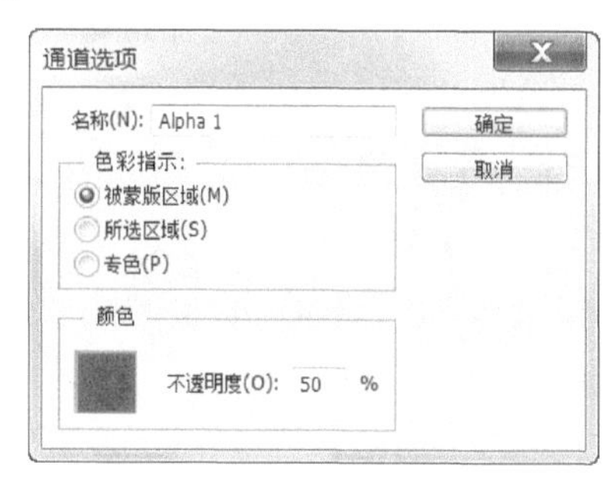

图11-25

名称：用于命名通道的名称。

被蒙版区域：表示蒙版区为深色显示、非蒙版区为透明显示。

所选区域：表示蒙版区为透明显示、非蒙版区为深色显示。

专色：表示以专色显示。

颜色：用于设定填充蒙版的颜色。

不透明度：用于设定蒙版的不透明度。

11.1.7　课堂案例——制作海边蜡笔画

【案例学习目标】学习使用分离通道和合并通道命令制作蜡笔画。

【案例知识要点】使用分离通道和合并通道命令制作图像效果，使用粗糙蜡笔滤镜命令为图片添加特效，最终效果如图11-26所示。

【效果所在位置】Ch11/效果/制作海边蜡笔画.psd。

图11-26

（1）按Ctrl＋O组合键，打开本书学习资源中的“Ch11 > 素材 > 制作海边蜡笔画 > 01”文件，如图11-27所示。选择“窗口 > 通道”命令，弹出“通道”控制面板，如图11-28所示。

图11-27

图11-28

（2）单击“通道”控制面板右上方的图标，在弹出的菜单中选择“分离通道”命令，将图像分离成“红”“绿”“蓝”3个通道文件，如图11-29所示。选择通道文件“绿”，如图11-30所示。

图11-29

图11-30

（3）选择“滤镜 > 滤镜库”命令，在弹出的对话框中进行设置，如图11-31所示，单击“确定”按钮，效果如图11-32所示。

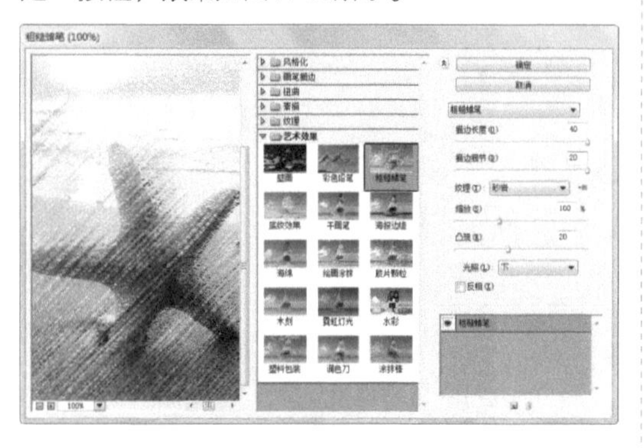

图11-31

图11-32

（4）单击“通道”控制面板右上方的图标，在弹出的菜单中选择“合并通道”命令，在弹出的对话框中进行设置，如图11-33所示。单击“确定”按钮，弹出“合并RGB通道”对话框，如图11-34所示，单击“确定”按钮，合并通道，图像效果如图11-35所示。

（5）将前景色设为棕色（其R、G、B的值分别为170、67、14）。选择“横排文字”工具，在适当的位置输入需要的文字并选取文字，在属性栏中选择合适的字体并设置其大小，按Alt+←组合键，调整文字适当的间距，效果如图11-36所示，在“图层”控制面板中生成新的文字图层。

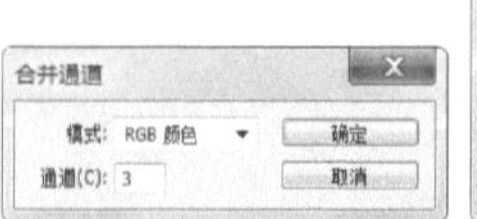

图11-33

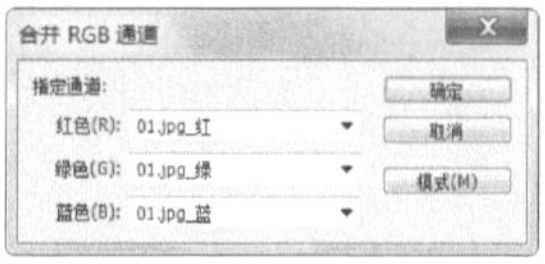

图11-34

图11-35

图11-36

（6）选择“横排文字”工具，单击属性栏中的“右对齐文本”按钮，在属性栏中选择合适的字体并设置其大小，在图像窗口中鼠标光标变为图标，单击并按住鼠标不放向右下方拖曳鼠标，松开鼠标，拖曳出一个段落文本框，如图11-37所示。在文本框中输入需要的文字并选取文字，按Alt+←组合键，调整文字间距，效果如图11-38所示。海边蜡笔画制作完成。

图11-37

图11-38

11.1.8 专色通道

专色通道是指在CMYK四色以外单独制作的一个通道，用来放置金色、银色或者一些需要特别要求的专色。

1. 新建专色通道

单击“通道”控制面板右上方的图标，弹出其面板菜单。在弹出的菜单中选择“新建专色通道”命令，弹出“新建专色通道”对话框，如图11-39所示。

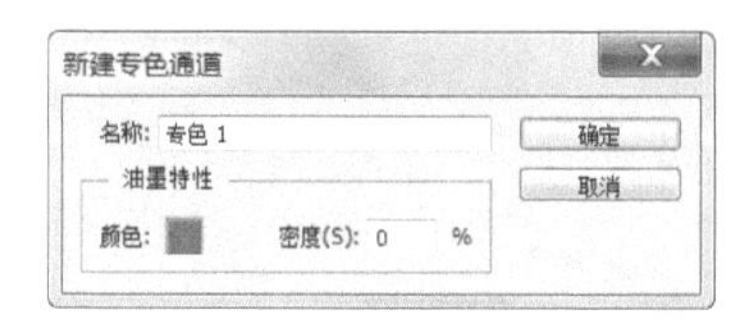

图11-39

名称：用于输入新通道的名称。

颜色：用于选择特别的颜色。

密度：用于输入特别色的显示透明度，数值在0%~100%之间。

2. 制作专色通道

单击“通道”控制面板中新建的专色通道。选择“画笔”工具，在“画笔”控制面板中进行设置，如图11-40所示，在图像中进行绘制，效果如图11-41所示，“通道”控制面板中的效果如图11-42所示。

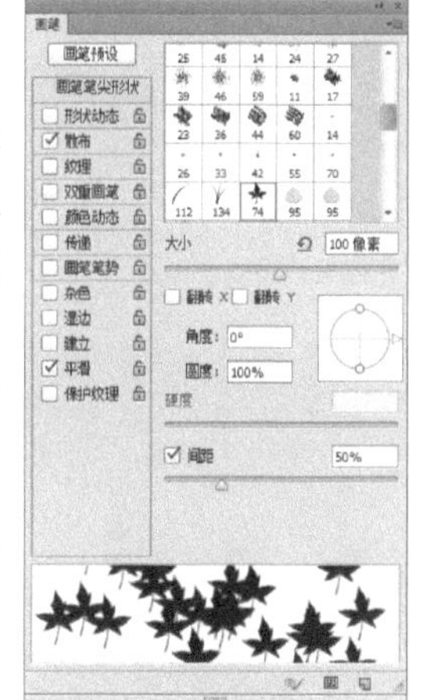

图11-40

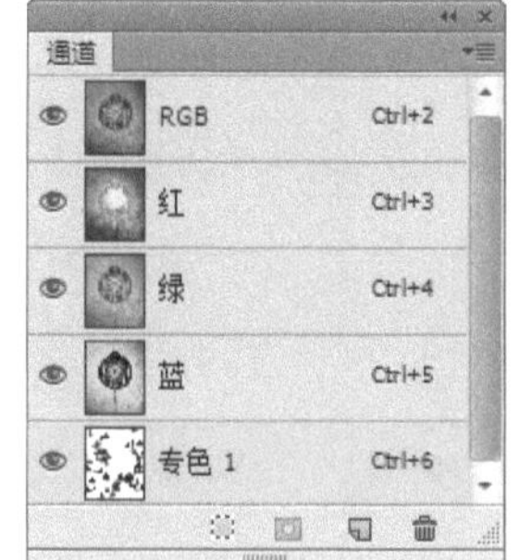

图11-41 图11-42

> **提示**
>
> 前景色为黑色，绘制时的专色是完全的。前景色是其他中间色，绘制时的专色是不同透明度的特别色。前景色为白色，绘制时的专色是没有的。

3. 将新通道转换为专色通道

单击“通道”控制面板中的“Alpha 1”通道，如图11-43所示。单击“通道”控制面板右上方的图标，弹出其面板菜单。在弹出的菜单中选择“通道选项”命令，弹出“通道选项”对话框，选中“专色”单选项，其他选项的设置如图11-44所示。单击“确定”按钮，将“Alpha 1”通道转换为专色通道，如图11-45所示。

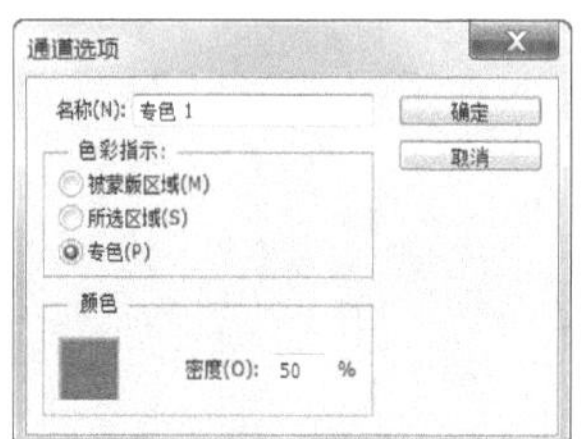

图11-43 图11-44

图11-45

4. 合并专色通道

单击“通道”控制面板中新建的专色通道，如图11-46所示。单击“通道”控制面板右上方的图标，弹出其面板菜单，在弹出的菜单中选择“合并专色通道”命令，将专色通道合并，效果如图11-47所示。

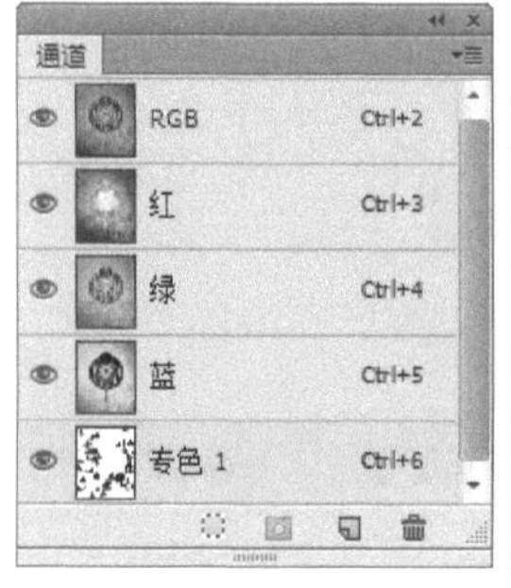

图11-46 图11-47

11.1.9 分离与合并通道

单击“通道”控制面板右上方的图标，弹出其面板菜单，在弹出式菜单中选择“分离通道”命令，将图像中的每个通道分离成各自独立的8 bit灰度图像。图像原始效果如图11-48所示，分离后的效果如图11-49所示。

图11-48

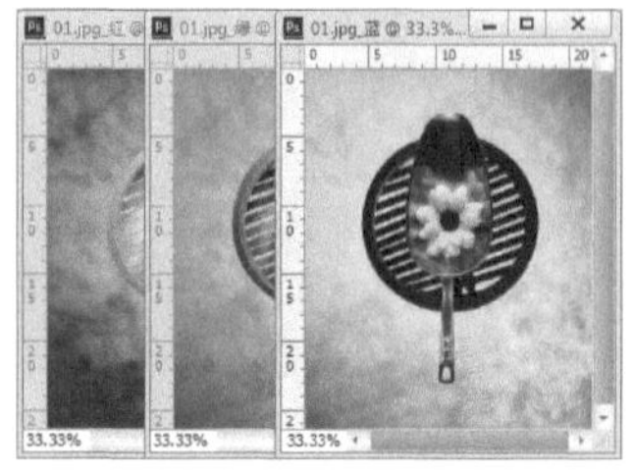

图11-49

单击“通道”控制面板右上方的图标，弹出其面板菜单，选择“合并通道”命令，弹出“合并通道”对话框，如图11-50所示，设置完成后单击“确定”按钮，弹出“合并RGB通道”对话框，如图11-51所示，可以在选定的色彩模式中为每个通道指定一幅灰度图像，被指定的图像可以是同一幅图像，也可以是不同的图像，但这些图像的大小必须是相同的。在合并之前，所有要合并的图像都必须是打开的，尺寸要保持一致，且为灰度图像，单击“确定”按钮，效果如图11-52所示。

图11-50

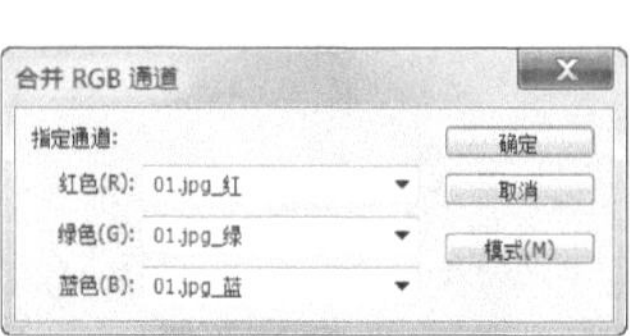

图11-51

图11-52

11.2 通道运算

通道运算可以按照各种合成方式合成单个或几个通道中的图像。通道运算的图像尺寸必须一致。

11.2.1 应用图像

选择“图像 > 应用图像”命令，弹出“应用图像”对话框，如图11-53所示。

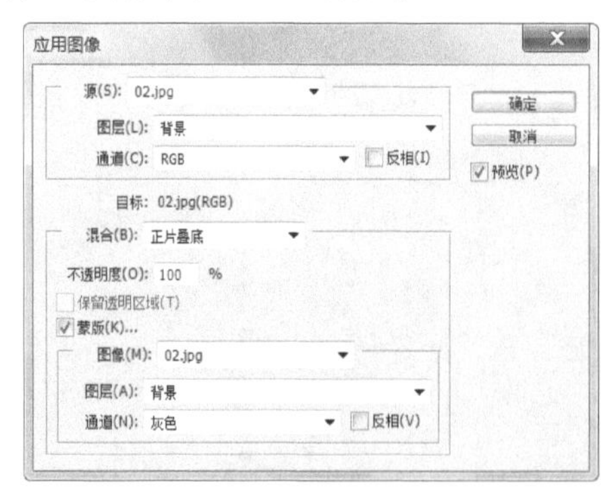

图11-53

源：用于选择源文件。

图层：用于选择源文件的层。

通道：用于选择源通道。

反相：用于在处理前先反转通道内的内容。

目标：能显示出目标文件的文件名、层、通道及色彩模式等信息。

混合：用于选择混色模式，即选择两个通道对应像素的计算方法。

不透明度：用于设定图像的不透明度。

蒙版：用于加入蒙版以限定选区。

> **提示**
>
> “应用图像”命令要求源文件与目标文件的尺寸大小必须相同，因为参加计算的两个通道内的像素是一一对应的。

打开两幅图像。选择“图像 > 图像大小”命令，弹出“图像大小”对话框。分别将两张图像设置为相同的尺寸，设置好后，单击“确定”按钮，效果如图11-54和图11-55所示。

图11-54

图11-55

在两幅图像的“通道”控制面板中分别建立通道蒙版，其中黑色表示遮住的区域。返回到两张图像的RGB通道，效果如图11-56和图11-57所示。

图11-56

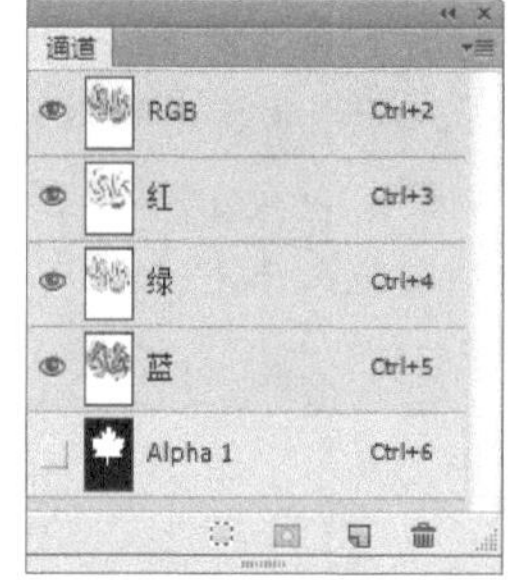

图11-57

选择“02”文件。选择“图像 > 应用图像”命令，弹出“应用图像”对话框，如图11-58所示。设置完成后，单击“确定”按钮，两幅图像混合后的效果如图11-59所示。

在“应用图像”对话框中，勾选“蒙版”选项的复选框，弹出其他选项，如图11-60所示。设置好后，单击“确定”按钮，两幅图像混合后的效果如图11-61所示。

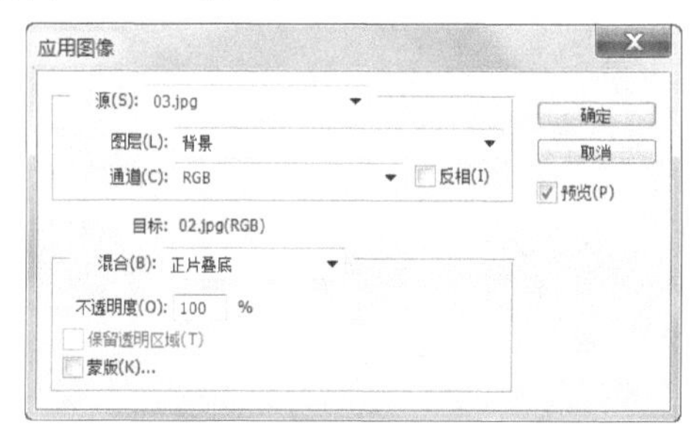

图11-58

图11-59

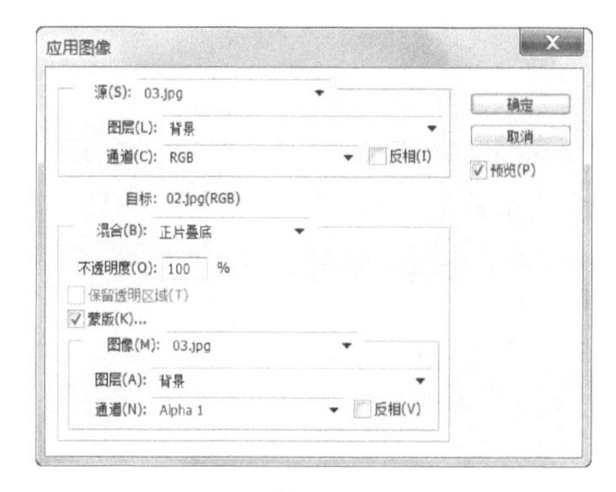

图11-60

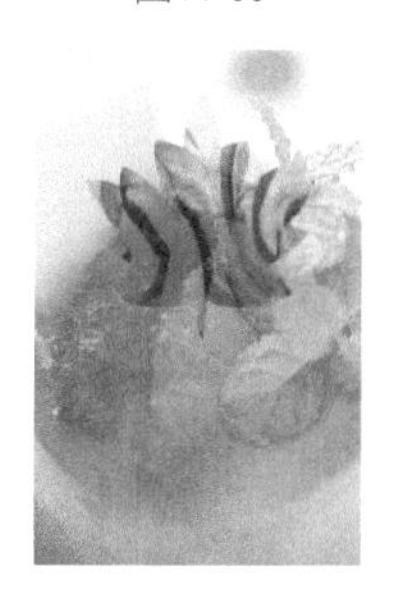

图11-61

11.2.2 运算

选择“图像 > 计算”命令，弹出“计算”对话框，如图11-62所示。

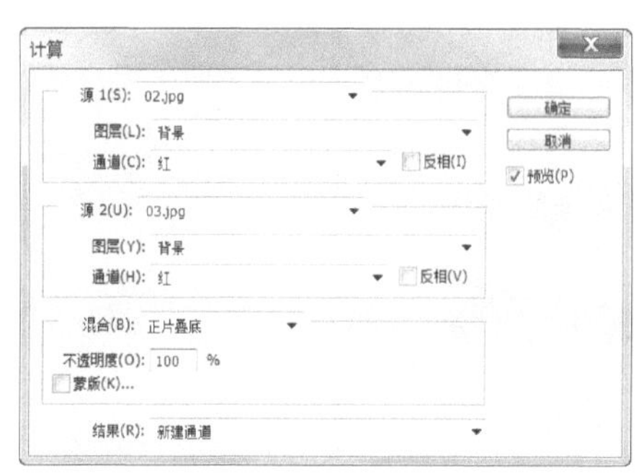

图11-62

在“计算”对话框中，第1个选项组的“源1”选项用于选择源文件1，“图层”选项用于选择源文件1中的层，“通道”选项用于选择源文件1中的通道，“反相”选项用于反转。

第2个选项组的“源2”“图层”“通道”和“反相”选项用于选择源文件2的相应信息。

第3个选项组的“混合”选项用于选择混色模式，“不透明度”选项用于设定不透明度。

“结果”选项用于指定处理结果的存放位置。

选择“图像 > 计算”命令，弹出“计算”对话框，如图11-63所示，单击“确定”按钮，两张图像通道运算后的新通道效果如图11-64所示。

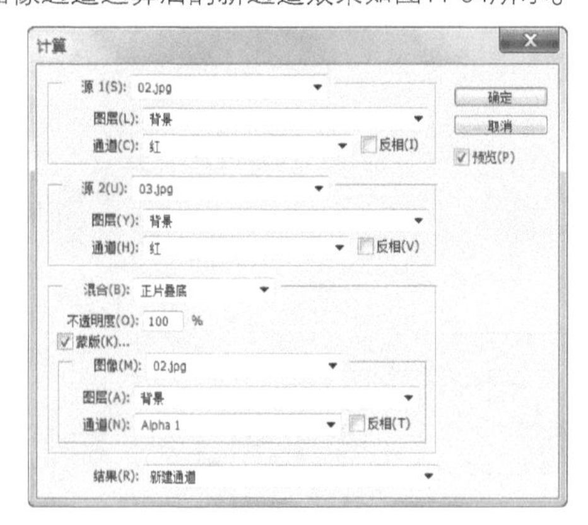

图11-63

图11-64

提 示

“计算”命令虽然与“应用图像”命令一样，都是对两个通道的相应内容进行计算处理，但是二者也有区别。用“应用图像”命令处理后的结果可作为源文件或目标文件使用；而用“计算”命令处理后的结果则存成一个通道，如存成Alpha通道，使其可转变为选区以供其他工具使用。

11.3 通道蒙版

在通道中可以快速创建和存储蒙版，从而达到编辑图像的目的。

11.3.1 快速蒙版的制作

打开图片，如图11-65所示。选择“魔棒”工具，按住Shift键的同时，在需要的位置连续单击生成选区，如图11-66所示。

图11-65

图11-66

单击工具箱下方的“以快速蒙版模式编辑”按钮，进入蒙版状态，选区暂时消失，图像的未选择区域变为红色，如图11-67所示。“通道”控制面板中将自动生成快速蒙版，如图11-68所示，图像效果如图11-69所示。

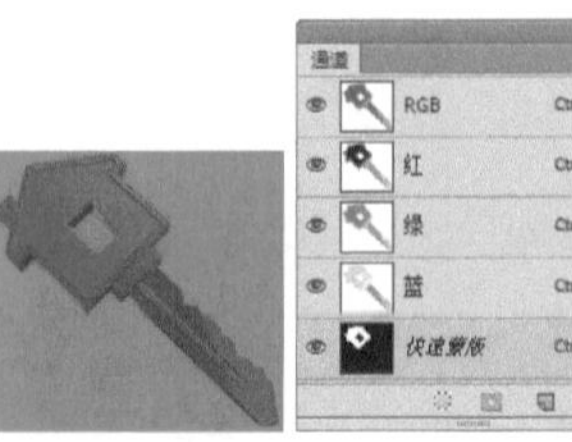

图11-67　图11-68

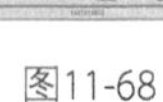

图11-69

> 提示
>
> 系统预设蒙版颜色为半透明的红色。

选择“画笔”工具，在画笔工具属性栏中进行设置，如图11 70所示。将快速蒙版中的房子中心的矩形区域绘制成白色，图像效果和“通道”控制面板如图11-71和图11-72所示。

图11-70

图11-71　　图11-72

11.3.2 在Alpha通道中存储蒙版

在图像中绘制选区，如图11-73所示。选择“选择 > 存储选区”命令，弹出“存储选区”对话框，设置如图11-74所示，单击“确定”按钮，建立通道蒙版“房子”。或单击“通道”控制面板中的“将选区存储为通道”按钮，建立通道蒙版“房子”，如图11-75和图11-76所示。

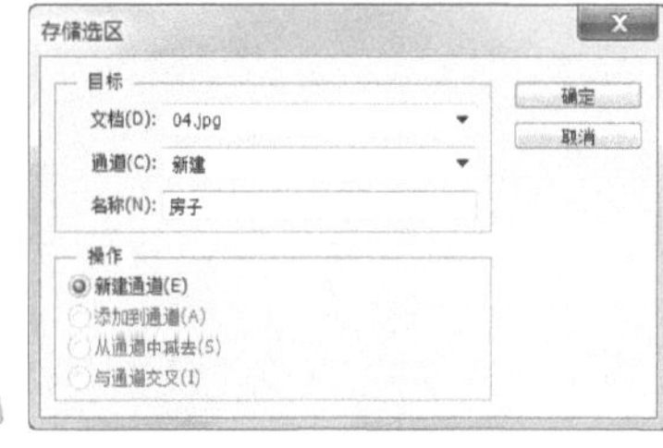

图11-73　　图11-74

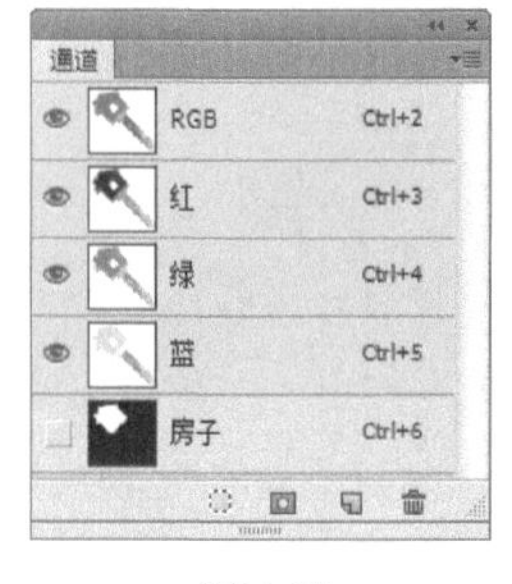

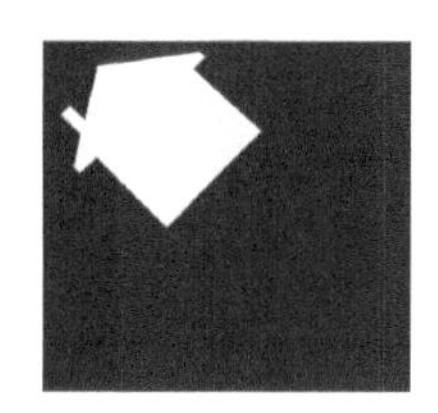

图11-75　　图11-76

将图像保存，再次打开图像时，选择“选择 > 载入选区”命令，弹出“载入选区”对话框，设置如图11-77所示，单击“确定”按钮，将“房子”通道的选区载入。或单击“通道”控制面板中的“将通道作为选区载入”按钮，将“房子”通道作为选区载入，效果如图11-78所示。

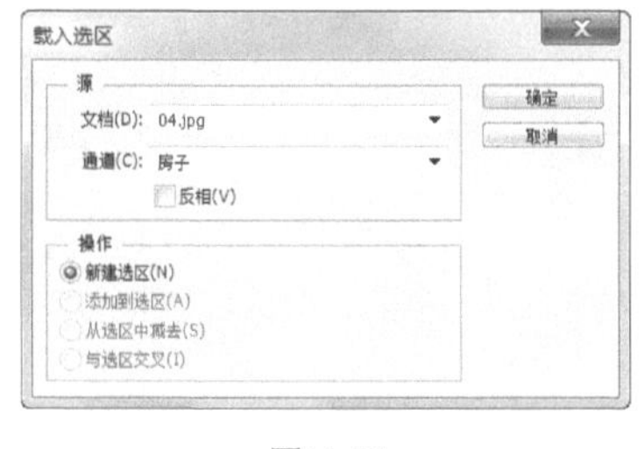

图11-77　　图11-78

11.4 图层蒙版

图层蒙版可以使图层中图像的某些部分被处理成透明和半透明的效果，而且可以恢复已经处理过的图像，是Photoshop的一种独特的处理图像方式。

11.4.1 课堂案例——制作茶道生活照片

【案例学习目标】学习使用图层蒙版制作图片的遮罩效果。

【案例知识要点】使用去色命令去除图片颜色，使用图层蒙版和画笔工具制作局部颜色遮罩，最终效果如图11-79所示。

【效果所在位置】Ch11/效果/制作茶道生活照片.psd。

图11-79

（1）按Ctrl+O组合键，打开本书学习资源中的“Ch11 > 素材 > 制作茶道生活照片 > 01”文件，如图11-80所示。按Ctrl+J组合键，复制图层，生成新的图层并将其命名为“背景 副本”。按Shift+Ctrl+U组合键，去除图像颜色，效果如图11-81所示。

图11-80

图11-81

（2）单击“图层”控制面板下方的“添加图层蒙版”按钮，为图层添加蒙版，如图11-82所示。将前景色设为黑色。选择“画笔”工具，在属性栏中单击“画笔”选项右侧的按钮，弹出画笔选择面板，选择需要的画笔形状，设置如图11-83所示。在图像上要显示的区域拖曳鼠标，效果如图11-84所示。

图11-82

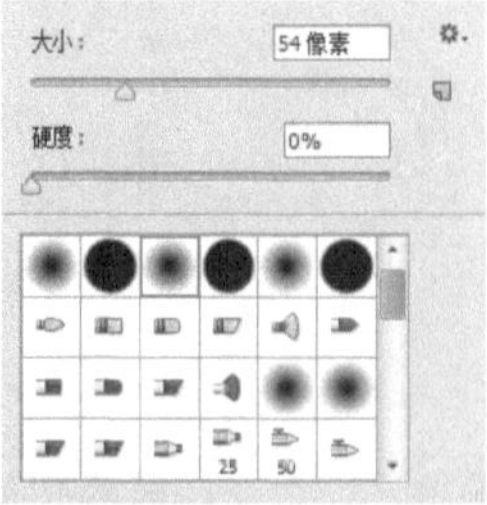

图11-83

（3）按Ctrl+O组合键，打开本书学习资源中的“Ch11 > 素材 > 制作茶道生活照片 > 02”文件，选择“移动”工具，将文字拖曳到图像窗口中的适当位置，效果如图11-85所示，在“图层”控制面板中生成新的图层并将其命名为“文字”。茶道生活照片制作完成。

图11-84

图11-85

11.4.2 添加图层蒙版

单击“图层”控制面板下方的“添加图层蒙版”按钮，可以创建图层蒙版，如图11-86所示。按住Alt键的同时，单击“图层”控制面板下方的“添加图层蒙版”按钮，可以创建一个遮盖全部图层的蒙版，如图11-87所示。

图11-86

图11-87

11.4.3 隐藏图层蒙版

按住Alt键的同时，单击图层蒙版缩览图，图像窗口中的图像将被隐藏，只显示蒙版缩览图中的效果，如图11-88所示，“图层”控制面板如图11-89所示。按住Alt键的同时，再次单击图层蒙版缩览图，将恢复图像窗口中的图像效果。按住Alt+Shift组合键的同时，单击图层蒙版缩览图，将同时显示图像和图层蒙版的内容。

图11-88

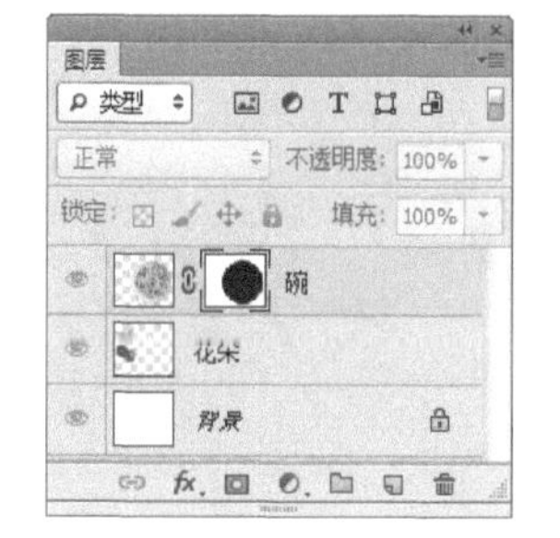

图11-89

11.4.4　图层蒙版的链接

在“图层”控制面板中图层缩览图与图层蒙版缩览图之间存在链接图标，当图层图像与蒙版关联时，移动图像时蒙版会同步移动。单击链接图标，将不显示此图标，可以分别对图像与蒙版进行操作。

11.4.5　应用及删除图层蒙版

在“通道”控制面板中，双击蒙版通道，弹出“图层蒙版显示选项”对话框，如图11-90所示，可以对蒙版的颜色和不透明度进行设置。

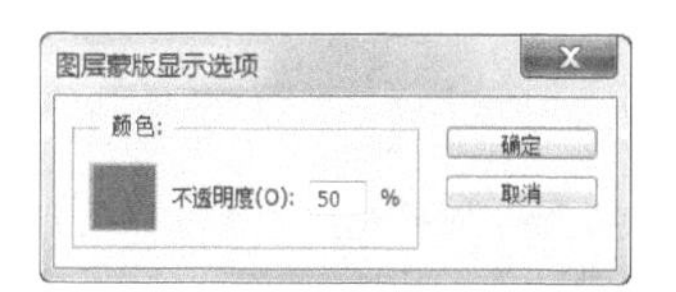

图11-90

选择“图层 > 图层蒙版 > 停用”命令，或按住Shift键的同时，单击“图层”控制面板中的图层蒙版缩览图，图层蒙版被停用，如图11-91所示，图像将全部显示，如图11-92所示。按住Shift键的同时，再次单击图层蒙版缩览图，将恢复图层蒙版效果，如图11-93所示。

图11-91

图11-92

选择“图层 > 图层蒙版 > 删除”命令，或在图层蒙版缩览图上单击鼠标右键，在弹出的下拉菜单中选择“删除图层蒙版”命令，可以将图层蒙版删除。

图11-93

11.5　剪贴蒙版与矢量蒙版

剪贴蒙版是使用某个图层的内容来遮盖其上方的图层，遮盖效果由基底图层决定。矢量蒙版是用矢量图形创建的蒙版。它们不仅丰富了蒙版的类型，同时也为设计工作带来了便利。

11.5.1　课堂案例——制作戒指广告

【案例学习目标】学习使用剪贴蒙版制作主体照片。

【案例知识要点】使用描边命令添加人物描边，使用矩形工具和剪贴蒙版制作主体人物，使用横排文字工具输入宣传文字，最终效果如图11-94所示。

【效果所在位置】Ch11/效果/制作戒指广告.psd。

图11-94

（1）按Ctrl+N组合键，新建一个文件，宽度为29.7厘米，高度为21厘米，分辨率为300像素/英寸，颜色模式为RGB，背景内容为白色，单击“确定”按钮。按Ctrl+O组合键，打开本书学习资源中的“Ch11 > 素材 > 制作戒指广告 > 01”文件。选择“移动”工具，将图片拖曳到图像窗口中，并调整其大小和位置，如图11-95所示，在“图层”控制面板中生成新的图层并将其命名为“纹理”。

图11-95

（2）在“图层”控制面板上方，将该图层的“不透明度”选项设为15%，如图11-96所示，按Enter键确认操作，效果如图11-97所示。

图11-96

图11-97

（3）新建图层组并将其命名为“图像”。新建图层并将其命名为“形状”。将前景色设为粉红色（其R、G、B的值分别为239、47、114）。选择“矩形”工具，在属性栏中的“选择工具模式”选项中选择“像素”，在图像窗口的右上方拖曳鼠标绘制矩形，如图11-98所示。将前景色设为紫色（其R、G、B的值分别为119、67、137），在图像窗口中绘制矩形，效果如图11-99所示。

（4）按Ctrl+O组合键，打开本书学习资源中的“Ch11 > 素材 > 制作戒指广告 > 02”文件。选择“移动”工具，将图片拖曳到图像窗口的适当位置，如图11-100所示，在“图层”控制面板中生成新的图层并将其命名为“人物”。

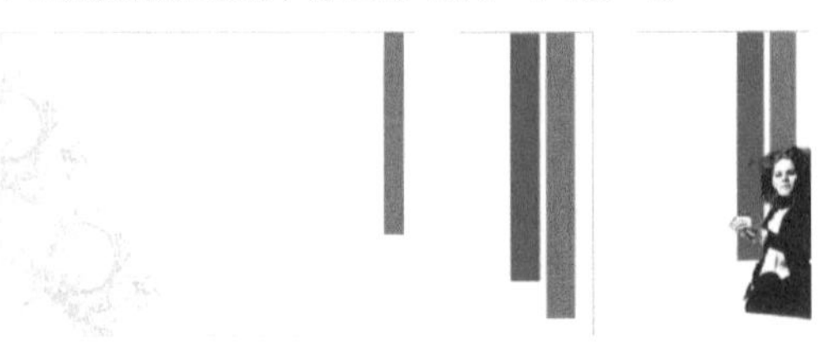

图11-98　　图11-99　　图11-100

（5）单击“图层”控制面板下方的“添加图层样式”按钮，在弹出的菜单中选择“描边”命令，弹出对话框，将描边颜色设为白色，其他选项的设置如图11-101所示，单击“确定”按钮，效果如图11-102所示。

（6）按住Alt键的同时，将鼠标放在“人物”图层和“形状”图层的中间，鼠标光标变为图标，如图11-103所示，单击鼠标左键，创建剪贴蒙版，效果如图11-104所示。用相同的方法制作出如图11-105所示的效果。单击“图像”图层组左侧的三角形按钮，将图层隐藏。

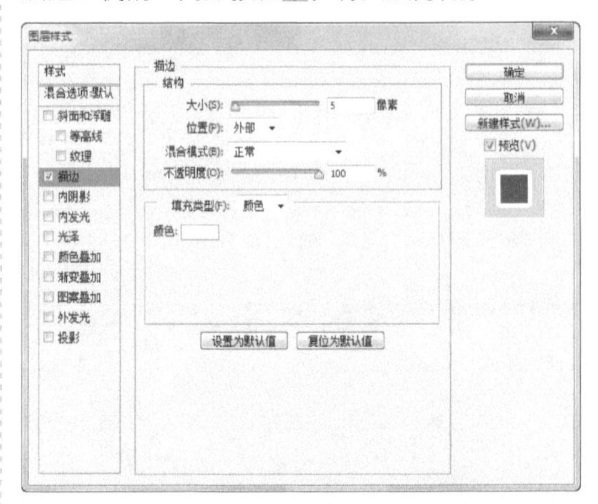

图11-101

图11-102

图11-103

图11-104

图11-105

（7）将前景色设为黑色。选择“横排文字”工具[T]，在图像窗口中分别输入需要的文字并选取文字，在属性栏中分别选择合适的字体并设置文字大小，效果如图11-106所示，在“图层”控制面板中分别生成新的文字图层，如图11-107所示。

图11-106

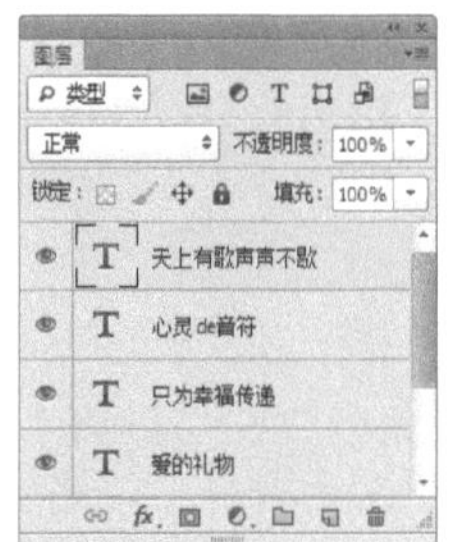

图11-107

（8）按Ctrl+O组合键，打开本书学习资源中的“Ch11 > 素材 > 制作戒指广告 > 07”文件。选择“移动”工具[移动]，将图片拖曳到图像窗口的适当位置，如图11-108所示，在“图层”控制面板中生成新的图层并将其命名为“戒指1”。戒指广告制作完成，效果如图11-109所示。

图11-108

图11-109

11.5.2 剪贴蒙版

打开一幅图像，如图11-110所示，“图层”控制面板如图11-111所示。按住Alt键的同时，将鼠标指针放置到“照片”和“椭圆1”的中间位置，鼠标指针变为↓□图标，如图11-112所示。

单击鼠标左键，创建剪贴蒙版，如图11-113所示，图像效果如图11-114所示。选择“移动”工具[移动]，移动蒙版图像，效果如图11-115所示。

图11-110

图11-111

图11-112

图11-113

图11-114

图11-115

选中剪贴蒙版组中上方的图层，选择“图层 > 释放剪贴蒙版”命令，或按Alt+Ctrl+G组合键即可删除剪贴蒙版。

11.5.3 矢量蒙版

打开一幅图像，如图11-116所示。选择“自定形状”工具[自定形状]，在属性栏中的“选择工具模式”选项中选择“路径”，在形状选择面板中选中“模糊点1”，如图11-117所示。

图11-116

图11-117

在图像窗口中绘制路径，如图11-118所示。选中“图片”图层，选择“图层 > 矢量蒙版 > 当前路径”命令，为图片添加矢量蒙版，如图11-119所示，图像窗口效果如图11-120所示。选择“直接选择”工具，可以修改路径的形状，从而修改蒙版的遮罩区域，如图11-121所示。

图11-118

图11-119

图11-120

图11-121

课堂练习——制作个性照片

【练习知识要点】使用矩形选框工具和图层样式绘制照片底图，使用剪贴蒙版制作人物照片，最终效果如图11-122所示。

【效果所在位置】Ch11/效果/制作个性照片.psd。

图11-122

课后习题——制作城市照片

【习题知识要点】使用图层蒙版、快速蒙版和画笔工具抠出人物，使用图层样式为人物添加投影，最终效果如图11-123所示。

【效果所在位置】Ch11/效果/制作城市照片.psd。

图11-123

第 12 章

滤镜效果

本章介绍

本章将主要介绍Photoshop的滤镜功能，包括滤镜的分类、滤镜的重复使用以及滤镜的使用技巧。通过对本章的学习，读者能够应用丰富的滤镜命令制作出特殊多变的图像效果。

学习目标

- ◆ 掌握滤镜菜单及应用方法。
- ◆ 熟练掌握滤镜的使用技巧。

技能目标

- ◆ 掌握“烛台特效”的制作方法。
- ◆ 掌握“下雪特效”的制作方法。
- ◆ 掌握“景深特效”的制作方法。

12.1 滤镜菜单及应用

Photoshop CS6的滤镜菜单下提供了多种滤镜，使用这些滤镜命令，可以制作出奇妙的图像效果。单击“滤镜”菜单，弹出如图12-1所示的下拉菜单。

上次滤镜操作(F)	Ctrl+F
转换为智能滤镜	
滤镜库(G)...	
自适应广角(A)...	Shift+Ctrl+A
镜头校正(R)...	Shift+Ctrl+R
液化(L)...	Shift+Ctrl+X
油画(O)...	
消失点(V)...	Alt+Ctrl+V
风格化	▸
模糊	▸
扭曲	▸
锐化	▸
视频	▸
像素化	▸
渲染	▸
杂色	▸
其它	▸
Digimarc	▸
浏览联机滤镜...	

图12-1

Photoshop CS6滤镜菜单被分为6部分，并用横线划分。

第1部分为最近一次使用的滤镜，没有使用滤镜时，此命令为灰色，不可被选择。使用任意一种滤镜后，当需要重复使用这种滤镜时，只要直接选择这种滤镜或按Ctrl+F组合键，即可重复使用。

第2部分为转换为智能滤镜，智能滤镜的应用可随时对效果进行修改操作。

第3部分为6种Photoshop CS6滤镜，每个滤镜的功能都十分强大。

第4部分为9种Photoshop CS6滤镜组，每个滤镜组中都包含多个子滤镜。

第5部分为Digimarc滤镜。

第6部分为浏览联机滤镜。

12.1.1 课堂案例——制作烛台特效

【案例学习目标】学习使用纹理滤镜、像素化滤镜和艺术效果滤镜制作烛台特效。

【案例知识要点】使用磁性套索工具勾出烛台图像，使用马赛克拼贴滤镜命令制作马赛克底图，使用马赛克滤镜命令、绘画涂抹滤镜命令和粗糙蜡笔滤镜命令制作烛台特效，最终效果如图12-2所示。

【效果所在位置】Ch12/效果/制作烛台特效.psd。

图12-2

（1）按Ctrl+O组合键，打开本书学习资源中的“Ch12 > 素材 > 制作烛台特效 > 01”文件，如图12-3所示。选择“磁性套索”工具，沿着烛台边缘绘制烛台，烛台周围生成选区，如图12-4所示。按Shift+Ctrl+I组合键，将选区反选，如图12-5所示。

图12-3

图12-4

图12-5

（2）选择“滤镜 > 滤镜库”命令，在弹出的对话框中进行设置，如图12-6所示，单击“确定”按钮，效果如图12-7所示。

（3）按Shift+Ctrl+I组合键，将选区反选。按Ctrl+J组合键，复制选区内的图像，在“图层”控制面板中生成新的图层并将其命名为“烛台”。选择“滤镜 > 像素化 > 马赛克”命令，在弹出的对话框中进行设置，如图12-8所示，单击“确定”按钮，效果如图12-9所示。

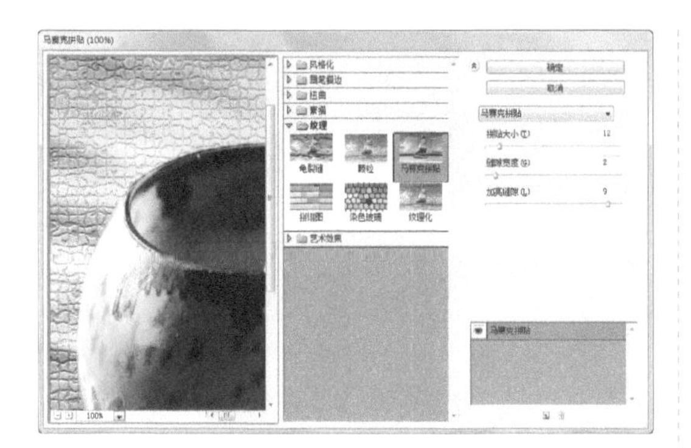

图12-6

图12-7

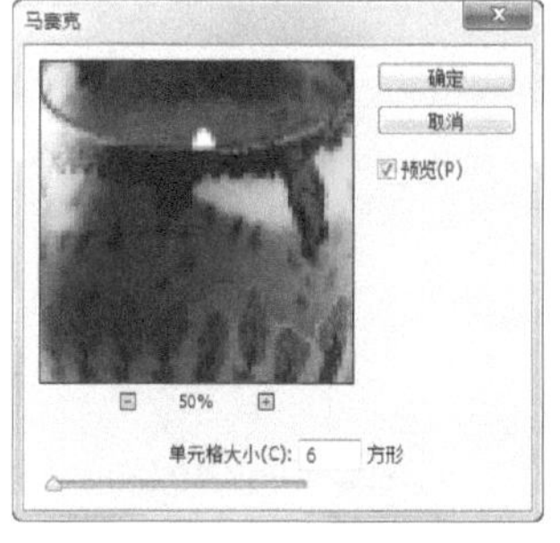

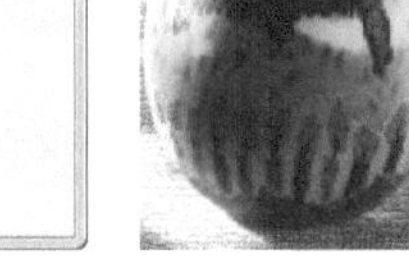

图12-8　　图12-9

（4）选择“滤镜 > 滤镜库”命令，在弹出的对话框中进行设置，如图12-10所示，单击“确定”按钮，效果如图12-11所示。

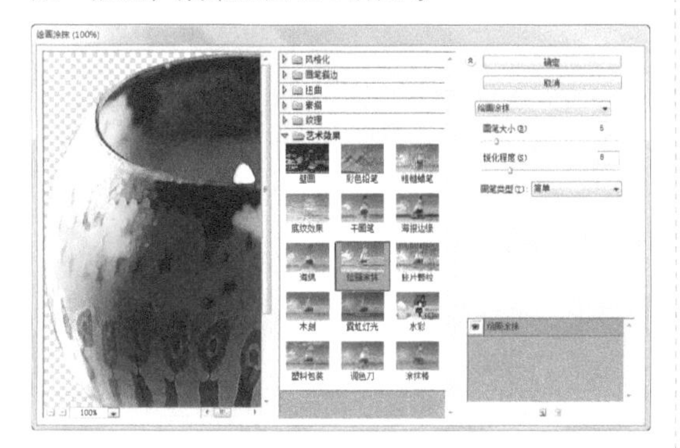

图12-10

图12-11

（5）选择“滤镜 > 滤镜库”命令，在弹出的对话框中进行设置，如图12-12所示，单击“确定”按钮，效果如图12-13所示。

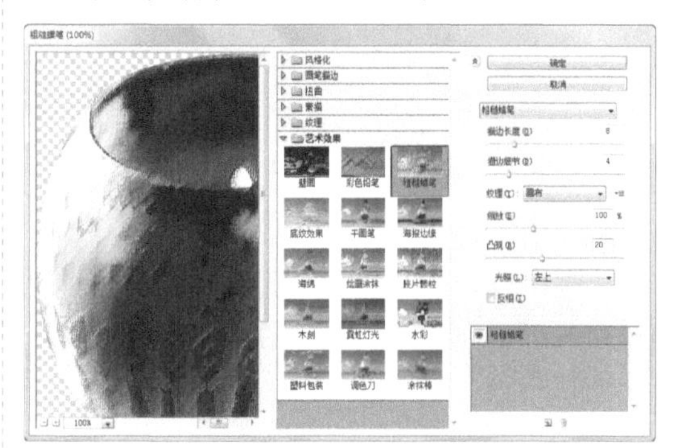

图12-12

图12-13

（6）将前景色设为墨绿色（其R、G、B值分别为16、53、0）。选择“横排文字”工具T，在图像窗口中输入需要的文字并选取文字，在属性栏中选择合适的字体并设置大小，如图12-14所示，在“图层”控制面板中生成新的文字图层。烛台特效制作完成，如图12-15所示。

图12-14　　图12-15

12.1.2 滤镜库的功能

Photoshop CS6的滤镜库将常用滤镜组合在一个面板中，以折叠菜单的方式显示，并为每一个滤镜提供了直观的效果预览，使用起来十分方便。

选择“滤镜 > 滤镜库”命令，弹出“滤镜库”对话框。在对话框中，左侧为滤镜预览框，可显示滤镜应用后的效果；中部为滤镜列表，每个滤镜组下面包含了多个特色滤镜，单击需要的滤镜组，可以浏览到滤镜组中的各个滤镜和相应的滤镜效果；右侧为滤镜参数设置栏，可以设置所用滤镜的各个参数值，如图12-16所示。

图12-16

1. 风格化滤镜组

风格化滤镜组只包含一个照亮边缘滤镜，如图12-17所示。此滤镜可以搜索主要颜色的变化区域并强化其过渡像素产生轮廓发光的效果，应用滤镜前后的效果如图12-18和图12-19所示。

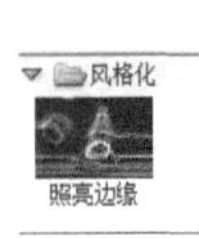

图12-17

图12-18

图12-19

2. 画笔描边滤镜组

画笔描边滤镜组包含8个滤镜，如图12-20所示。此滤镜组对CMYK和Lab颜色模式的图像都不起作用。应用不同的滤镜制作出的效果如图12-21所示。

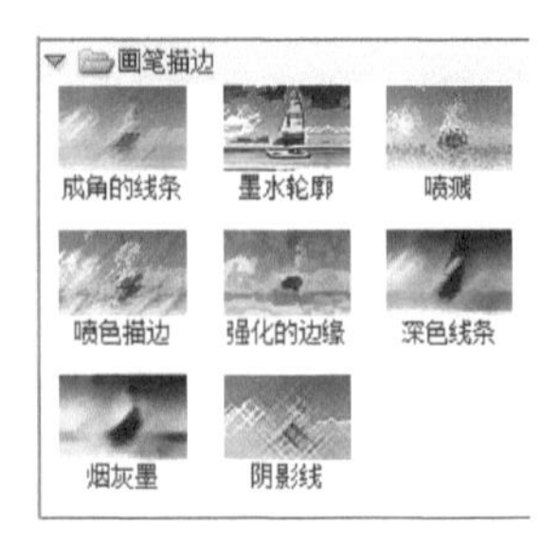

图12-20

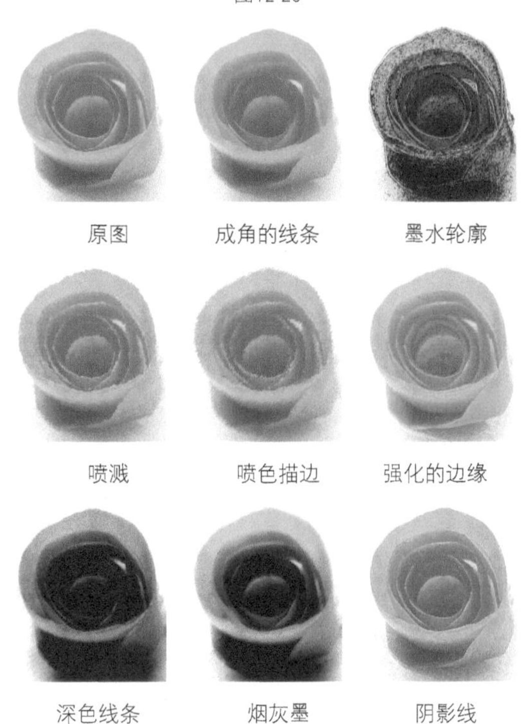

图12-21

3. 扭曲滤镜组

画笔描边滤镜组包含3个滤镜，如图12-22所示。此滤镜组可以生成一组从波纹到扭曲图像的变形效果。应用不同的滤镜制作出的效果如图12-23所示。

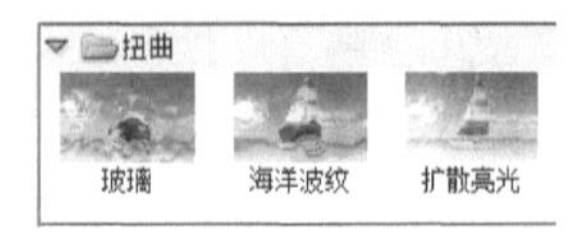

图12-22

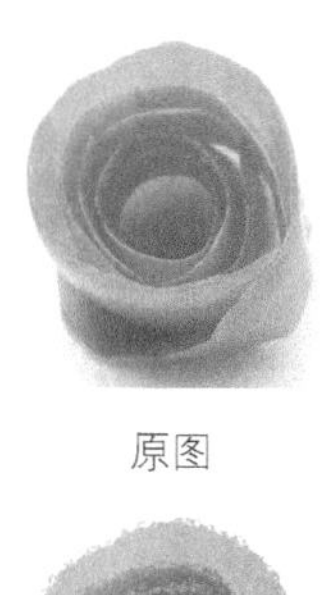

原图

玻璃

海洋波纹

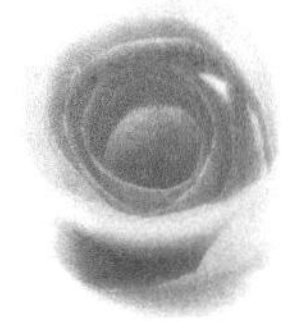

扩散亮光

图12-23

4. 素描滤镜组

素描滤镜组包含14个滤镜，如图12-24所示。此滤镜只对RGB或灰度模式的图像起作用，可以制作出多种绘画效果。应用不同的滤镜制作出的效果如图12-25所示。

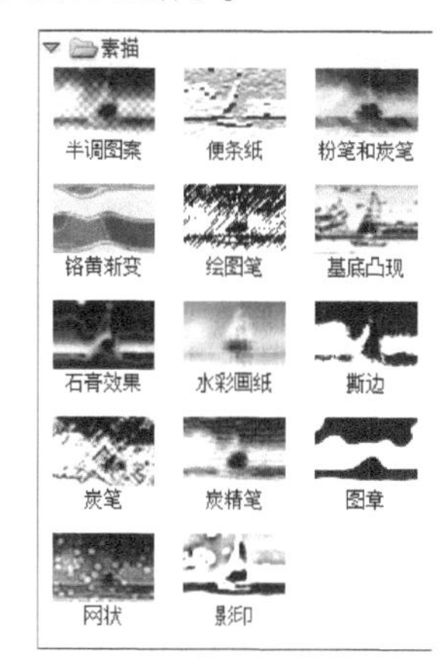

图12-24

原图

半调图案

便条纸

图12-25

粉笔和炭笔　　铬黄渐变　　绘图笔

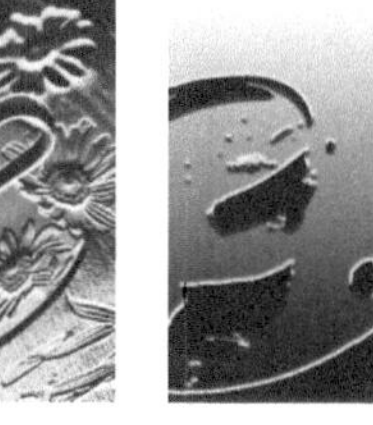

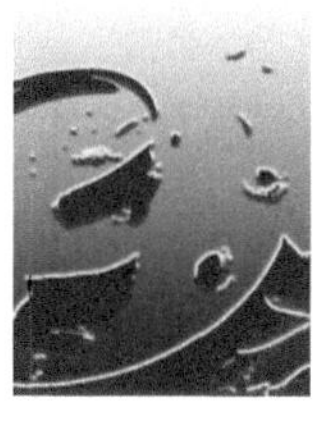

基底凸现　　石膏效果　　水彩画纸

撕边　　炭笔　　炭精笔

图章　　网状　　影印

图12-25（续）

5. 纹理滤镜

纹理滤镜组包含6个滤镜，如图12-26所示。此滤镜可以使图像产生纹理效果。应用不同的滤镜制作出的效果如图12-27所示。

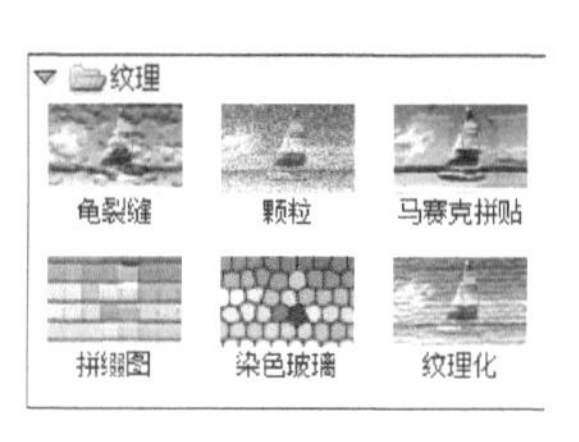

图12-26

原图

图12-27

龟裂缝

颗粒

马赛克拼贴

拼缀图

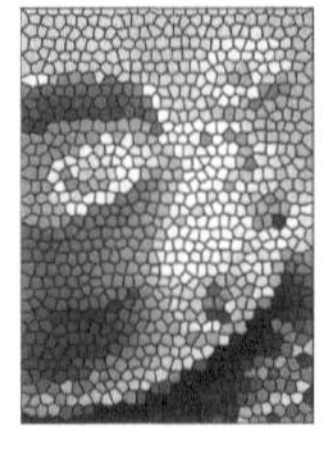

染色玻璃

纹理化

图12-27（续）

6. 艺术效果滤镜

艺术效果滤镜组包含15个滤镜，如图12-28所示。此滤镜在RGB颜色模式和多通道颜色模式下才可用。应用不同的滤镜制作出的效果如图12-29所示。

图12-28

原图

壁画

彩色铅笔

粗糙蜡笔

图12-29

底纹效果

干画笔

海报边缘

海绵

绘画涂抹

胶片颗粒

木刻

霓虹灯光

水彩

塑料包装

调色刀

涂抹棒

图12-29（续）

7. 滤镜叠加

在“滤镜库”对话框中可以创建多个效果图层，每个图层可以应用不同的滤镜，从而使图像产生多个滤镜叠加后的效果。

为图像添加“强化的边缘”滤镜，如图12-30所示，单击“新建效果图层”按钮，生成新的效果图层，如图12-31所示。为图像添加“海报边缘”滤镜，叠加后的效果如图12-32所示。

图12-30

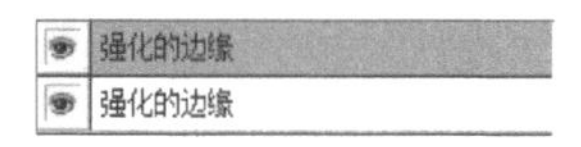

图12-31

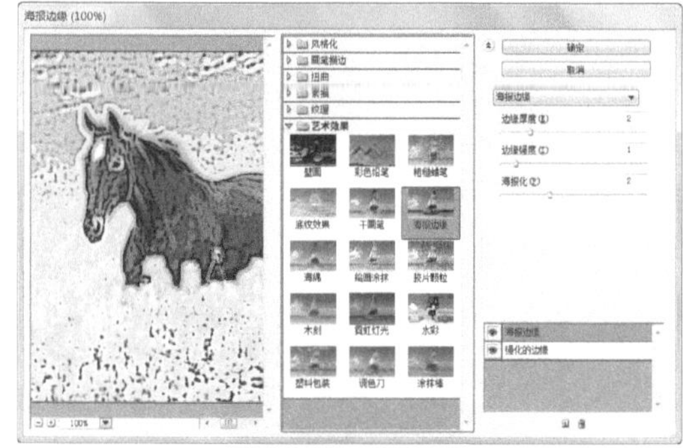

图12-32

12.1.3　自适应广角

自适应广角滤镜是Photoshop CS6中推出的一项新功能，可以利用它对具有广角、超广角及鱼眼效果的图片进行校正。

打开一张图片，如图12-33所示。选择“滤镜 > 自适应广角”命令，弹出对话框，如图12-34所示。

图12-33

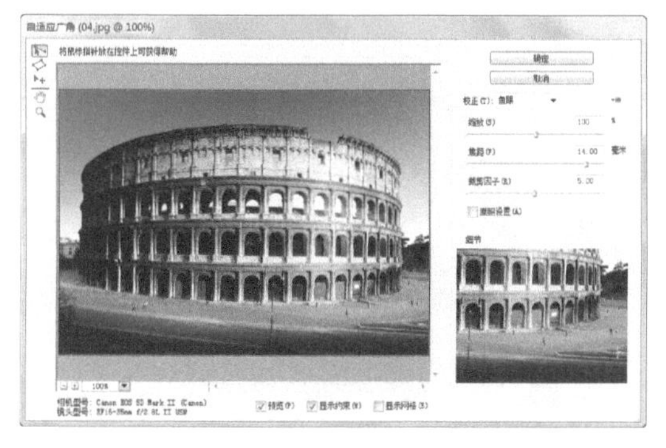

图12-34

在对话框左侧的图片上需要调整的位置拖曳一条直线，如图12-35所示。再将中间的节点向下拖曳到适当的位置，图片自动调整为直线，如图12-36所示，单击“确定”按钮，照片调整后的效果如图12-37所示。

用相同的方法也可以调整上方的屋檐，效果如图12-38所示。

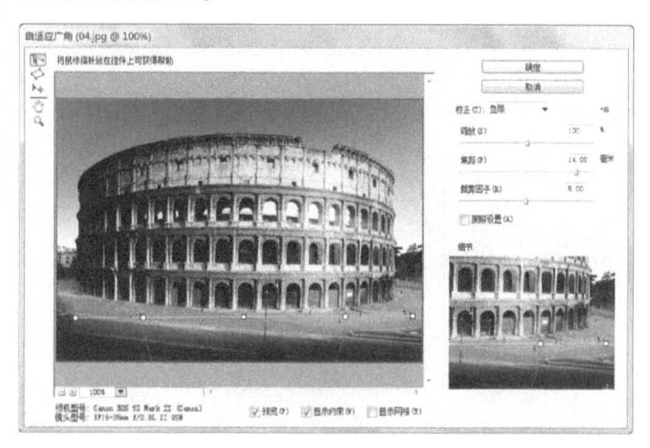

图12-35

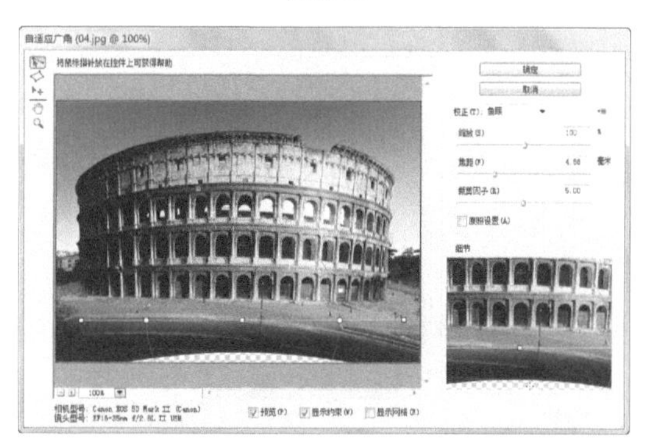

图12-36

图12-37　　图12-38

12.1.4　镜头校正

镜头校正滤镜可以修复常见的镜头瑕疵，如桶形失真、枕形失真、晕影和色差等；也可以使用该滤镜来旋转图像，或修复由于相机在垂直或水平方向上倾斜而导致的图像透视、错视现象。

打开一张图片，如图12-39所示。选择“滤镜 > 镜头校正”命令，弹出对话框，如图12-40所示。

图12-39

图12-40

单击“自定”选项卡，设置如图12-41所示，单击“确定”按钮，效果如图12-42所示。

图12-41

图12-42

12.1.5　液化滤镜

液化滤镜命令可以制作出各种类似液化的图像变形效果。

打开一张图片，如图12-43所示。选择“滤镜 > 液化”命令，或按Shift+Ctrl+X组合键，弹出“液化”对话框，勾选右侧的“高级模式”复选框，如图12-44所示。

图12-43

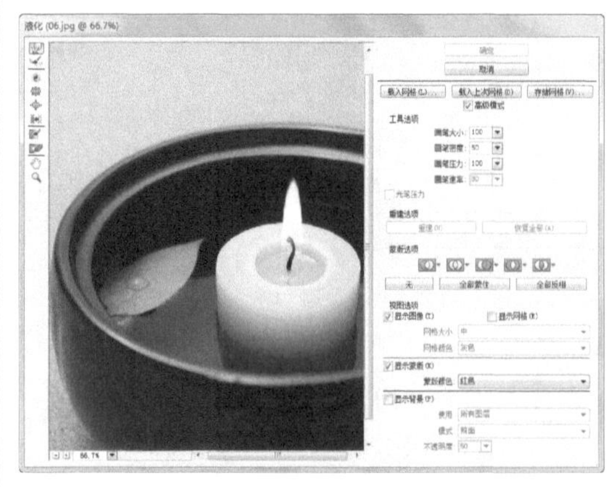

图12-44

在对话框中对图像进行变形，如图12-45所示，单击“确定”按钮，液化变形效果如图12-46所示。

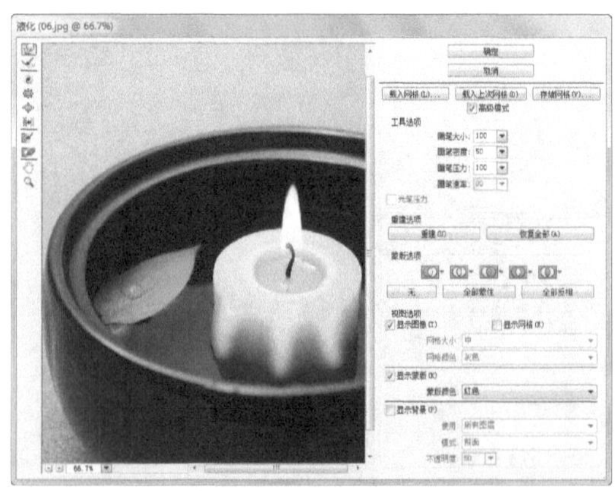

图12-45

图12-46

左侧的工具箱由上到下分别为“向前变形”工具、“重建”工具、“顺时针旋转扭曲”工具、“褶皱”工具、“膨胀”工具、“左推”工具、“冻结蒙版”工具、“解冻蒙版”工具、“抓手”工具和“缩放”工具。

工具选项组：“画笔大小”选项用于设定所选工具的笔触大小；“画笔密度”选项用于设定画笔的浓密度；“画笔压力”选项用于设定画笔的压力，压力越小，变形的过程越慢；“画笔速率”选项用于设定画笔的绘制速度；“光笔压力”选项用于设定压感笔的压力。

重建选项组：“重建”按钮用于对变形的图像进行重置；“恢复全部”按钮用于将图像恢复到打开时的状态。

蒙版选项组：用于选择通道蒙版的形式。选择“无”按钮，可以不制作蒙版；选择“全部蒙住”按钮，可以为全部的区域制作蒙版；选择“全部反相”按钮，可以解冻蒙版区域并冻结剩余的区域。

视图选项组：勾选“显示图像”复选框可以显示图像；勾选“显示网格”复选框可以显示网格，“网格大小”选项用于设置网格的大小，“网格颜色”选项用于设置网格的颜色；勾选“显示蒙版”复选框，可以显示蒙版，“蒙版颜色”选项用于设置蒙版的颜色。勾选“显示背景”复选框，“使用”选项的下拉列表中可以选择图层，“模式”选项的下拉列表中可以选择不同的模式，“不透明度”选项中可以设置不透明度。

12.1.6 油画滤镜

油画滤镜可以将照片或图片制作成油画效果。

打开一张图片，如图12-47所示。选择“滤镜 > 油画”命令，弹出对话框，如图12-48所示。

图12-47

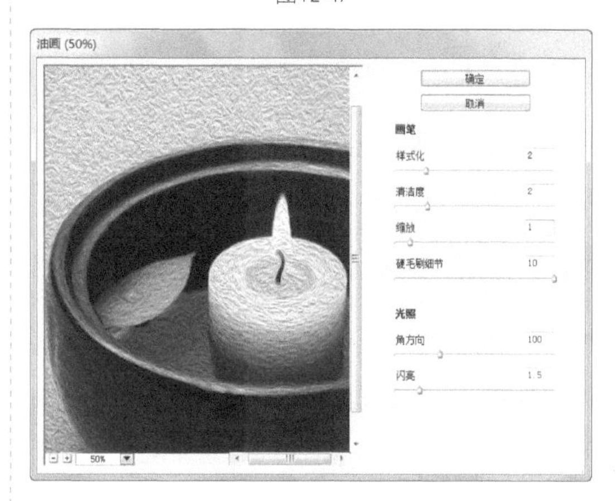

图12-48

画笔选项组可以设置笔刷的样式化、清洁度、缩放和硬毛刷细节，光照选项组可以设置角的方向和亮光情况。

设置如图12-49所示，单击“确定”按钮，效果如图12-50所示。

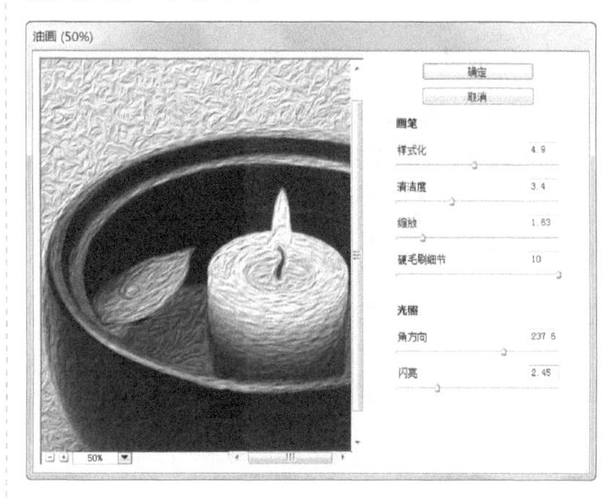

图12-49

图12-50

12.1.7 消失点滤镜

消失点滤镜可以制作建筑物或任何矩形对象的透视效果。

打开一张图片，选中建筑物生成选区，如图12-51所示。按Ctrl＋C组合键，复制选区中的图像，取消选区。选择“滤镜 > 消失点”命令，弹出对话框，在对话框的左侧选择“创建平面”工具，在图像窗口中单击定义4个角的节点，如图12-52所示，节点之间会自动连接为透视平面，如图12-53所示。

图12-51

图12-52

图12-53

按Ctrl＋V组合键，将刚才复制过的图像粘贴到对话框中，如图12-54所示。将粘贴的图像拖曳到透视平面中，如图12-55所示。

图12-54

图12-55

按住Alt键的同时，复制并向上拖曳建筑物，如图12-56所示。用相同的方法，再复制2次建筑物，如图12-57所示，单击“确定”按钮，建筑物的透视变形效果如图12-58所示。

图12-56

图12-57

图12-58

在“消失点”对话框中，透视平面显示为蓝色时为有效的平面；显示为红色时为无效的平面，无法计算平面的长宽比，也无法拉出垂直平面；显示为黄色时为无效的平面，无法解析平面的所有消失点，如图12-59所示。

蓝色透视平面

红色透视平面

黄色透视平面

图12-59

12.1.8　杂色滤镜

杂色滤镜组可以混合干扰制作出着色像素图案的纹理。杂色滤镜子菜单如图12-60所示。应用不同的滤镜制作出的效果如图12-61所示。

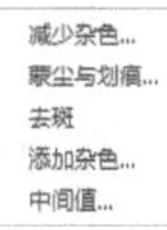

图12-60

原图

减少杂色

蒙尘与划痕

去斑

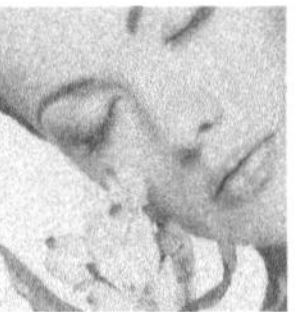

添加杂色

中间值

图12-61

12.1.9　渲染滤镜

渲染滤镜组可以在图片中产生不同的光源效

果和夜景效果。渲染滤镜子菜单如图12-62所示。应用不同的滤镜制作出的效果如图12-63所示。

图12-62

原图

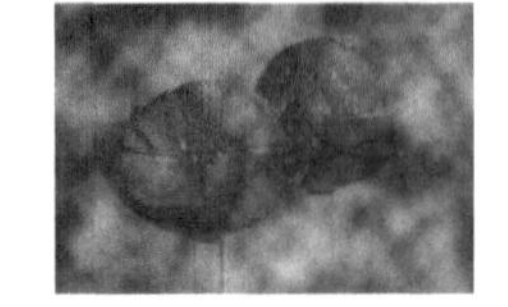

分层云彩

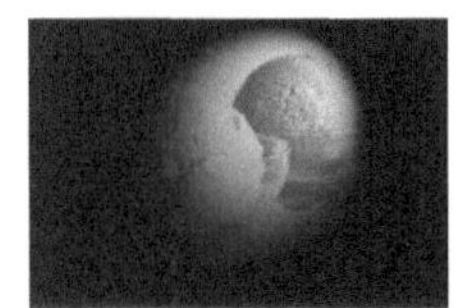

光照效果

镜头光晕

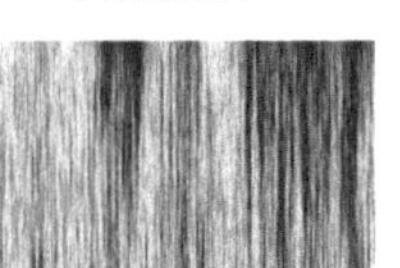

纤维

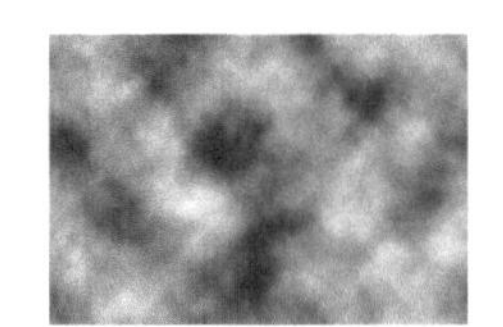

云彩

图12-63

12.1.10 课堂案例——制作下雪特效

【案例学习目标】学习使用滤镜命令制作下雪特效。

【案例知识要点】使用去色命令、点状化滤镜命令、动感模糊滤镜命令和混合模式制作下雪特效，使用横排文字工具和字符面板添加并调整文字，最终效果如图12-64所示。

【效果所在位置】Ch13/效果/制作下雪特效.psd。

图12-64

（1）按Ctrl＋O组合键，打开本书学习资源中的“Ch12 > 素材 > 制作下雪特效 > 01”文件，如图12-65所示。将“背景”图层拖曳到控制面板下方的“创建新图层”按钮上进行复制，生成新的图层“背景 副本”，如图12-66所示。按Shift+Ctrl+U组合键，去除图像颜色，如图12-67所示。

图12-65

图12-66

图12-67

（2）选择“滤镜 > 像素化 > 点状化”命令，在弹出的对话框中进行设置，如图12-68所示，单击“确定”按钮，图像效果如图12-69所示。

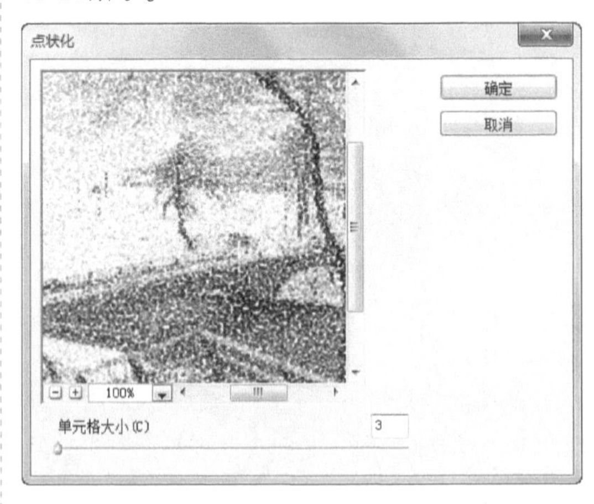

图12-68

图12-69

（3）选择“滤镜 > 模糊 > 动感模糊”命令，在弹出的对话框中进行设置，如图12-70所示，单击“确定”按钮，图像效果如图12-71所示。

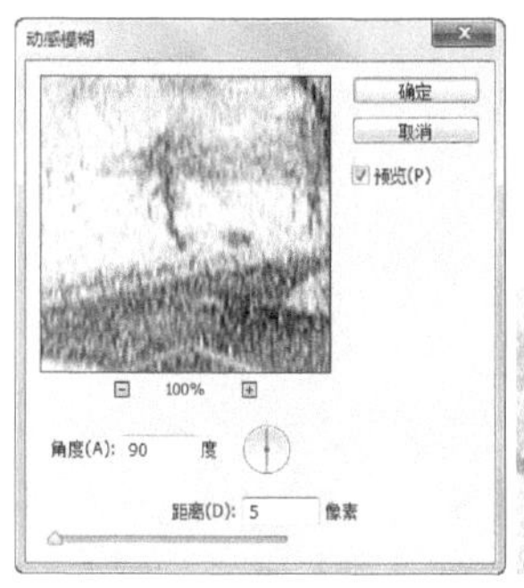

图12-70　　图12-71

（4）在“图层”控制面板上方，将该图层的混合模式选项设为“浅色”，如图12-72所示，图像效果如图12-73所示。

图12-72　　图12-73

（5）选择“横排文字”工具T，在图像窗口中分别输入需要的黑色和白色文字并选取文字，在属性栏中选择合适的字体并设置其大小，效果如图12-74所示，在“图层”控制面板中分别生成新的文字图层。选取需要的文字，将其填充为深红色（其R、G、B的值分别为112、0、0），如图12-75所示。

图12-74　　图12-75

（6）选取“HIBERNAL PERSONALITY”文字图层。选择“窗口 > 字符”命令，在弹出的面板中进行设置，如图12-76所示，按Enter键确认操作，效果如图12-77所示。

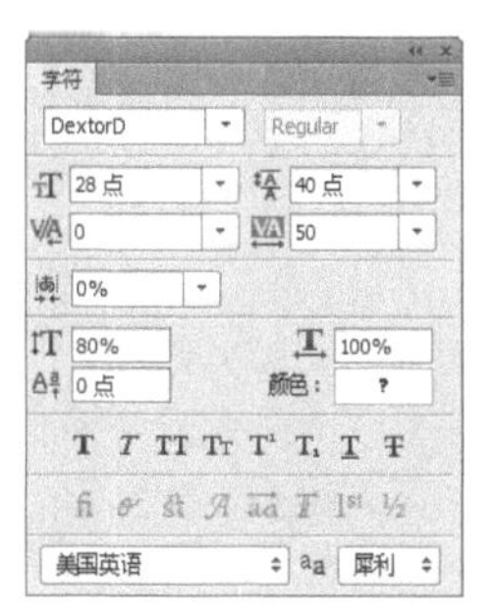

图12-76　　图12-77

（7）选择“PERSONALITY2018”文字图层。单击“图层”控制面板下方的“添加图层样式”按钮fx，在弹出的菜单中选择“外发光”命令，弹出对话框，将发光颜色设为白色，其他选项的设置如图12-78所示，单击“确定”按钮，效果如图12-79所示。用相同的方法为文字添加外发光，效果如图12-80所示。下雪特效制作完成，效果如图12-81所示。

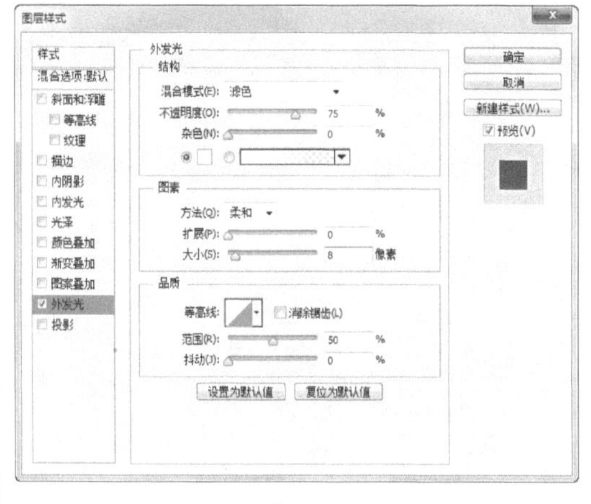

图12-78

图12-79　　图12-80

图12-81

12.1.11 像素化滤镜

像素化滤镜组可以将图像分块或将图像平面化。像素化滤镜子菜单如图12-82所示。应用不同的滤镜制作出的效果如图12-83所示。

彩块化
彩色半调...
点状化...
晶格化...
马赛克...
碎片
铜版雕刻...

图12-82

原图

彩块化

彩色半调

点状化

晶格化

马赛克

碎片

铜板雕刻

图12-83

12.1.12 风格化滤镜

风格化滤镜组可以产生印象派以及其他风格画派效果，是完全模拟真实艺术手法进行创作的。风格化滤镜子菜单如图12-84所示。应用不同的滤镜制作出的效果如图12-85所示。

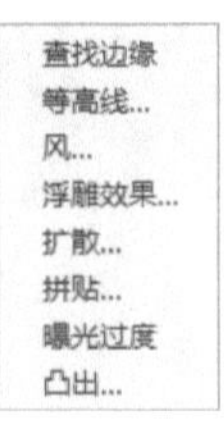

图12-84

原图 查找边缘 等高线

风

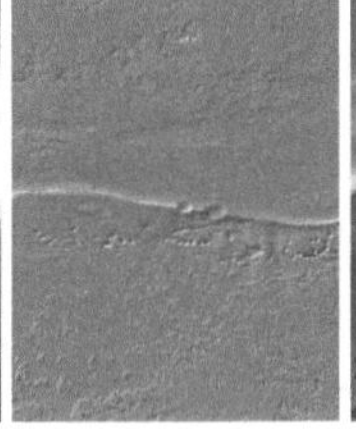

浮雕效果

扩散

拼贴

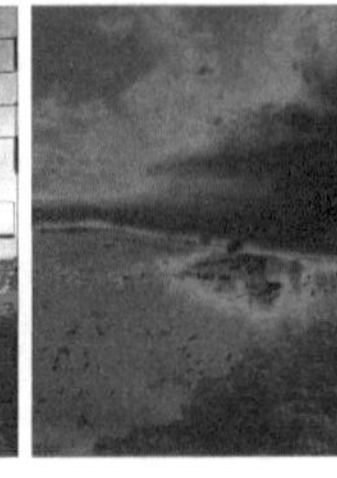

曝光过度

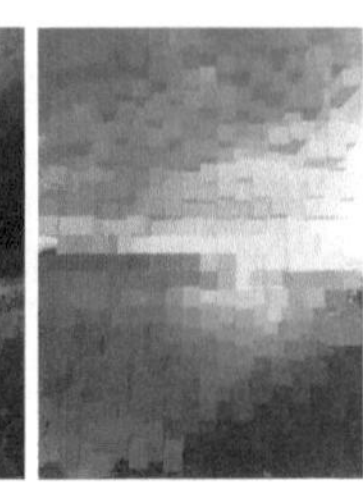

凸出

图12-85

12.1.13 课堂案例——制作景深特效

【案例学习目标】学习使用滤镜命令下的特殊模糊滤镜制作景深特效。

【案例知识要点】使用磁性套索工具勾出荷花，使用羽化命令将选区羽化，使用高斯模糊滤镜命令添加背景的模糊效果，使用画笔工具绘制星光，最终效果如图12-86所示。

【效果所在位置】Ch12/效果/制作景深特效.psd。

图12-86

（1）按Ctrl＋O组合键，打开本书学习资源中的“Ch12 > 素材 > 制作景深特效 > 01”文件，如图12-87所示。选择“磁性套索”工具，沿着荷花边缘绘制荷花的轮廓，如图12-88所示。松开鼠标，生成选区，如图12-89所示。

图12-87　图12-88　图12-89

（2）按Shift+F6组合键，在弹出的“羽化选区”对话框中进行设置，如图12-90所示，单击“确定”按钮，效果如图12-91所示。按Shift+Ctrl+I组合键，将选区反选，如图12-92所示。

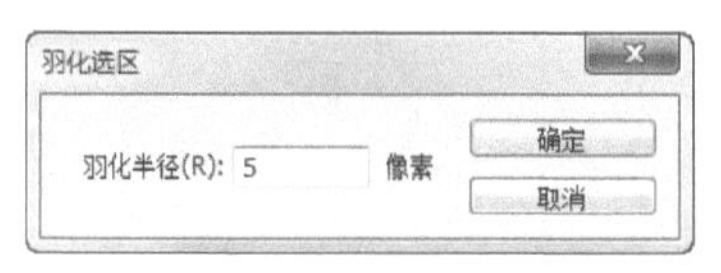

图12-90

图12-91　图12-92

（3）选择“滤镜 > 模糊 > 高斯模糊”命令，在弹出的对话框中进行设置，如图12-93所示。单击“确定”按钮，效果如图12-94所示。

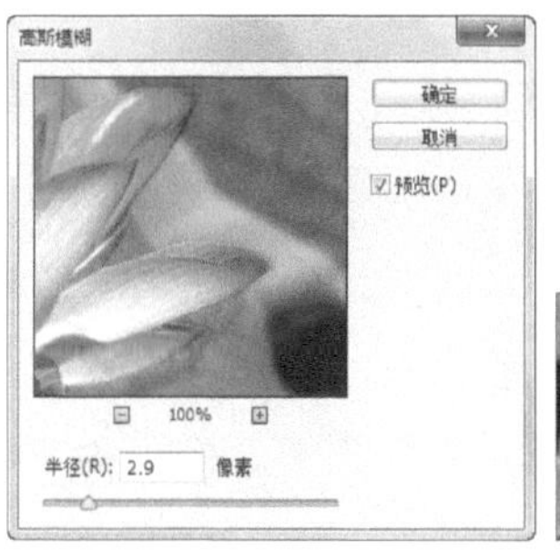

图12-93　图12-94

（4）按Ctrl＋O组合键，打开本书学习资源中的“Ch12 > 素材 > 制作景深特效 > 02”文件。选择“移动”工具，拖曳文字到图像窗口的右下方，效果如图12-95所示，在“图层”控制面板中生成新的图层并将其命名为“文字”。

（5）新建图层并将其命名为“装饰画笔”。将前景色设为白色。选择“画笔”工具，在属性栏中单击“画笔”选项右侧的按钮，弹出画笔选择面板，选择需要的画笔形状，其他选项的设置如图12-96所示。在图像窗口的左上方单击鼠标，效果如图12-97所示。在键盘上按 [键和] 键，调整画笔的大小，分别在图像窗口中适当的位置单击鼠标，效果如图12-98所示。

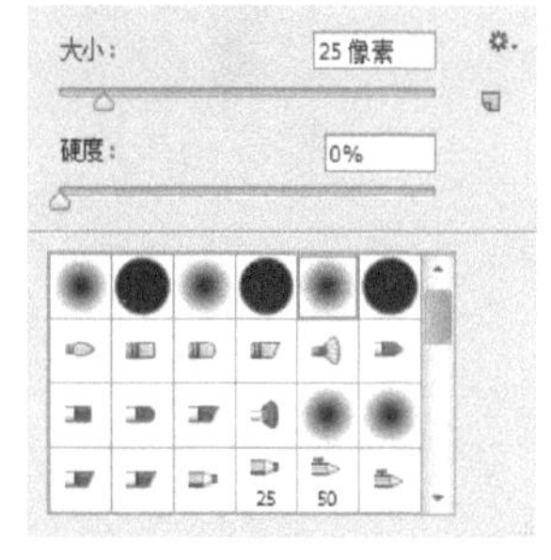

图12-95　图12-96

图12-97　图12-98

（6）单击属性栏中的“切换画笔面板”按钮，弹出“画笔”控制面板，设置如图12-99所示；选择“散布”选项，弹出相应的面板，设置如图12-100所示。选择“双重画笔”选项，弹出相应的面板，设置如图12-101所示。在图像窗口中拖曳鼠标进行绘制，效果如图12-102所示。景深特效制作完成，如图12-103所示。

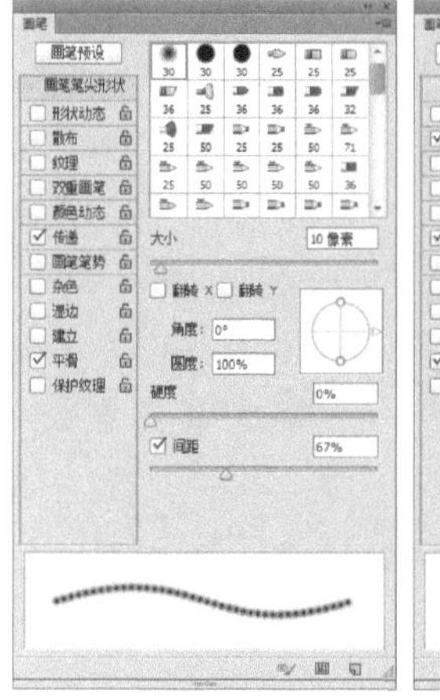

图12-99

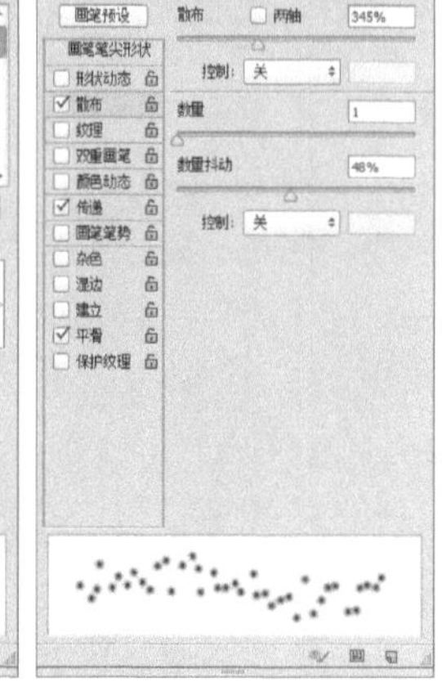

图12-100

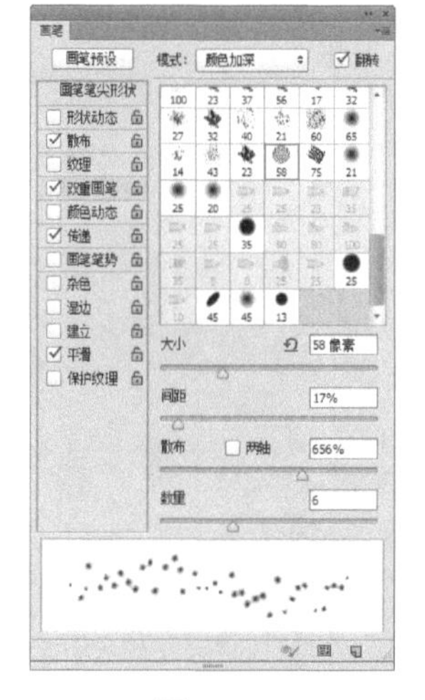

图12-101

图12-102

图12-103

12.1.14 模糊滤镜

模糊滤镜组可以使图像中过于清晰或对比度强烈的区域产生模糊效果，也可以制作柔和阴影。模糊效果滤镜子菜单如图12-104所示。应用不同滤镜制作出的效果如图12-105所示。

图12-104

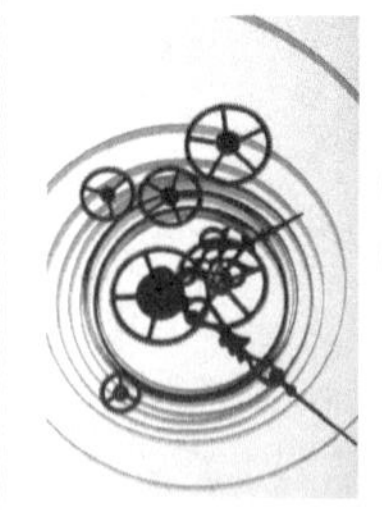

原图

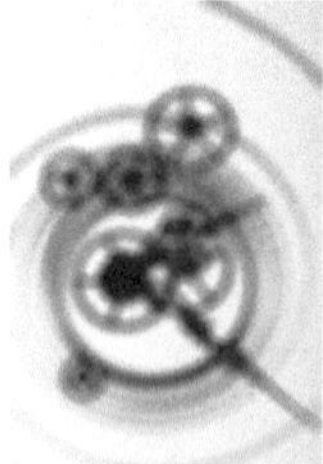

场景模糊

光圈模糊

倾斜偏移

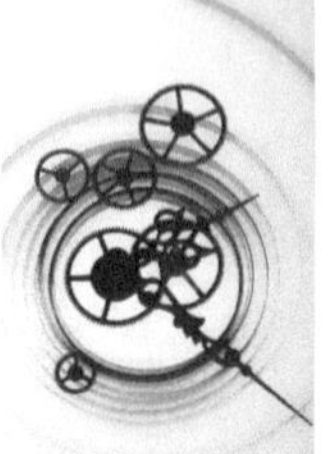

表面模糊

动感模糊

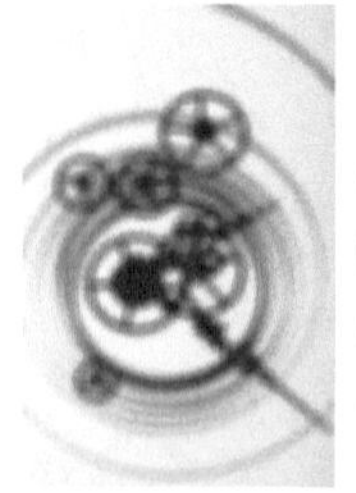

方框模糊

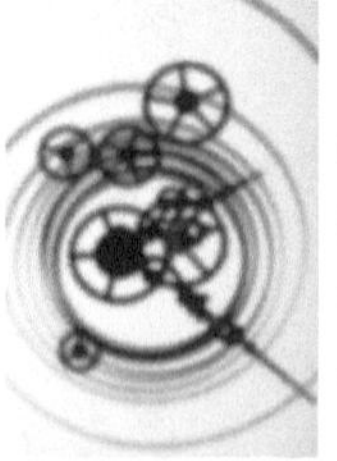

高斯模糊

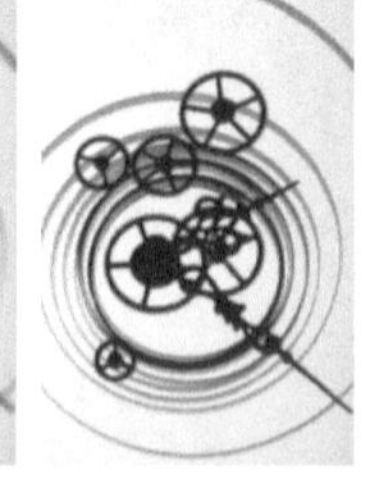

进一步模糊

图12-105

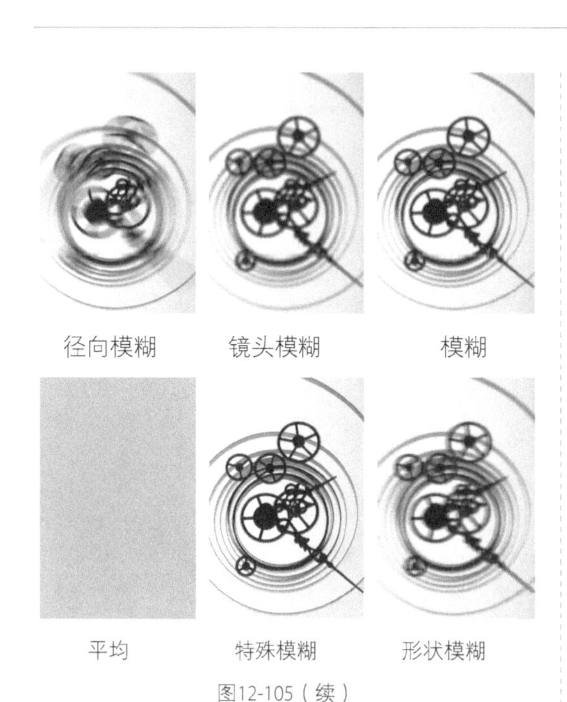

径向模糊　镜头模糊　模糊

平均　特殊模糊　形状模糊

图12-105（续）

12.1.15　扭曲滤镜

扭曲滤镜组效果可以生成一组从波纹到扭曲图像的变形效果。扭曲滤镜子菜单如图12-106所示。应用不同滤镜制作出的效果如图12-107所示。

波浪...
波纹...
极坐标...
挤压...
切变...
球面化...
水波...
旋转扭曲...
置换...

图12-106

原图

波浪

波纹

极坐标

图12-107

挤压　切变　球面化

水波

旋转扭曲

置换

图12-107（续）

12.1.16　锐化滤镜

锐化滤镜组可以通过生成更大的对比度来使图像清晰化从而增强图像的轮廓，减少图像修改后产生的模糊效果。锐化滤镜子菜单如图12-108所示。应用锐化滤镜组制作的图像效果如图12-109所示。

USM 锐化...
进一步锐化
锐化
锐化边缘
智能锐化...

图12-108

原图

USM锐化

进一步锐化

锐化

锐化边缘

智能锐化

图12-109

12.1.17 智能滤镜

常用滤镜在应用后就不能改变滤镜命令中的数值。智能滤镜是针对智能对象使用的、可以调节滤镜效果的一种应用模式。

选中要应用滤镜的图层，如图12-110所示。选择“滤镜 > 转换为智能滤镜”命令，弹出提示对话框，单击“确定”按钮，将普通图层转换为智能对象图层，“图层”控制面板如图12-111所示。选择“滤镜 > 模糊 > 动感模糊”命令，为图像添加模糊效果，此图层的下方显示出滤镜名称，如图12-112所示。

双击“图层”控制面板中要修改参数的滤镜名称，在弹出的相应对话框中重新设置参数即可。单击滤镜名称右侧的“双击以编辑滤镜混合选项”图标，弹出“混合选项”对话框，在对话框中可以设置滤镜效果的模式和不透明度，如图12-113所示。

图12-110

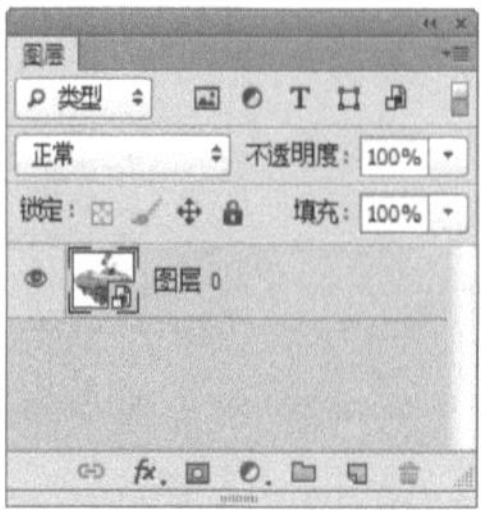

图12-111

图12-112

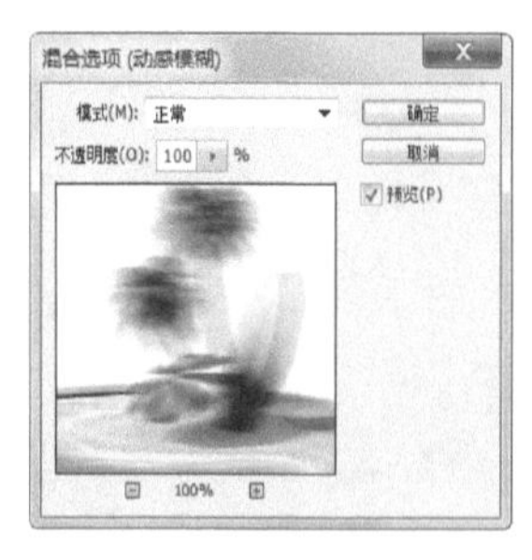

图12-113

12.1.18 其他滤镜

其他滤镜组不同于其他分类的滤镜组，在此滤镜效果中，可以创建自己的特殊效果滤镜。其他滤镜子菜单如图12-114所示。应用不同滤镜制作出的效果如图12-115所示。

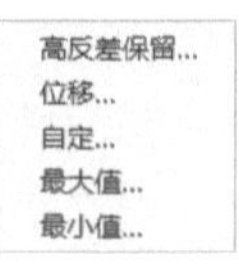

图12-114

原图

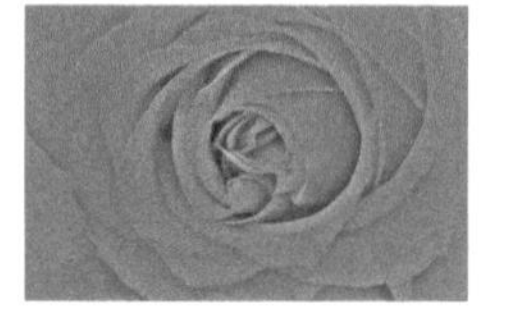

高反差保留

位移

自定

最大值

最小值

图12-115

12.1.19 Digimarc滤镜

Digimarc滤镜组将数字水印嵌入图像中以存储版权信息，Digimarc滤镜子菜单如图12-116所示。

图12-116

12.2 滤镜使用技巧

重复使用滤镜、对图像局部使用滤镜可以使图像产生更加丰富、生动的变化。

12.2.1 重复使用滤镜

如果在使用一次滤镜后图像效果不理想，可以按Ctrl+F组合键，重复使用滤镜。重复使用染色玻璃滤镜的不同效果如图12-117所示。

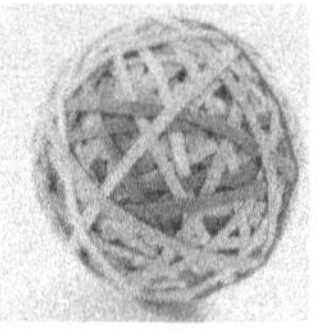
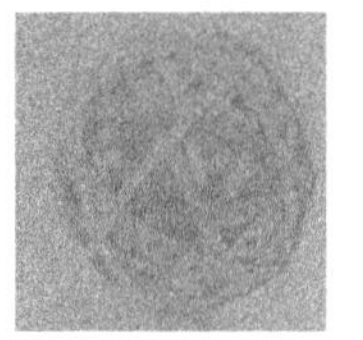

图12-117

12.2.2 对图像局部使用滤镜

在要应用的图像上绘制选区，如图12-118所示，对选区中的图像使用“旋转扭曲”滤镜，效果如图12-119所示。如果对选区进行羽化后再使用滤镜，就可以得到与原图融为一体的效果。在“羽化选区”对话框中设置羽化的数值，如图12-120所示，再使用滤镜得到的效果如图12-121所示。

图12-118

图12-119

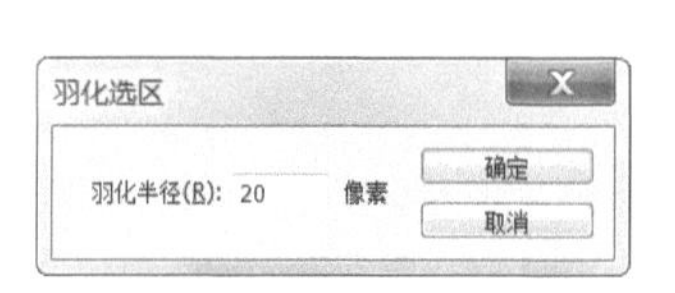

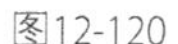

图12-120

图12-121

12.2.3 对通道使用滤镜

原始图像效果如图12-122所示，对图像的红、蓝通道分别使用“径向模糊”滤镜后得到的效果如图12-123所示。

图12-122

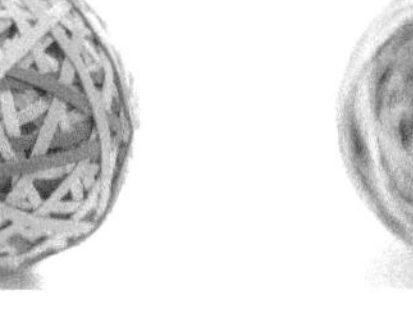

图12-123

12.2.4 对滤镜效果进行调整

对图像使用“扭曲 > 波纹”滤镜后，效果如图12-124所示。按Shift+Ctrl+F组合键，弹出如图12-125所示的“渐隐”对话框，调整“不透明度”选项的数值并选择“模式”选项，单击“确定”按钮，使滤镜效果产生变化，效果如图12-126所示。

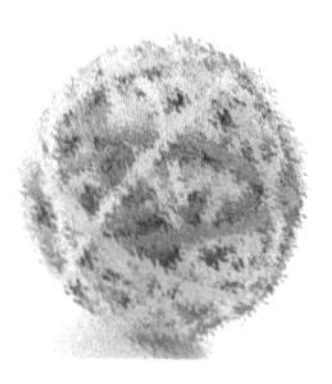

图12-124

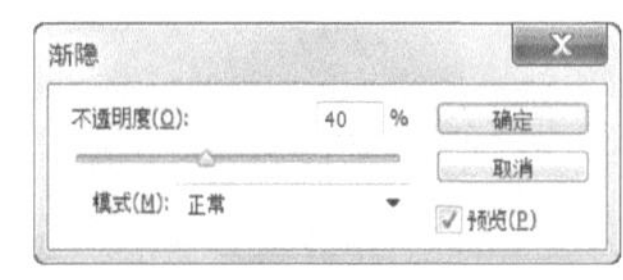

图12-125

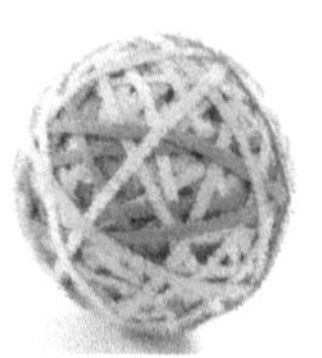

图12-126

课堂练习——制作海洋拼贴画

【练习知识要点】使用马赛克拼贴滤镜命令、磁性套索工具和图层样式制作拼图，最终效果如图12-127所示。

【效果所在位置】Ch12/效果/制作海洋拼贴画.psd。

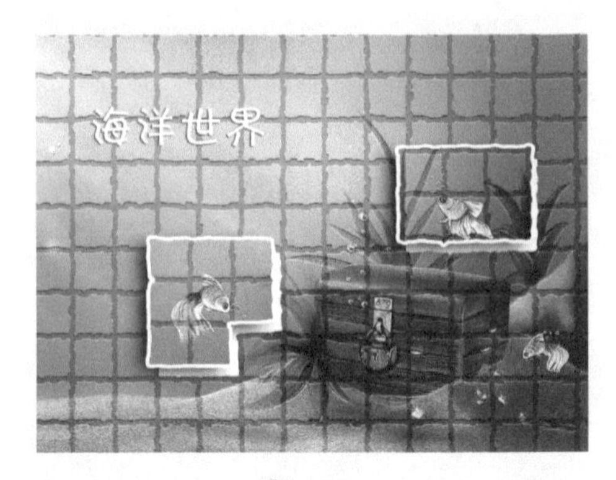

图12-127

课后习题——制作淡彩宣传卡

【习题知识要点】使用去色命令将花图片去色，使用照亮边缘滤镜命令、混合模式、反向命令和色阶命令调整花图片颜色，使用复制图层命令和混合模式制作淡彩效果，最终效果如图12-128所示。

【效果所在位置】Ch12/效果/制作淡彩宣传卡.psd。

图12-128

第 13 章

商业案例实训

本章介绍

本章通过多个商业案例实训，进一步讲解Photoshop各大功能的特色和使用技巧，使读者能够快速地掌握软件功能和知识要点，制作出变化丰富的设计作品。

学习目标

- ◆ 掌握软件基础知识的使用方法。
- ◆ 了解软件的常用设计领域。
- ◆ 掌握软件在不同设计领域的使用。

技能目标

- ◆ 掌握“美食界面”的制作方法。
- ◆ 掌握“阳光女孩照片模板”的制作方法。
- ◆ 掌握“女装网店店招和导航条”的制作方法。
- ◆ 掌握“牙膏广告”的制作方法。
- ◆ 掌握“果汁饮料包装”的制作方法。

13.1 制作美食界面

13.1.1 项目背景及要求

1. 客户名称

时限设计公司。

2. 客户需求

时限设计公司是一家以APP制作、平面设计和网页设计等为主的设计工作室，深受广大用户的喜爱和信任。公司最近要为一家饭店设计一款客户端APP界面，界面要求简洁直观，让人一目了然。

3. 设计要求

（1）使用模糊的背景突出前方的美食照片，突出主题。

（2）界面设计以食物照片为主，醒目直观。

（3）界面简洁明了，图文搭配合理。

（4）用简单的图形元素点缀画面，避免呆板，起到丰富界面的作用。

（5）设计规格为226mm（宽）×401mm（高），分辨率为72像素/英寸。

13.1.2 项目创意及制作

1. 设计素材

图片素材所在位置：本书学习资源中的“Ch13/素材/制作美食界面/01～07”。

2. 设计作品

设计作品效果所在位置：本书学习资源中的“Ch13/效果/制作美食界面.psd”，最终效果如图13-1所示。

图13-1

3. 制作要点

使用高斯模糊滤镜命令制作背景效果，使用新建参考线命令添加参考线，使用椭圆工具制作信号，使用自定形状工具和多边形套索工具制作WiFi，使用横排文字工具、椭圆工具、圆角矩形工具和钢笔工具绘制状态栏其他图形，使用圆角矩形工具、图层样式、剪贴蒙版和横排文字工具制作宣传图片。

13.1.3 案例制作及步骤

1. 绘制状态栏

（1）按Ctrl+N组合键，新建一个文件，宽度为22.6厘米，高度为40.1厘米，分辨率为72像素/英寸，颜色模式为RGB，背景内容为白色。

（2）按Ctrl+O组合键，打开本书学习资源中的“Ch13 > 素材 > 制作美食界面 > 01”文件，选择“移动”工具，将图片拖曳到图像窗口中适当的位置，效果如图13-2所示，在“图层”控制面板中生成新的图层并将其命名为“美食”。按两次Ctrl+J组合键，复制两个图层，如图13-3所示。

图13-2

图13-3

（3）将两个副本图层隐藏，选择“美食”图层，如图13-4所示。选择“滤镜 > 模糊 > 高斯模糊”命令，在弹出的对话框中进行设置，如图13-5所示，单击“确定”按钮，效果如图13-6所示。

图13-4

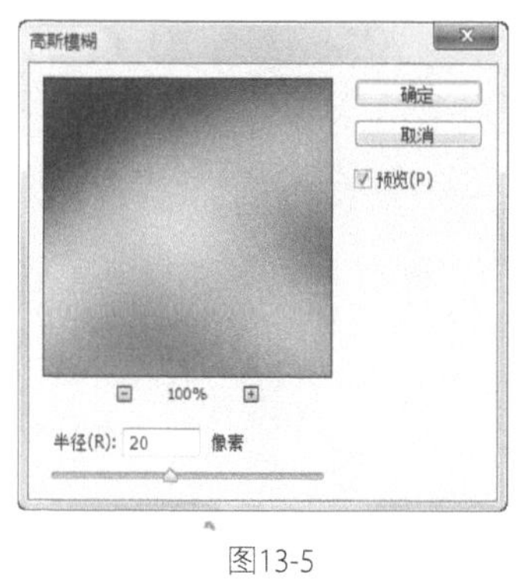

图13-5

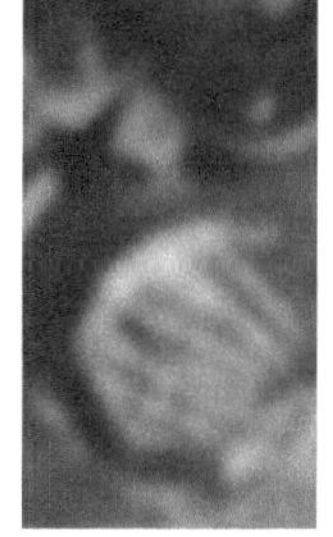

图13-6

（4）单击“图层”控制面板下方的“创建新组”按钮，生成新的图层组并将其命名为“状态栏”。选择“视图 > 新建参考线”命令，弹出“新建参考线”对话框，设置如图13-7所示，单击“确定”按钮，效果如图13-8所示。用相同的方法，在0.8厘米、1.1厘米和1.75厘米处新建3条水平参考线，效果如图13-9所示。

（5）将前景色设为白色。选择“椭圆”工具，在属性栏的“选择工具模式”选项中选择“形状”，按住Shift键的同时，在图像窗口中绘制圆形，效果如图13-10所示，在“图层”控制面板中生成新的图层“椭圆1”。

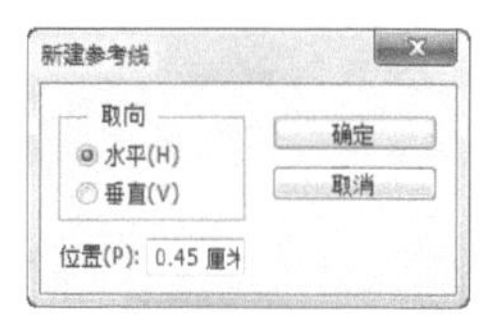

图13-7

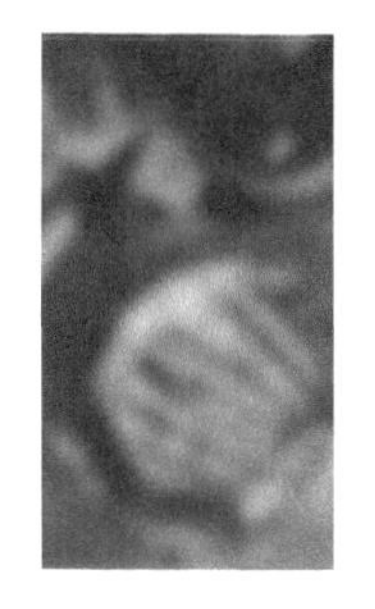

图13-8

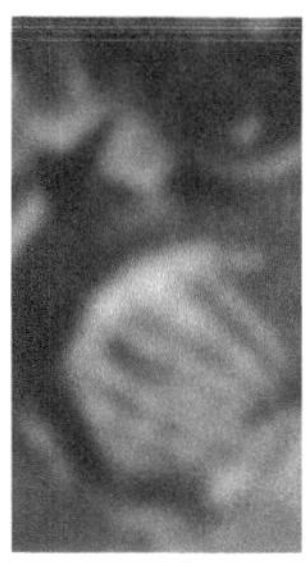

图13-9

图13-10

（6）按Alt+Ctrl+T组合键，复制圆形，拖曳到适当的位置，效果如图13-11所示。按两次Alt+Shift+Ctrl+T组合键，复制两个圆形，效果如图13-12所示。选择“椭圆”工具，在图像窗口中绘制圆形，在“图层”控制面板中生成新的图层“椭圆2”。在属性栏中将“填充”颜色设为无，“描边”颜色设为白色，“描边宽度”选项设为1点，效果如图13-13所示。

图13-11

图13-12

图13-13

（7）新建图层并将其命名为“WiFi”。选择“自定形状”工具，单击属性栏中的“形状”选项，弹出“形状”面板，单击面板右上方的按钮，在弹出的菜单中选择“全部”命令，弹出提示对话框，单击“确定”按钮。在“形状”面板中选中图形“靶心”，如图13-14所示。在属性栏的“选择工具模式”选项中选择“像素”，在图像窗口中拖曳光标绘制图形，如图13-15所示。

图13-14

图13-15

（8）选择“多边形套索”工具，在图像窗口中拖曳鼠标绘制选区，效果如图13-16所示。按Delete键，删除不需要的图像。按Ctrl+D组合键，取消选区，效果如图13-17所示。

（9）选择“横排文字”工具，在适当的位置输入需要的文字并选取文字，在属性栏中选择合适的字体并设置其大小，效果如图13-18所示，在“图层”控制面板中生成新的文字图层。

选择“窗口 > 字符”命令，在弹出的面板中进行设置，如图13-19所示，按Enter键确认操作，效果如图13-20所示。

图13-16

图13-17

图13-18

图13-19

图13-20

（10）选择“自定形状”工具，单击属性栏中的“形状”选项，弹出“形状”面板，选中图形“箭头6”，如图13-21所示。在属性栏的“选择工具模式”选项中选择“形状”，在图像窗口中拖曳鼠标绘制图形，如图13-22所示。

（11）选择“直接选择”工具，在图形上选择需要的锚点并将其拖曳到适当的位置，效果如图13-23所示。按Ctrl+T组合键，在图像周围出现变换框，将鼠标指针放在变换框的控制手柄外边，指针变为旋转图标，拖曳鼠标将图像旋转到适当的角度，调整其位置和大小，按Enter键确认操作，效果如图13-24所示。

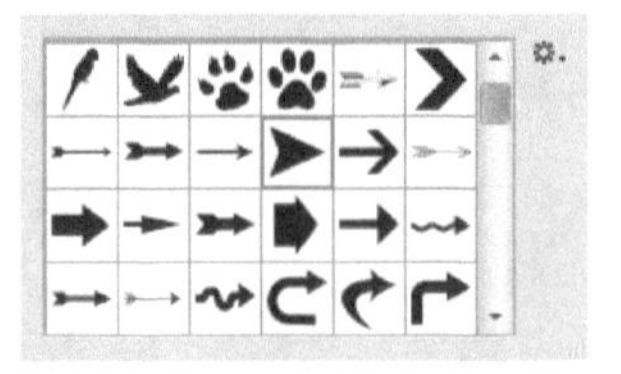

图13-21

图13-22

图13-23

图13-24

（12）新建图层并将其命名为“闹钟”。选择“椭圆”工具，在属性栏的“选择工具模式”选项中选择“像素”，按住Shift键的同时，在图像窗口中绘制圆形，效果如图13-25所示。选择“多边形套索”工具，在图像窗口中连续单击鼠标绘制选区。按Delete键，删除不需要的图像。按Ctrl+D组合键，取消选区，效果如图13-26所示。

（13）选择“钢笔”工具，在属性栏的“选择工具模式”选项中选择“路径”，在图像窗口中分别绘制路径。按Ctrl+Enter组合键，将路径转换为选区。按Alt+Delete组合键，用前景色填充选区。按Ctrl+D组合键，取消选区，效果如图13-27所示。

图13-25

图13-26

图13-27

（14）选择“横排文字”工具[T]，在适当的位置输入需要的文字并选取文字，在属性栏中选择合适的字体并设置其大小，效果如图13-28所示，在“图层”控制面板中生成新的文字图层。在“字符”面板中进行设置，如图13-29所示，按Enter键确认操作，效果如图13-30所示。

图13-28

图13-29

图13-30

（15）新建图层并将其命名为“电池”。选择“圆角矩形”工具[▢]，在属性栏的“选择工具模式”选项中选择“路径”，将“半径”选项设为3像素，在图像窗口中绘制圆角矩形，如图13-31所示。

图13-31

（16）选择“画笔”工具[✓]，在属性栏中单击“画笔”选项右侧的按钮[▾]，在弹出的画笔面板中选择需要的画笔形状，设置如图13-32所示。单击“路径”控制面板下方的“用画笔描边路径”按钮[○]，描边路径。按Enter键隐藏该路径，效果如图13-33所示。

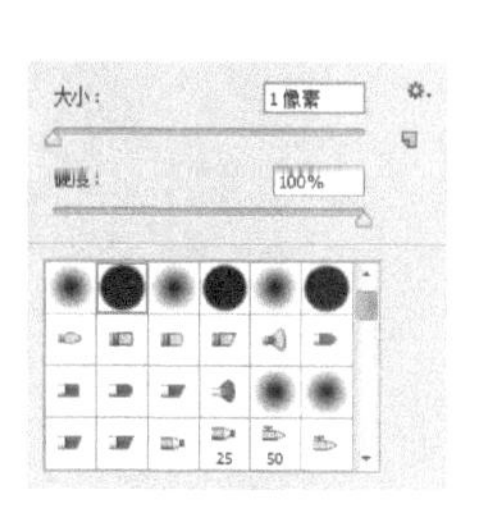

图13-32

图13-33

（17）选择“矩形”工具[▢]，在属性栏的“选择工具模式”选项中选择“像素”，在图像窗口中绘制矩形，如图13-34所示。选择“钢笔”工具[✎]，在属性栏的“选择工具模式”选项中选择“路径”，在图像窗口中绘制路径。

（18）按Ctrl+Enter组合键，将路径转换为选区。按Alt+Delete组合键，用前景色填充选区。按Ctrl+D组合键，取消选区，效果如图13-35所示。单击图层组左侧的三角形图标[▾]，将“状态栏”图层组中的图层隐藏。按Ctrl+;组合键，隐藏参考线，如图13-36所示。

图13-34

图13-35

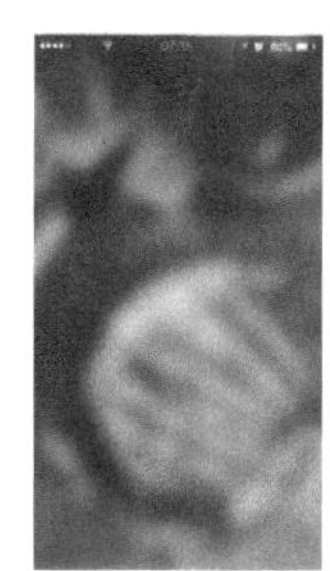

图13-36

2. 绘制内容栏

（1）新建图层组并将其命名为“内容栏”。显示并将“美食 副本”图层拖曳到“内容栏”图层组中，如图13-37所示。在图像窗口中调整美食图片的大小，效果如图13-38所示。

（2）将前景色设为黑色。选择“圆角矩形”工具[▢]，在属性栏的“选择工具模式”选项中选择“形状”，在图像窗口中绘制圆角矩形，如图

13-39所示，在“图层”控制面板中生成新的图层“圆角矩形1”。

图13-37

图13-38

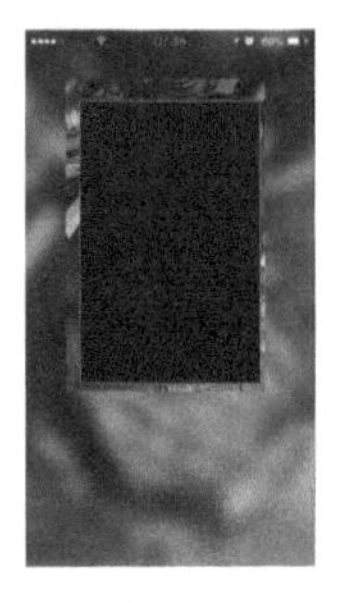

图13-39

（3）单击“图层”控制面板下方的“添加图层样式”按钮fx，在弹出的菜单中选择“投影”命令，在弹出的对话框中进行设置，如图13-40所示，单击“确定”按钮，效果如图13-41所示。

（4）将“圆角矩形1”图层拖曳到“美食 副本”图层的下方，如图13-42所示。选择“美食 副本”图层，按Alt+Ctrl+G组合键，创建剪贴蒙版，如图13-43所示，图像效果如图13-44所示。

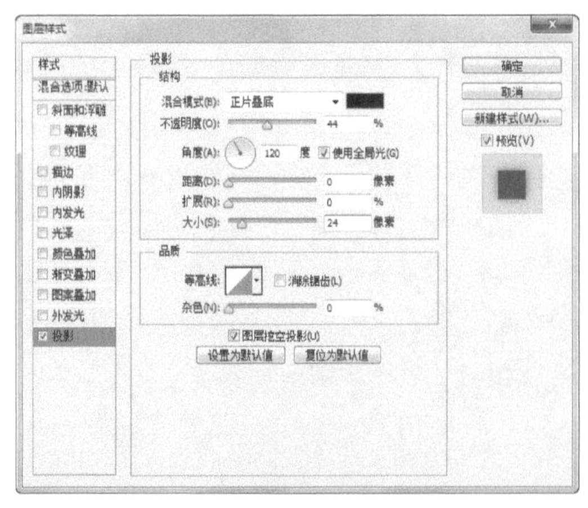

图13-40

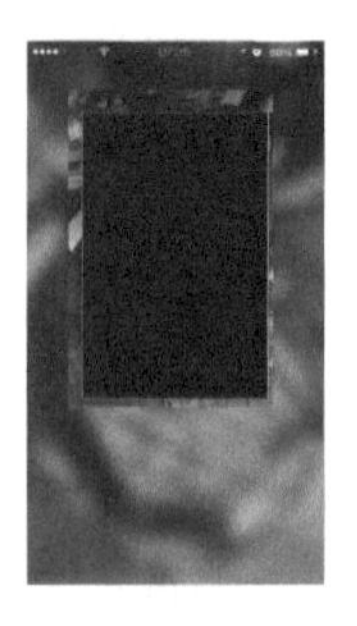

图13-41

图13-42

图13-43

图13-44

（5）将前景色设为白色。选择“横排文字”工具T，在适当的位置分别输入需要的文字并选取文字，在属性栏中分别选择合适的字体并设置大小，效果如图13-45所示，在“图层”控制面板中分别生成新的文字图层。

（6）选择“钢笔”工具，在属性栏的“选择工具模式”选项中选择“形状”，在图像窗口中绘制形状，如图13-46所示，在“图层”控制面板中生成新的图层“形状2”。用相同的方法绘制形状图形，如图13-47所示。在“图层”控制面板上方，将“形状4”图层的“填充”选项设为24%，按Enter键确认操作，效果如图13-48所示。

图13-45

图13-46

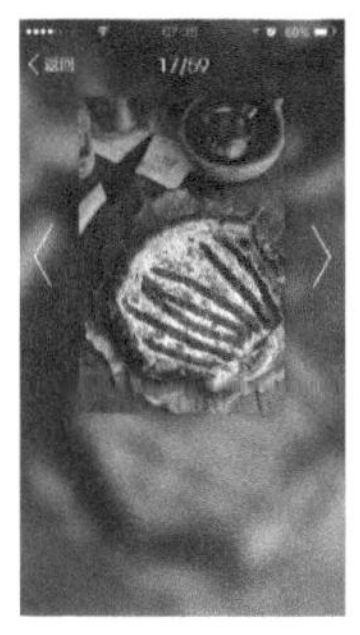

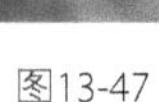

图13-47

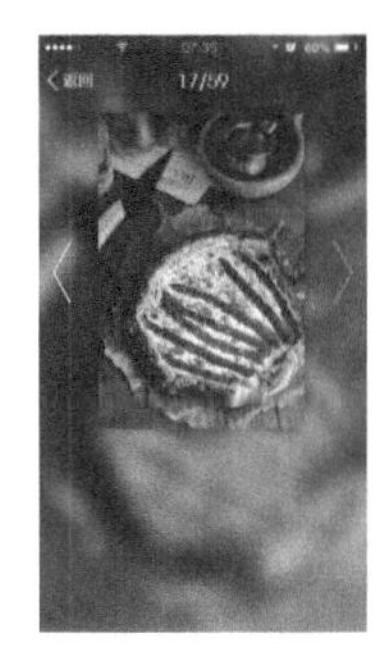

图13-48

（7）选择“横排文字”工具T，在适当的位置分别输入需要的文字和段落文字，分别选取文字，在属性栏中分别选择合适的字体并设置大小，效果如图13-49所示，在“图层”控制面板中分别生成新的文字图层。选取段落文字，在“字符”控制面板中进行设置，如图13-50所示，按Enter键确认操作，效果如图13-51所示。

图13-49

图13-50

图13-51

（8）选择“……”。在“字符”控制面板中进行设置，如图13-52所示，按Enter键确认操作，效果如图13-53所示。

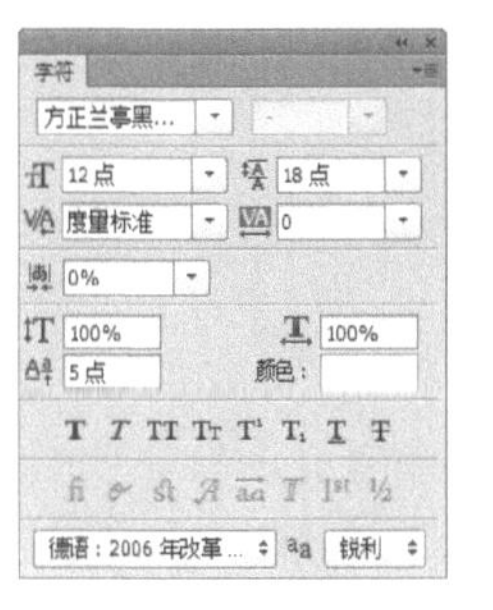

图13-52

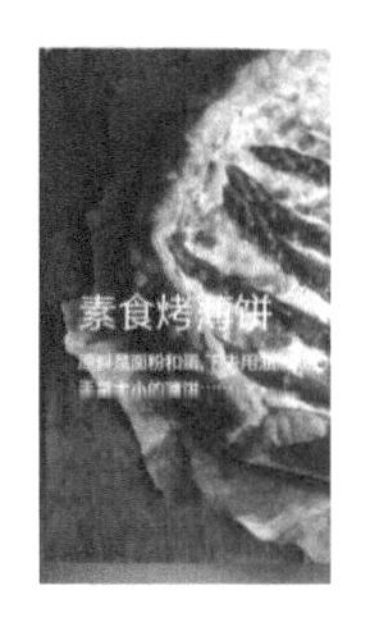

图13-53

（9）选择“素食烤薄饼”文字图层。单击“图层”控制面板下方的“添加图层样式”按钮fx，在弹出的菜单中选择“投影”命令，在弹出的对话框中进行设置，如图13-54所示，单击“确定”按钮，效果如图13-55所示。

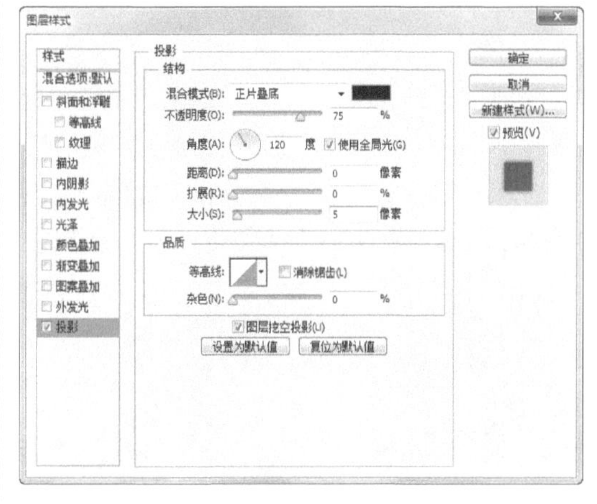

图13-54

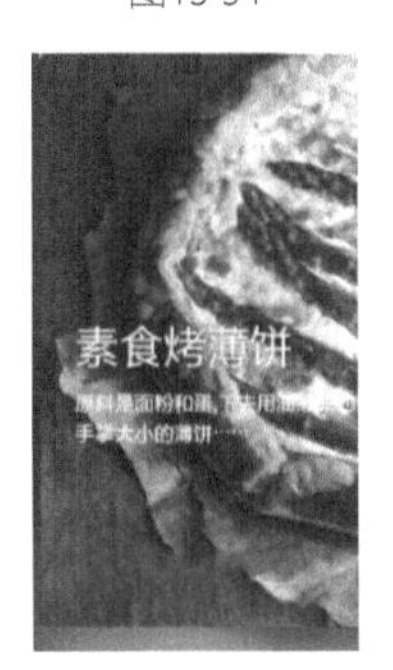

图13-55

（10）在该图层上单击鼠标右键，在弹出的菜单中选择“拷贝图层样式”命令，拷贝图层样式。在段落文字图层上单击鼠标右键，在弹出的菜单中选择“粘贴图层样式”命令，粘贴图层样式，图像效果如图13-56所示。

图13-56

（11）选择“圆角矩形”工具，在属性栏的“选择工具模式”选项中选择“形状”，将“填充”选项设为黑色，“描边”选项设为白色，“描边宽度”设为2点，“半径”选项设为2像素，在图像窗口中绘制圆角矩形，如图13-57所示，在“图层”控制面板中生成新的图层“圆角矩形2”。在控制面板上方，将该图层的“填充”选项设为46%，如图13-58所示，按Enter键确认操作，效果如图13-59所示。

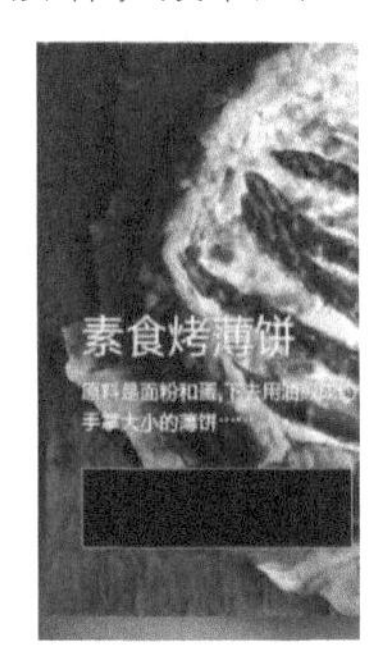

图13-57　图13-58

图13-59

（12）新建图层并将其命名为“小图标”。选择“圆角矩形”工具，在属性栏的“选择工具模式”选项中选择“路径”，在图像窗口中绘制圆角矩形路径，如图13-60所示。选择“画笔”工具，在属性栏中单击“画笔”选项右侧的按钮，在弹出的画笔面板中选择需要的画笔形状，设置如图13-61所示。

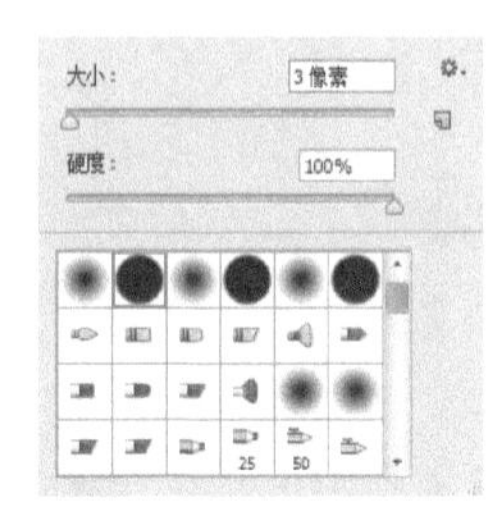

图13-60　图13-61

（13）单击“路径”控制面板下方的“用画笔描边路径”按钮，描边路径。按Enter键，隐藏路径，效果如图13-62所示。用相同的方法绘制并描边路径，效果如图13-63所示。

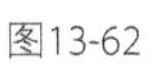

图13-62　图13-63

（14）选择“横排文字”工具，在适当的位置输入需要的文字并选取文字，在属性栏中选择合适的字体并设置大小，效果如图13-64所示，在“图层”控制面板中生成新的文字图层。

（15）选择“椭圆”工具，在属性栏的“选择工具模式”选项中选择“形状”，按住Shift键的同时，在图像窗口中绘制圆形，效果如图13-65所示，在“图层”控制面板中生成新的图层“椭圆3”。

图13-64　　图13-65

（16）单击“图层”控制面板下方的“添加图层样式”按钮fx，在弹出的菜单中选择“投影”命令，在弹出的对话框中进行设置，如图13-66所示，单击“确定”按钮，效果如图13-67所示。选择“移动”工具，按住Alt键的同时，将圆形拖曳到适当的位置，复制两个图形，效果如图13-68所示。

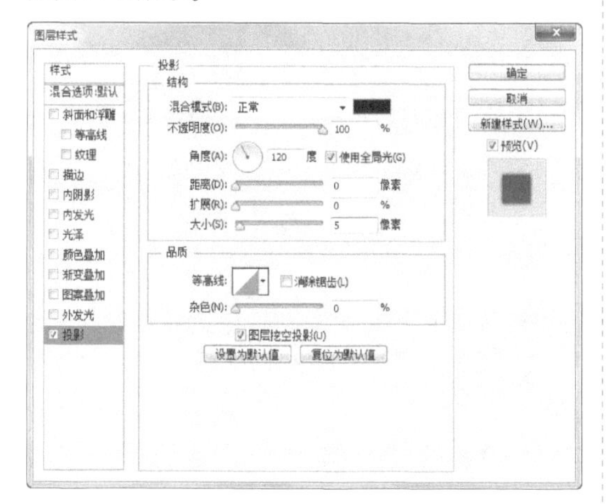

图13-66

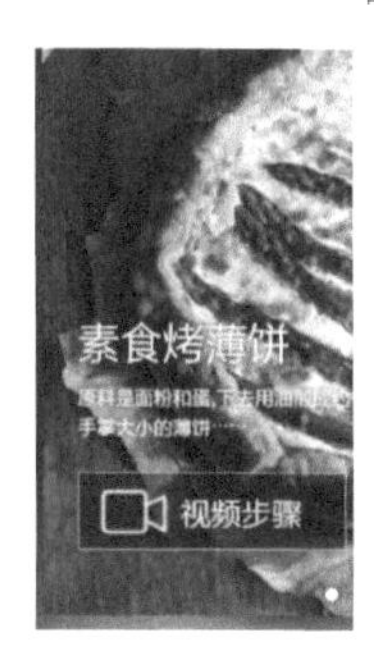

图13-67　　图13-68

（17）按住Shift键的同时，将两个副本图层同时选取。在“图层”控制面板上方，将该图层的“不透明度”选项设为40%，如图13-69所示，按Enter键确认操作，效果如图13-70所示。

图13-69　　图13-70

3. 绘制底部内容

（1）新建图层组并将其命名为“底部内容”。显示并将“美食 副本2”图层拖曳到“底部内容”图层组中，如图13-71所示。在图像窗口中调整美食图片的大小和位置，效果如图13-72所示。

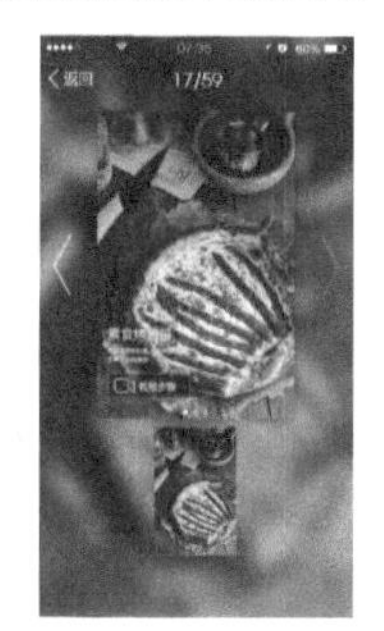

图13-71　　图13-72

（2）将前景色设为黑色。选择“圆角矩形”工具，在属性栏的“选择工具模式”选项中选择“形状”，在图像窗口中绘制圆角矩形，如图13-73所示，在“图层”控制面板中生成新的图层“圆角矩形2”。

图13-73

（3）单击“图层”控制面板下方的“添加图层样式”按钮fx，在弹出的菜单中选择“投影”命令，在弹出的对话框中进行设置，如图13-74所示，单击“确定”按钮，效果如图13-75所示。

（4）将“圆角矩形3”图层拖曳到“美食 副本2”图层的下方，如图13-76所示。选择“美食 副本2”图层。按Alt+Ctrl+G组合键，创建剪贴蒙版，如图13-77所示，图像效果如图13-78所示。

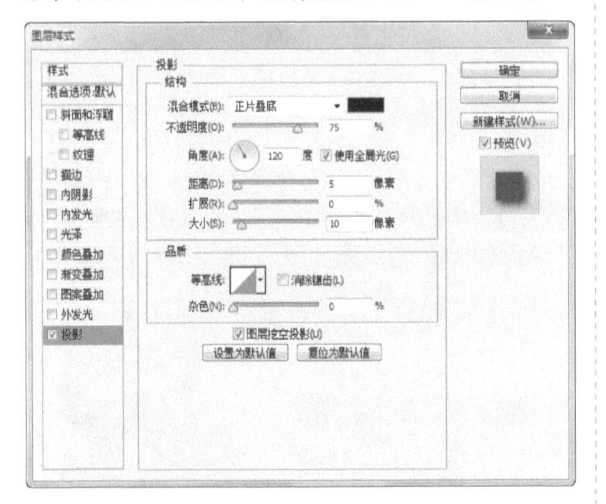

图13-74

图13-75

图13-76

图13-77

图13-78

（5）按住Shift键的同时，单击“圆角矩形1”图层，将两个图层同时选取，如图13-79所示。按Ctrl+J组合键，复制图层，如图13-80所示。按Ctrl+T组合键，在图像周围出现变换框，将鼠标指针放在变换框的控制手柄外边，指针变为旋转图标↰，拖曳鼠标将图像旋转到适当的角度，调整其位置，按Enter键确认操作，效果如图13-81所示。

图13-79

图13-80

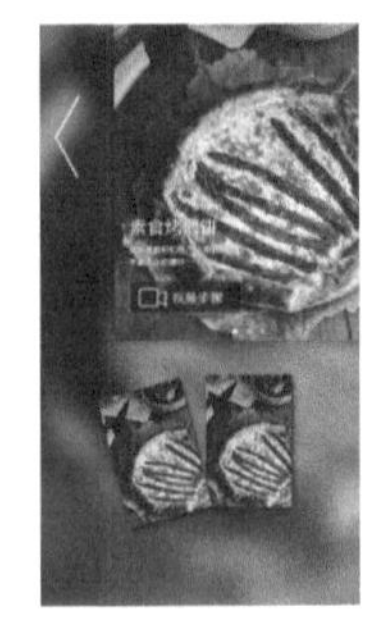

图13-81

（6）按Ctrl+O组合键，打开本书学习资源中的“Ch13 > 素材 > 制作美食界面 > 02”文件。选择“移动”工具，将02素材图片拖曳到图像窗口中的适当位置，并调整其大小和角度，效果如图13-82所示，在“图层”控制面板中生成新的图层并将其命名为“美食2”。按Alt+Ctrl+G组合键，创建剪贴蒙版，如图13-83所示，图像效果如图13-84所示。

图13-82

图13-83

图13-84

（7）在“图层”控制面板上方，将该图层的“不透明度”选项设为60%，如图13-85所示，按Enter键确认操作，效果如图13-86所示。用相同的方法制作其他美食图片，效果如图13-87所示。

图13-85

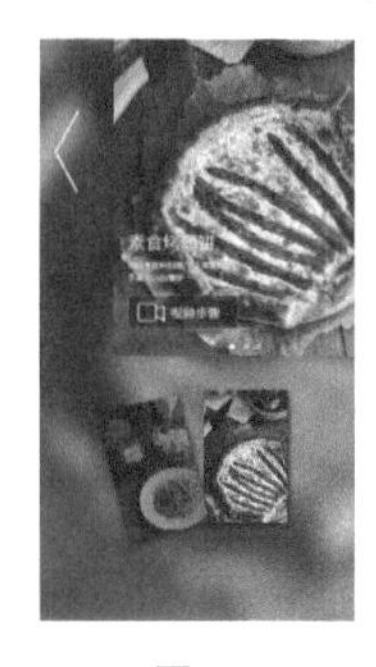

图13-86　　图13-87

（8）选择“椭圆”工具，在属性栏的“选择工具模式”选项中选择“形状”，“描边”颜色设为白色，按住Shift键的同时，在图像窗口中绘制圆形，效果如图13-88所示，在“图层”控制面板中生成新的图层“椭圆4”。在控制面板上方，将该图层的“填充”选项设为39%，如图13-89所示，按Enter键确认操作，效果如图13-90所示。

图13-88　　图13-89

图13-90

（9）按Ctrl+J组合键，复制图层。在属性栏中将“描边”选项设为无，在图像窗口中缩小图形，效果如图13-91所示。将前景色设为白色。选择“椭圆”工具，按住Shift键的同时，在图像窗口中绘制圆形，效果如图13-92所示，在“图层”控制面板中生成新的图层“椭圆5”。

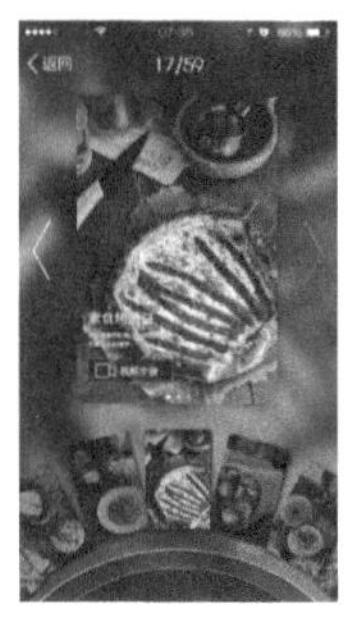

图13-91　　图13-92

（10）单击“图层”控制面板下方的“添加图层样式”按钮fx，在弹出的菜单中选择“投影”命令，在弹出的对话框中进行设置，如图13-93所示，单击“确定”按钮，效果如图13-94所示。

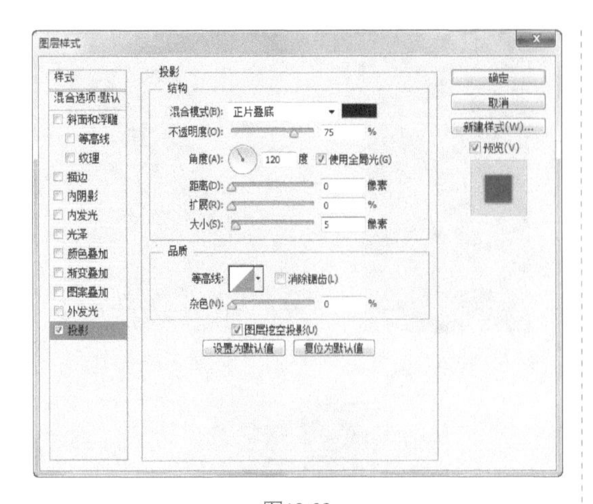

图13-93

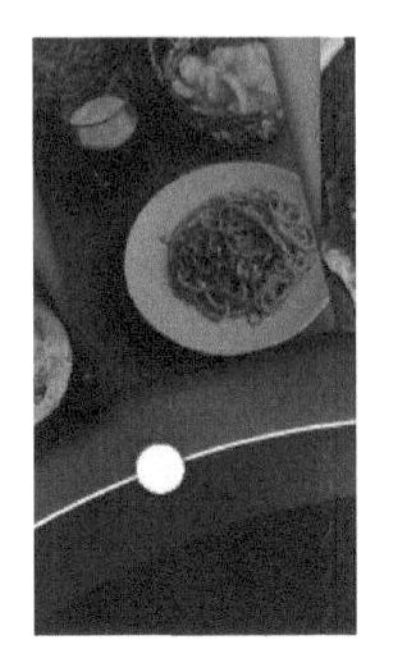

图13-94

（11）按Ctrl+J组合键，复制图层，如图13-95所示。在图像窗口中放大图形，效果如图13-96所示。在“图层”控制面板上方，将该图层的“不透明度”选项设为54%，如图13-97所示，按Enter键确认操作，效果如图13-98所示。

图13-95 图13-96

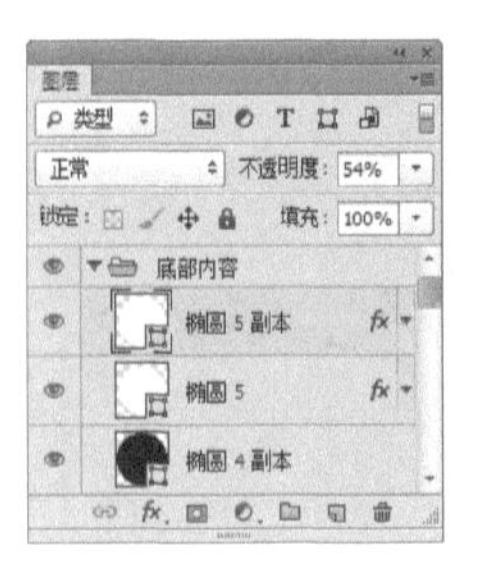

图13-97 图13-98

（12）将“椭圆5 副本”图层拖曳到“椭圆5”图层的下方，如图13-99所示，图像效果如图13-100所示。美食界面制作完成，如图13-101所示。

图13-99 图13-100

图13-101

课堂练习1——制作收音机图标

练习1.1　项目背景及要求

1. 客户名称

微迪设计公司。

2. 客户需求

微迪设计公司是一家集UI设计、LOGO设计、VI设计和界面设计为一体的设计公司，得到众多客户的一致好评。公司现阶段需要为新开发的收音机设计一款图标，要求使用立体化的形式表达出收音机的特征，并有极高的辨识度。

3. 设计要求

（1）使用深蓝色背景突出珍珠色的图标，醒目直观。

（2）立体化、拟物化的设计让人一目了然，辨识度高。

（3）图标简洁明了，搭配合理。

（4）使用亮色的搭配丰富画面，增加活泼感。

（5）设计规格为169mm（宽）×169mm（高），分辨率为150像素/英寸。

练习1.2　项目创意及制作

1. 设计素材

图片素材所在位置：本书学习资源中的“Ch13/素材/制作收音机图标/01、02”。

2. 设计作品

设计作品效果所在位置：本书学习资源中的“Ch13/效果/制作收音机图标.psd”，最终效果如图13-102所示。

3. 制作要点

使用渐变工具和油漆桶工具制作背景效果，使用圆角矩形工具和图层样式制作收音机底图，使用横排文字工具添加液晶屏文字，使用椭圆工具、矩形工具和圆角矩形工具制作按钮、旋钮和小孔。

图13-102

课堂练习2——制作个性手机界面1

练习2.1 项目背景及要求

1. 客户名称

申科迪设计公司。

2. 客户需求

申科迪设计公司是一家专门从事手机设计及研发的科技公司。现有一款新品手机即将发布，公司需要设计一款关于手机的个性化界面，一方面用于手机新品发布展示，另一方面向公司忠实的用户表达公司对这款手机未来发展寄予的无限憧憬。

3. 设计要求

（1）使用紫色、橙色和黑色的搭配给人尊贵、华丽之感。

（2）使用虚实变化的景物，增强画面的空间感。

（3）简洁的文字搭配，使画面显得精致干练。

（4）整体设计简洁直观，让人印象深刻。

（5）设计规格为118mm（宽）×136mm（高），分辨率为150像素/英寸。

练习2.2 项目创意及制作

1. 设计素材

图片素材所在位置：本书学习资源中的“Ch13/素材/制作个性手机界面1/ 01～04”。

2. 设计作品

设计作品效果所在位置：本书学习资源中的“Ch13/效果/制作个性手机界面1.psd”，最终效果如图13-103所示。

3. 制作要点

使用油漆桶工具制作背景底图，使用矩形工具和剪贴蒙版制作手机屏保图片，使用矩形工具、椭圆工具和形状工具制作顶部信息，使用椭圆工具和横排文字工具制作解锁界面。

图13-103

课后习题1——制作个性手机界面2

习题1.1　项目背景及要求

1. 客户名称

申科迪设计公司。

2. 客户需求

申科迪设计公司是一家专门从事手机设计及研发的科技公司。现有一款新品手机即将发布，公司需要设计一款手机的个性搜索界面，要求界面制作整齐清晰、沉稳干练。

3. 设计要求

（1）使用蓝色和黑色的搭配营造出清冷、沉稳之感。

（2）整齐的排列形成干练、整洁的画面。

（3）简洁的文字和人物搭配，增强精致感。

（4）整体设计简洁直观，让人印象深刻。

（5）设计规格为118mm（宽）×136mm（高），分辨率为150像素/英寸。

习题1.2　项目创意及制作

1. 设计素材

图片素材所在位置：本书学习资源中的“Ch13/素材/制作个性手机界面2/01～10”。

2. 设计作品

设计作品效果所在位置：本书学习资源中的“Ch13/效果/制作个性手机界面2.psd”，最终效果如图13-104所示。

3. 制作要点

使用矩形工具绘制底图，使用椭圆工具和横排文字工具制作信息条，使用矩形工具、剪贴蒙版和横排文字工具制作信息方块，使用矩形工具和移动工具制作下部按键。

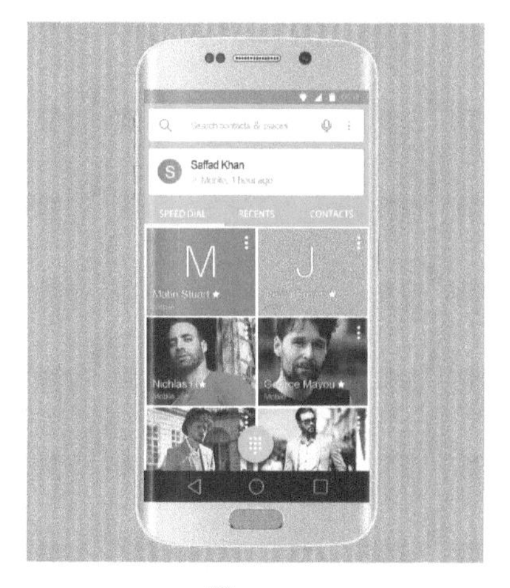

图13-104

课后习题2——制作个性手机界面3

习题2.1 项目背景及要求

1. 客户名称

申科迪设计公司。

2. 客户需求

申科迪设计公司是一家专门从事手机设计及研发的科技公司。现有一款新品手机即将发布，公司需要设计一款手机的个性通话界面，要求界面设计与整体设计相呼应，体现出品质感。

3. 设计要求

（1）用颜色区分界面，功能性强，能节省观看时间。

（2）按钮的设计醒目突出，适用性强。

（3）颜色和版式设计与整体设计相呼应，具有整体感。

（4）简洁直观的设计让人一目了然，清晰明了。

（5）设计规格为118mm（宽）×136mm（高），分辨率为150像素/英寸。

习题2.2 项目创意及制作

1. 设计素材

图片素材所在位置：本书学习资源中的“Ch13/素材/制作个性手机界面3/01～03”。

2. 设计作品

设计作品效果所在位置：本书学习资源中的“Ch13/效果/制作个性手机界面3.psd”，最终效果如图13-105所示。

3. 制作要点

使用矩形工具和剪贴蒙版制作底图，使用椭圆工具、矩形工具和移动工具制作按键，使用横排文字工具添加文字信息。

图13-105

13.2 制作阳光女孩照片模板

13.2.1 项目背景及要求

1. 客户名称

美奇摄影社。

2. 客户需求

美奇摄影社是一家专门从事拍摄和对照片进行艺术加工处理的摄影社。本例要为阳光女孩制作照片模板，要求能够烘托出开朗、健康和阳光的氛围，突显出人物的个性。

3. 设计要求

（1）深色边框与周围的人物和景色对比，起到衬托的效果。

（2）添加装饰叶片和形状，为画面增添活泼氛围。

（3）景色与人物的完美融合，给人亲近感。

（4）胶片展示生活照片，体现出宣传的主题。

（5）设计规格为297mm（宽）×210mm（高），分辨率为100 像素/英寸。

13.2.2 项目创意及制作

1. 设计素材

图片素材所在位置：本书学习资源中的“Ch13/素材/制作阳光女孩照片模板/01～10”。

2. 设计作品

设计作品效果所在位置：本书学习资源中的“Ch13/效果/制作阳光女孩照片模板.psd”，最终效果如图13-106所示。

图13-106

3. 制作要点

使用油漆桶工具添加底图，使用图层蒙版、画笔工具和移动工具制作背景，使用矩形工具和剪切蒙版制作照片组，使用图层样式添加图片外发光，使用直排文字工具添加需要的文字。

13.2.3 案例制作及步骤

（1）按Ctrl+N组合键，新建一个文件，宽度为29.7厘米，高度为21厘米，分辨率为100像素/英寸，颜色模式为RGB，背景内容为白色，单击“确定”按钮。

（2）选择“油漆桶”工具，在属性栏中选择“图案”，单击右侧的按钮，弹出面板，单击右上方的按钮，在弹出的菜单中选择“彩色纸”，弹出提示对话框，单击“追加”按钮。在面板中选择需要的图案，如图13-107所示，在图像窗口中单击填充图像，效果如图13-108所示。

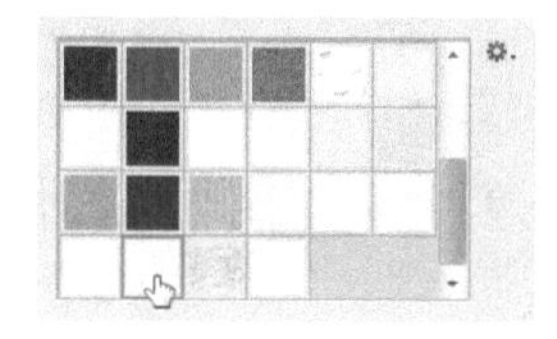

图13-107

图13-108

（3）按Ctrl+O组合键，打开本书学习资源中的“Ch13 > 素材 > 制作阳光女孩照片模板 > 01”文件。选择“移动”工具，将01素材图片拖曳到图像窗口中的适当位置并调整其大小，效果如图13-109所示，在“图层”控制面板中生成新的图层并将其命名为“风景”。单击控制面板下方的“添加图层蒙版”按钮，为图层添加蒙版，如图13-110所示。

图13-109

图13-110

（4）将前景色设置为黑色。选择“画笔”工具，在属性栏中单击“画笔”选项右侧的按钮，弹出画笔选择面板，选择需要的画笔形状，设置如图13-111所示。在图像窗口中拖曳鼠标擦除不需要的图像，效果如图13-112所示。

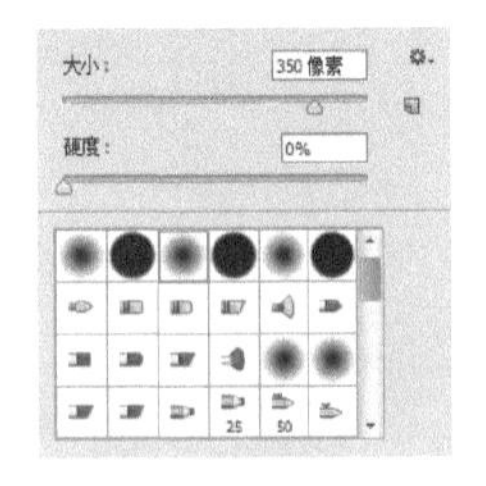

图13-111

图13-112

（5）按Ctrl+O组合键，打开本书学习资源中的“Ch13 > 素材 > 制作阳光女孩照片模板 > 02、03”文件。选择“移动”工具，将图片分别拖曳到图像窗口中的适当位置并调整其大小，效果如图13-113所示，在“图层”控制面板中分别生成新的图层并将其命名为“边”“绿叶”。

（6）按Ctrl+O组合键，打开本书学习资源中的“Ch13 > 素材 > 制作阳光女孩照片模板 > 04”文件。选择“移动”工具，将图片拖曳到图像窗口中的适当位置并调整其大小，效果如图13-114所示，在“图层”控制面板中生成新的图层并将其命名为“人物”。

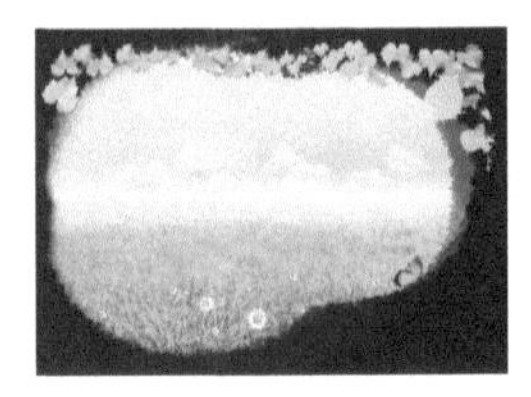

图13-113

图13-114

（7）在“图层”控制面板上方，将该图层的混合模式选项设为“正片叠底”，如图13-115所示，图像效果如图13-116所示。

（8）新建图层组并将其命名为“照片组”。按Ctrl+O组合键，打开本书学习资源中的“Ch13 > 素材 > 制作阳光女孩照片模板 > 05”文件。选择“移动”工具，将图片拖曳到图像窗口中的适当位置并调整其大小，效果如图13-117所示，在“图层”控制面板中生成新的图层并将其命名为“胶片”。

（9）新建图层并将其命名为“矩形”。将前景色设为白色。选择“矩形”工具，在属性栏中的“选择工具模式”选项中选择“像素”，在图像窗口中绘制矩形，如图13-118所示。

图13-115

图13-116

图13-117

图13-118

（10）按Ctrl+T组合键，文字周围出现变换框，将鼠标光标放在变换框控制手柄的外边，光标变为旋转图标，拖曳鼠标将文字旋转到适当的角度，按Enter键确认操作，效果如图13-119所示。

（11）按Ctrl+O组合键，打开本书学习资源中的“Ch13 > 素材 > 制作阳光女孩照片模板 > 06”文件。选择“移动”工具，将图片拖曳到图像窗口中的适当位置并调整其大小，效果如图13-120所示，在“图层”控制面板中生成新的图层并将其命名为“人物1”。

图13-119

图13-120

（12）按Alt+Ctrl+G组合键，创建剪贴蒙版，效果如图13-121所示。用相同的方法制作其他照片，效果如图13-122所示。单击图层组左侧的按钮▼，隐藏图层。

图13-121

图13-122

（13）按Ctrl+O组合键，打开本书学习资源中的“Ch13 > 素材 > 制作阳光女孩照片模板 > 10”文件。选择“移动”工具，将图片拖曳到图像窗口中的适当位置并调整其大小，效果如图13-123所示，在“图层”控制面板中生成新的图层并将其命名为“人物5”。

图13-123

（14）单击“图层”控制面板下方的“添加图层样式”按钮fx，在弹出的菜单中选择“外发光”命令，弹出对话框，将发光颜色设为白色，其他选项的设置如图13-124所示，单击“确定”按钮，效果如图13-125所示。

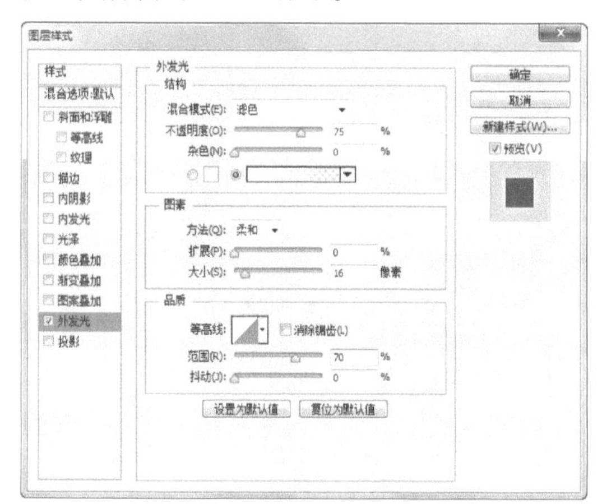

图13-124

图13-125

（15）将前景色设置为黑色。选择“直排文字”工具，分别在适当的位置输入需要的文字并选取文字，在属性栏中分别选择合适的字体并设置其大小，效果如图13-126所示，在“图层”控制面板中分别生成新的文字图层。

图13-126

（16）选择“【幸福近在身边】”文字图层。按Ctrl+T组合键，弹出“字符”面板，设置如图13-127所示，按Enter键确认操作，效果如图13-128所示。阳光女孩照片模板制作完成，效果如图13-129所示。

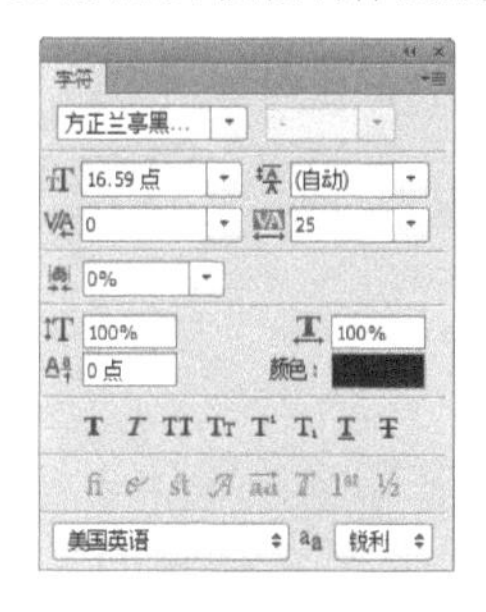

图13-127

图13-128

图13-129

课堂练习1——制作个人写真照片模板

练习1.1 项目背景及要求

1. 客户名称

玖七视觉摄影工作室。

2. 客户需求

玖七视觉摄影工作室是一家从事人物摄像的专业工作室。该工作室目前需要制作一个个人写真照片模板，模板的主题是自然唯美，给人个性、轻松的感觉。

3. 设计要求

（1）设计背景要自然模糊，能够烘托主体。

（2）画面以人物照片为主，主次明确，设计独特。

（3）画面使用柔和舒适的色彩，给人舒适放松感。

（4）设计风格自然轻快，表现出艺术气息。

（5）设计规格为172mm（宽）×240mm（高），分辨率为72像素/英寸。

练习1.2 项目创意及制作

1. 设计素材

图片素材所在位置：本书学习资源中的“Ch13/素材/制作个人写真照片模板/01~02”。

2. 设计作品

设计作品效果所在位置：本书学习资源中的“Ch13/效果/制作个人写真照片模板.psd”，最终效果如图13-130所示。

3. 制作要点

使用图层混合模式和马赛克滤镜命令制作个性人物照片，使用移动工具添加文字，使用自定形状工具、混合模式和不透明度选项添加装饰圆形。

图13-130

课堂练习2——制作多彩生活照片模板

练习2.1　项目背景及要求

1. 客户名称

卡嘻摄影工作室。

2. 客户需求

卡嘻摄影工作室是摄影行业比较有实力的摄影工作室。该工作室运用艺术家的眼光捕捉独特瞬间，使照片的艺术性和个性化得到充分体现。现需要制作一个多彩生活照片模板，要求突出表现人物个性，表现出独特的风格魅力。

3. 设计要求

（1）照片模板要具有极强的表现力。

（2）使用颜色烘托出人物特有的个性。

（3）设计要富有创意，体现出多彩的日常生活。

（4）将文字进行具有特色的设计，图文搭配合理。

（5）设计规格为282mm（宽）×722mm（高），分辨率为72像素/英寸。

练习2.2　项目创意及制作

1. 设计素材

图片素材所在位置：本书学习资源中的“Ch13/素材/制作多彩生活照片模板/01”。

2. 设计作品

设计作品效果所在位置：本书学习资源中的“Ch13/效果/制作多彩生活照片模板.psd”，最终效果如图13-131所示。

图13-131

3. 制作要点

使用滤镜库命令、USM锐化滤镜命令和图层混合模式制作多彩生活照片，使用横排文字工具添加个性文字。

课后习题1——制作综合个人秀模板

习题1.1 项目背景及要求

1. 客户名称

框架时尚摄影工作室。

2. 客户需求

框架时尚摄影工作室是一家专业的摄影公司。该工作室目前需要制作一个综合个人秀模板，要求以轻松活泼为主，能够展现主人公的舞蹈天赋，并且具有时尚品位。

3. 设计要求

（1）模板设计要能体现少女的舞蹈者身份。

（2）通过图像与文字的合理搭配营造一个充满艺术和活力的氛围。

（3）在模板中颜色的运用和文字的设计要迎合女生的喜好。

（4）整体风格新潮时尚，表现出年轻人的个性和创意。

（5）设计规格为200mm（宽）×150mm（高），分辨率为300 像素/英寸。

习题1.2 项目创意及制作

1. 设计素材

图片素材所在位置：本书学习资源中的“Ch13/素材/制作综合个人秀模板/01～07”。

2. 设计作品

设计作品效果所在位置：本书学习资源中的“Ch13/效果/制作综合个人秀模板.psd”，最终效果如图13-132所示。

3. 制作要点

使用移动工具制作背景，使用矩形工具和图层样式制作边框，使用圆角矩形工具、移动工具和剪贴蒙版添加人物照片，使用横排文字工具和图层样式添加文字。

图13-132

课后习题2——制作儿童成长照片模板

习题2.1 项目背景及要求

1. 客户名称

时光摄像摄影工作室。

2. 客户需求

时光摄像摄影是一家经营婚纱摄影、个性写真和儿童写真等项目的专业摄影工作室。目前影楼需要制作一个儿童成长照片模板，要求模板设计具有童真童趣，使人感受到儿童的天真与快乐。

3. 设计要求

（1）模板背景要具有质感，能够烘托主题。

（2）画面中添加可爱的儿童照片，突出模板的主题。

（3）画面使用柔和舒适的色彩，丰富画面效果。

（4）文字设计符合儿童的风格特色。

（5）设计规格为508mm（宽）×254mm（高），分辨率为300像素/英寸。

习题2.2 项目创意及制作

1. 设计素材

图片素材所在位置：本书学习资源中的“Ch13/素材/制作儿童成长照片模板/01～05”。

文字素材所在位置：本书学习资源中的“Ch13/素材/制作儿童成长照片模板/文字文档”。

2. 设计作品

设计作品效果所在位置：本书学习资源中的“Ch13/效果/制作儿童成长照片模板.psd”，最终效果如图13-133所示。

3. 制作要点

使用图层蒙版和画笔工具制作图片的融合效果，使用亮度/对比度命令调整图片的亮度，使用色相/饱和度命令调整图片颜色，使用矩形工具、图层样式和剪贴蒙版制作照片，使用变形文字命令制作宣传语。

图13-133

13.3 制作女装网店店招和导航条

13.3.1 项目背景及要求

1. 客户名称

花语·阁服装有限公司。

2. 客户需求

花语·阁是一家生产和经营各种女装的服装公司。公司有专门的人员负责网站运营。公司近期要更新网店，需要制作一个全新的网店店招和导航条，要求不仅宣传公司文化，提高公司知名度，还能体现出公司的文化特色。

3. 设计要求

（1）设计采用花朵和大量留白的手法，给人耳目一新的感觉。

（2）导航条的分类要明确清晰。

（3）画面颜色以粉红色为主色，体现出公司的主营特色。

（4）设计风格简洁大方，给人舒适亲切的感觉。

（5）设计规格为950像素（宽）×150像素（高），分辨率为72像素/英寸。

13.3.2 项目创意及制作

1. 设计素材

图片素材所在位置：本书学习资源中的“Ch13/素材/制作女装网店店招和导航条/01、02”。

2. 设计作品

设计作品效果所在位置：本书学习资源中的“Ch13/效果/制作女装网店店招和导航条.psd”，最终效果如图13-134所示。

图13-134

3. 制作要点

使用色阶调整层调整店招底图，使用置入命令和图层样式制作网店名称，使用矩形工具和横排文字工具添加宣传语和导航条。

13.3.3 案例制作及步骤

（1）按Ctrl+O组合键，打开本书学习资源中的“Ch13 > 素材 > 制作女装网店店招和导航条 > 01”文件，如图13-135所示。

图13-135

（2）单击“图层”控制面板下方的“创建新的填充或调整图层”按钮，在弹出的菜单中选择“色阶”命令，在“图层”控制面板生成“色阶1”图层，同时弹出“色阶”面板，设置如图13-136所示，按Enter键确认操作，图像效果如图13-137所示。

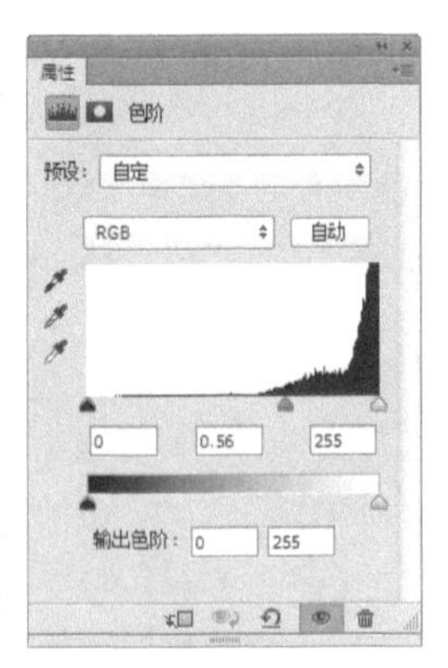

图13-136

图13-137

（3）选择“文件 > 置入”命令，弹出对话框，选择本书学习资源中的“Ch13 > 素材 > 制作女装网店店招和导航条 > 01”文件，单击“置入”按钮。弹出“置入PDF”对话框，单击“确定”按钮，置入图片并调整其大小，如图13-138所示，在“图层”控制面板中生成新的图层并将其命名为“文字”。

图13-138

（4）单击“图层”控制面板下方的“添加图层样式”按钮，在弹出的菜单中选择“颜色叠加”命令，弹出对话框，将叠加颜色设为红色（其R、G、B的值分别为252、71、81），其他选项的设置如图13-139所示，单击“确定”按钮，效果如图13-140所示。

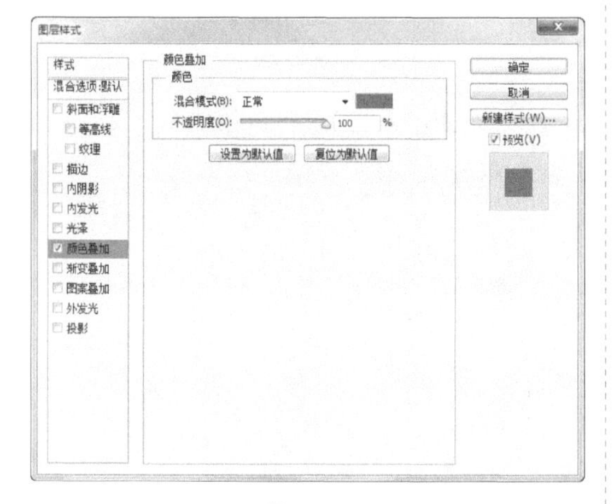

图13-139

图13-140

（5）将前景色设为红色（其R、G、B的值分别为252、71、81）。选择“矩形”工具，在属性栏中的“选择工具模式”选项中选择“形状”，在图像窗口中绘制矩形，如图13-141所示，在“图层”控制面板中生成新的图层“矩形1”。

图13-141

（6）用相同的方法再次绘制矩形，如图13-142所示。选择“移动”工具，按住Alt键的同时，将上方的矩形拖曳到适当的位置，复制矩形，效果如图13-143所示。

图13-142 　　图13-143

（7）将前景色设为白色。选择“横排文字”工具，在图像窗口中输入需要的文字并选取文字，在属性栏中选择合适的字体并设置大小，效果如图13-144所示，在“图层”控制面板中生成新的文字图层。用相同的方法输入红色（其R、G、B的值分别为252、71、81）文字，并设置适当的字体和文字大小，效果如图13-145所示。

图13-144　　图13-145

（8）按Ctrl+T组合键，弹出“字符”面板，选项的设置如图13-146所示，按Enter键确认操作，文字效果如图13-147所示。

图13-146　　图13-147

（9）将前景色设为红色（其R、G、B的值分别为252、71、81）。选择“矩形”工具，在图像窗口中绘制矩形，如图13-148所示，在“图层”控制面板中生成新的图层“矩形3”。

图13-148

（10）将前景色设为白色。选择“横排文字”工具，在图像窗口中输入需要的文字并选取文字，在属性栏中选择合适的字体并设置大小，效果如图13-149所示，在“图层”控制面板中生成新的文字图层。女装网店店招和导航条制作完成。

图13-149

课堂练习1——制作女装网店首页海报

练习1.1　项目背景及要求

1. 客户名称

花语·阁服装有限公司。

2. 客户需求

花语·阁是一家生产和经营各种女装的服装公司。公司近期要更新网店，需要制作一个全新的网店首页海报，要求起到宣传公司新产品的作用，向客户传递出清新和活力感。

3. 设计要求

（1）将自然元素与新产品巧妙结合，突出产品的优点。

（2）画面包含新产品，但不能喧宾夺主。

（3）色彩运用自然和谐，明亮清新。

（4）设计具有简洁、时尚和雅致的艺术风格。

（5）设计规格为1920像素（宽）×608像素（高），分辨率为72像素/英寸。

练习1.2　项目创意及制作

1. 设计素材

图片素材所在位置：本书学习资源中的“Ch13/素材/制作女装网店首页海报/01～04”。

文字素材所在位置：本书学习资源中的“Ch13/素材/制作女装网店首页海报/文字文档”。

2. 设计作品

设计作品效果所在位置：本书学习资源中的“Ch13/效果/制作女装网店首页海报.psd”，最终效果如图13-150所示。

3. 制作要点

使用移动工具、图层蒙版和画笔工具制作底图，使用色相/饱和度调整层调整人物照片，使用横排文字工具添加宣传文字，使用自定形状工具和钢笔工具绘制装饰图形。

图13-150

课堂练习2——制作女装商品陈列区

练习2.1　项目背景及要求

1. 客户名称

花语·阁服装有限公司。

2. 客户需求

花语·阁是一家生产和经营各种女装的服装公司。公司近期要更新网店，需要制作一个全新的网店商品陈列区，要求使用随意型布局，营造出一种轻松购物的氛围。

3. 设计要求

（1）设计要以女装为主导，给人轻松舒适之感。

（2）画面采用大量留白，起到衬托产品的作用。

（3）整体画面图文结合，合理搭配。

（4）设计风格简洁大气，体现出品牌的魅力。

（5）设计规格为950像素（宽）×600像素（高），分辨率为72像素/英寸。

练习2.2　项目创意及制作

1. 设计素材

图片素材所在位置：本书学习资源中的“Ch13/素材/制作化妆品商品陈列区/01～04”。

文字素材所在位置：本书学习资源中的“Ch13/素材/制作化妆品商品陈列区/文字文档”。

2. 设计作品

设计作品效果所在位置：本书学习资源中的“Ch13/效果/制作化妆品商品陈列区.psd”，最终效果如图13-151所示。

3. 制作要点

使用矩形工具、图层样式和移动工具添加产品图片，使用横排文字工具和字符面板添加产品信息。

图13-151

课后习题1——制作女装客服区

习题1.1　项目背景及要求

1. 客户名称

花语·阁服装有限公司。

2. 客户需求

花语·阁是一家生产和经营各种女装的服装公司。公司近期要更新网店，需要制作一个全新的网店女装客服区，要求画面简洁直观，能体现出公司的特色。

3. 设计要求

（1）使用人物照片直观地展示出主要功能。

（2）时尚的人物照片突出显眼，显示出公司的服务品质。

（3）简洁直观的文字和整体设计相呼应，让人一目了然。

（4）设计风格符合公司品牌特色，能够凸显产品品质。

（5）设计规格为950像素（宽）×200像素（高），分辨率为72像素/英寸。

习题1.2　项目创意及制作

1. 设计素材

图片素材所在位置：本书学习资源中的“Ch13/素材/制作女装客服区/01～09”。

2. 设计作品

设计作品效果所在位置：本书学习资源中的“Ch13/效果/制作女装客服区.psd”，最终效果如图13-152所示。

3. 制作要点

使用横排文字工具和椭圆工具添加文字，使用椭圆工具、图层样式、移动工具和剪贴蒙版制作客服照片。

图13-152

课后习题2——制作女装网店页尾

习题2.1　项目背景及要求

1. 客户名称

花语·阁服装有限公司。

2. 客户需求

花语·阁是一家生产和经营各种女装的服装公司。公司近期要更新网店，需要制作一个全新的网店页尾，要求全面展现公司的优质服务和真诚态度，详细说明公司信息。

3. 设计要求

（1）页尾的设计简洁，文字叙述清楚明了。

（2）说明文字排列整齐，给人视觉上的舒适感。

（3）绘制一些红色图形，以增加画面的丰富感。

（4）强调服务理念，用优质的服务打动客户的心。

（5）设计规格为950mm（宽）×412mm（高），分辨率为72 像素/英寸。

习题2.2　项目创意及制作

1. 设计素材

图片素材所在位置：本书学习资源中的“Ch13/素材/制作女装网店页尾/01”。

文字素材所在位置：本书学习资源中的“Ch13/素材/制作女装网店页尾/文字文档”。

2. 设计作品

设计作品效果所在位置：本书学习资源中的“Ch13/效果/制作女装网店页尾.psd”，最终效果如图13-153所示。

3. 制作要点

使用椭圆工具、图层样式、自定形状工具和横排文字工具制作按钮，使用直线工具和横排文字工具制作信息说明，使用圆角矩形工具、椭圆工具和横排文字工具制作搜索框。

图13-153

13.4 制作牙膏广告

13.4.1 项目背景及要求

1. 客户名称

中天企业。

2. 客户需求

中天企业是一家专门制作和销售牙膏的企业。本例是为一款新牙膏制作的宣传广告，要求能够体现出牙膏的主要功能和特色。在广告设计上，要能够表现出清新酷爽、健康生活的理念。

3. 设计要求

（1）使用牙膏图片与飞溅的海水完美结合形成清凉、活力的氛围。

（2）蓝色和白色搭配，给人洁净、清爽之感。

（3）主体变形文字与牙膏图片相呼应，使设计在动、静之间有力融合。

（4）具有冲击力的画面，让广告信息更加醒目吸睛。

（5）设计规格为210mm（宽）×290mm（高），分辨率为72像素/英寸。

13.4.2 项目创意及制作

1. 设计素材

图片素材所在位置：本书学习资源中的“Ch13/素材/制作牙膏广告/01～05”。

2. 设计作品

设计作品效果所在位置：本书学习资源中的“Ch13/效果/制作牙膏广告.psd”，最终效果如图13-154所示。

图13-154

3. 制作要点

使用渐变工具和图层蒙版合成背景图像，使用横排文字工具、钢笔工具和图层样式制作广告语，使用画笔工具添加星光，使用横排文字工具和描边命令添加小标题。

13.4.3 案例制作及步骤

（1）按Ctrl+O组合键，打开本书学习资源中的“Ch13 > 素材 > 制作牙膏广告 > 01”文件，如图13-155所示。新建图层并将其命名为“形状”。将前景色设为浅蓝色（其R、G、B值分别为229、244、253）。

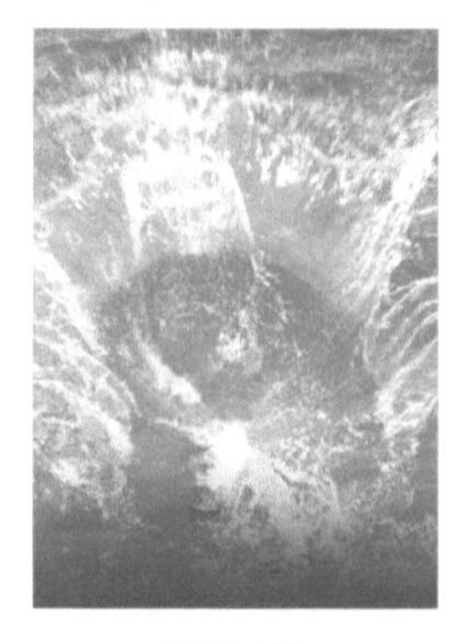

图13-155

（2）选择“钢笔”工具，在属性栏中的

“选择工具模式”选项中选择“路径”，在图像窗口中绘制一个封闭的路径，如图13-156所示。按Ctrl+Enter组合键，将路径转化为选区。按Alt+Delete组合键，用前景色填充选区。按Ctrl+D组合键，取消选区，效果如图13-157所示。

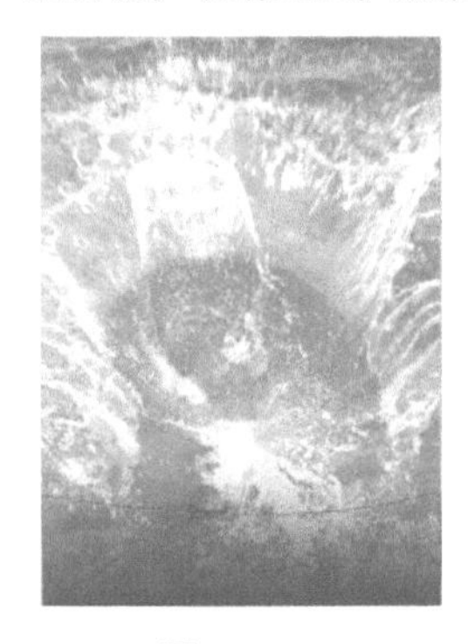

图13-156

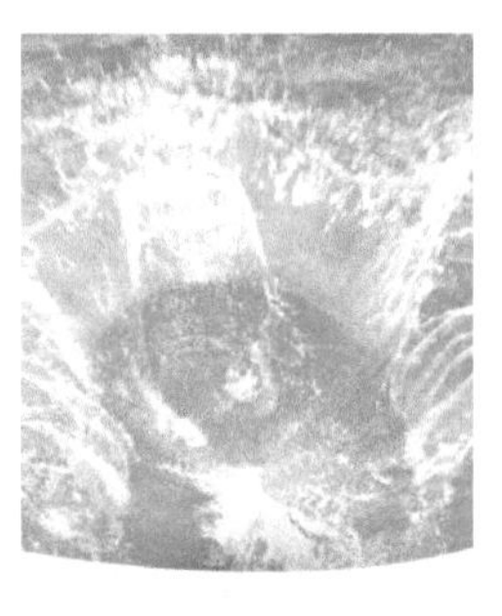

图13-157

（3）按Ctrl+O组合键，打开本书学习资源中的“Ch13 > 素材 > 制作牙膏广告 > 02”文件。选择“移动”工具，将02图片拖曳到图像窗口中的适当位置并调整其大小，效果如图13-158所示，在“图层”控制面板中生成新的图层并将其命名为“牙膏”。

图13-158

（4）新建图层并将其命名为“阴影”。按住Ctrl键的同时，单击“牙膏”图层的缩览图，图像周围生成选区。按Shift+F6组合键，在弹出的“羽化选区”对话框中进行设置，如图13-159所示，单击“确定”按钮，羽化选区。

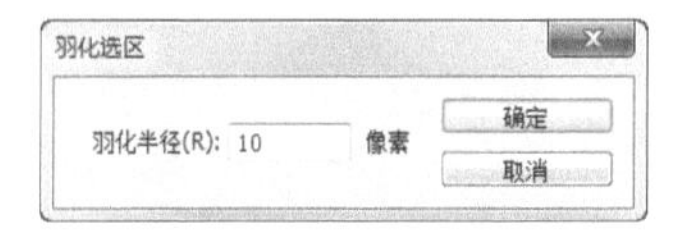

图13-159

（5）选择“渐变”工具，单击属性栏中的“点按可编辑渐变”按钮，弹出“渐变编辑器”对话框，在“位置”选项中分别输入0、50、1003个位置点，并分别设置3个位置点颜色的RGB值为：0（0、78、149）、50（0、156、207）、100（0、78、149），如图13-160所示，单击“确定”按钮。在选区中从左上方向右下方拖曳渐变色。按Ctrl+D组合键，取消选区，效果如图13-161所示。

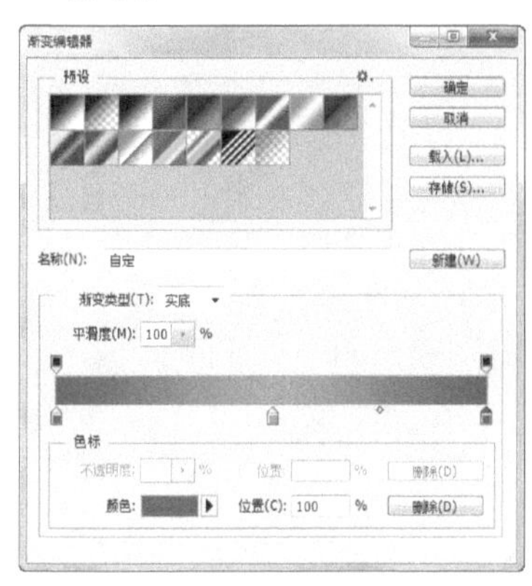

图13-160

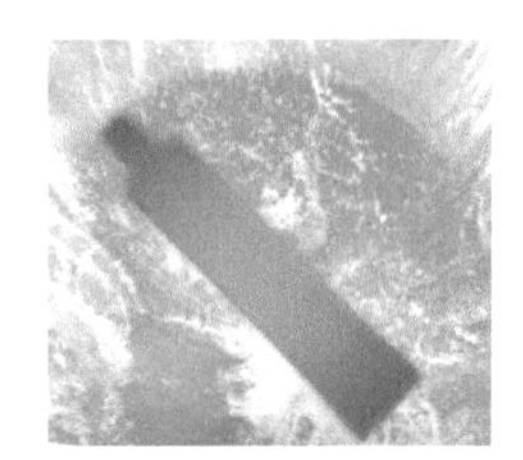

图13-161

（6）选择“移动”工具，调整阴影到适当的位置，如图13-162所示。在“图层”控制面板中，将“阴影”图层拖曳到“牙膏”图层的下方，效果如图13-163所示。按住Shift键的同时，单击“牙膏”图层，将两个图层同时选取，拖曳到控制面板下方的“创建新图层”按钮上进行复制，生成新的副本图层。在图像窗口中调整其位置、大小和角度，效果如图13-164所示。

（7）选择“横排文字”工具，分别在适当的位置输入需要的文字并选取文字，在属性栏中选择合适的字体并设置大小，效果如图13-165

所示，在“图层”控制面板中分别生成新的文字图层。选择“清新”文字图层。单击鼠标右键，在弹出的菜单中选择“栅格化文字”命令，将文字层转换为图像图层。

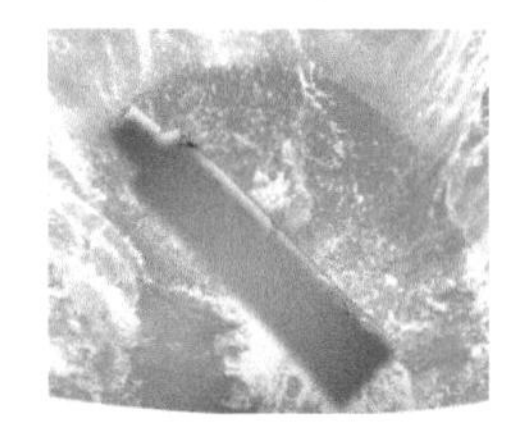

图13-162

图13-163

图13-164

图13-165

（8）按住Ctrl键的同时，单击该图层的缩览图，图形周围生成选区。选择“渐变”工具，单击属性栏中的“点按可编辑渐变”按钮，弹出“渐变编辑器”对话框，将渐变色设为从深蓝色（其R、G、B值分别为0、78、149）到蓝色（其R、G、B值分别为0、156、207），如图13-166所示，单击“确定”按钮。按住Shift键的同时，在选区中从上向下拖曳渐变色。按Ctrl+D组合键，取消选区，效果如图13-167所示。

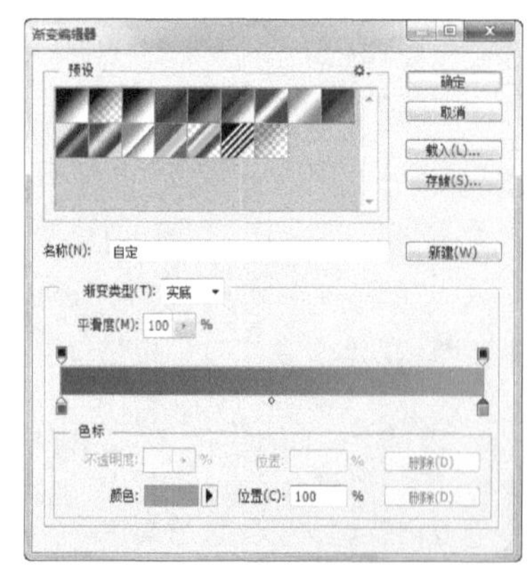

图13-166

图13-167

（9）用相同的方法为其他文字填充渐变色，效果如图13-168所示。选择“清新”图层。按Ctrl+T组合键，图像周围出现变换框，按住Ctrl+Shift组合键的同时，向上拖曳变换框右上角的控制手柄，使文字斜切变形，效果如图13-169所示。用相同的方法变形其他文字，效果如图13-170所示。

图13-168

图13-169

图13-170

（10）单击“图层”控制面板下方的“添加图层样式”按钮，在弹出的菜单中选择“描边”命令，弹出对话框，将描边颜色设为白色，其他选项的设置如图13-171所示，单击“确定”按钮，效果如图13-172所示。用相同的方法为其他文字添加描边，效果如图13-173所示。

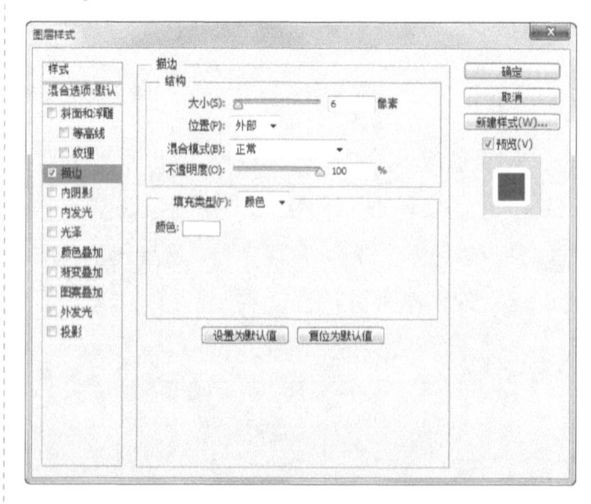

图13-171

图13-172

清新无限 酷爽非常

图13-173

（11）按Ctrl+O组合键，打开本书学习资源中的“Ch13 > 素材 > 制作牙膏广告 > 03”文件。选择“移动”工具，将03图片拖曳到图像窗口中的适当位置并调整其大小，效果如图13-174所示，在“图层”控制面板中生成新的图层并将其命名为“绿叶”。

图13-174

（12）新建图层并将其命名为“星光”。选择“画笔”工具，在属性栏中单击“画笔”选项右侧的按钮，弹出画笔选择面板，单击面板右上方的按钮，在弹出的菜单中选择“混合画笔”，弹出提示对话框，单击“追加”按钮。在画笔面板中选择需要的图形，如图13-175所示，将“大小”选项设为130像素。在图像窗口中适当的位置单击鼠标绘制图形，效果如图13-176所示。

图13-175

图13-176

（13）单击属性栏中的“切换画笔面板”按钮，弹出“画笔”选择面板，设置如图13-177所示，在图像窗口中适当的位置单击鼠标绘制图形，效果如图13-178所示。

（14）新建图层并将其命名为“白色方块”。选择“钢笔”工具，在属性栏中的“选择工具模式”选项中选择“路径”，在图像窗口中绘制多个大小不同的三角形，效果如图13-179所示。按Ctrl+Enter组合键，将路径转化为选区。按Alt+Delete组合键，用前景色填充选区。按Ctrl+D组合键，取消选区，效果如图13-180所示。

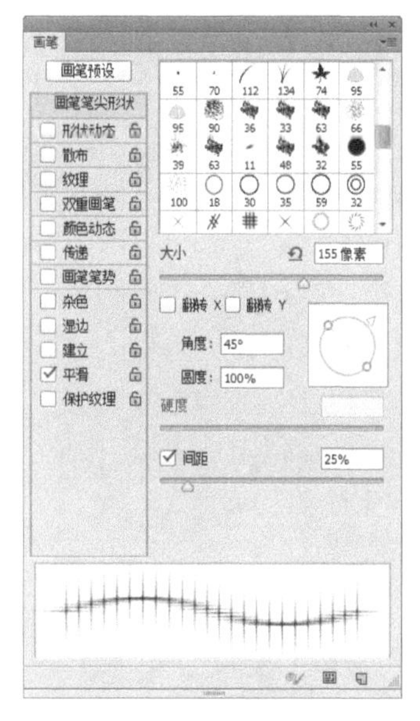

图13-177

图13-178

图13-179

图13-180

（15）选择“横排文字”工具，分别在适当的位置输入需要的文字并选取文字，在属性栏中分别选择合适的字体并设置其大小，效果如图13-181所示，在“图层”控制面板中分别生成新的文字图层。按住Shift键的同时，将输入的文字图层同时选取。

（16）按Ctrl+T组合键，文字周围出现变换框，按住Ctrl键的同时，拖曳变换框右上方的控制手柄，使文字斜切变形，按Enter键确认操作，效果如图13-182所示。选取文字“大功能……”，选择“窗口 > 字符”命令，弹出面板，将“设置所选字符的字距调整”选项设为100，按Enter键确认操作，效果如图13-183所示。

图13-181

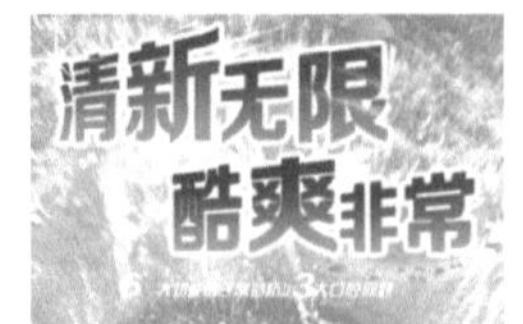

图13-182

图13-183

（17）单击“图层”控制面板下方的“添加图层样式”按钮，在弹出的菜单中选择“描边”命令，弹出对话框，将描边颜色设为深蓝色（其R、G、B的值分别为0、64、121），其他选项的设置如图13-184所示，单击“确定”按钮，效果如图13-185所示。

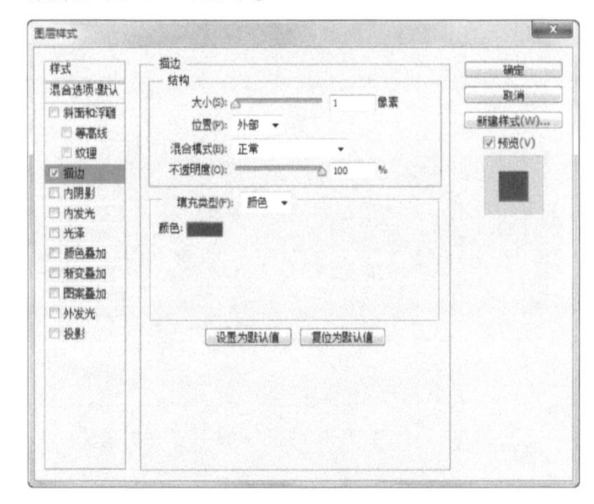

图13-184

图13-185

（18）在“大功能……”文字图层上单击鼠标右键，在弹出的菜单中选择“拷贝图层样式”命令，拷贝图层样式。分别在“6”“3”文字图层上单击鼠标右键，在弹出的菜单中选择“粘贴图层样式”命令，粘贴图层样式，效果如图13-186所示。

（19）选择“横排文字”工具，在适当的位置输入需要的文字并选取文字，在属性栏中选择合适的字体并设置大小，在“图层”控制面板中生成新的文字图层。按Ctrl+T组合键，文字周围出现变换框，按住Ctrl键的同时，拖曳变换框右上方的控制手柄，使文字斜切变形，按Enter键确认操作，效果如图13-187所示。

图13-186

图13-187

（20）单击“图层”控制面板下方的“添加图层样式”按钮，在弹出的菜单中选择“描边”命令，弹出对话框，在“填充类型”选项的下拉列表中选择“渐变”，单击“渐变”选项右侧的“点按可编辑渐变”按钮，弹出“渐变编辑器”对话框，将渐变色设为从深蓝色（其R、G、B值分别为0、48、121）到蓝色（其R、G、B值分别为0、147、220），如图13-188所示，单击“确定”按钮。返回到相应的对话框，其他选项的设置如图13-189所示，单击“确定”按钮，效果如图13-190所示。

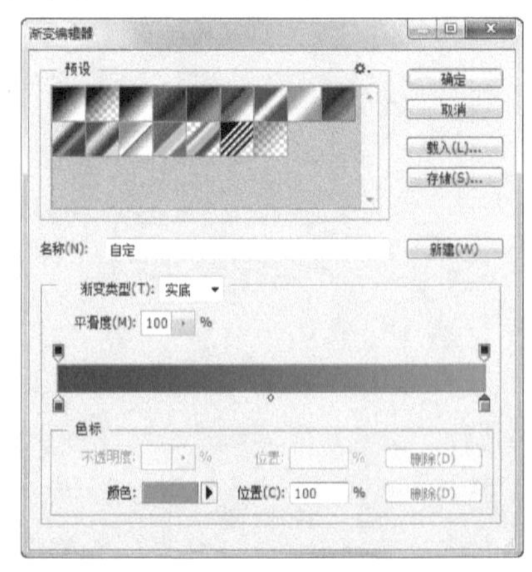

图13-188

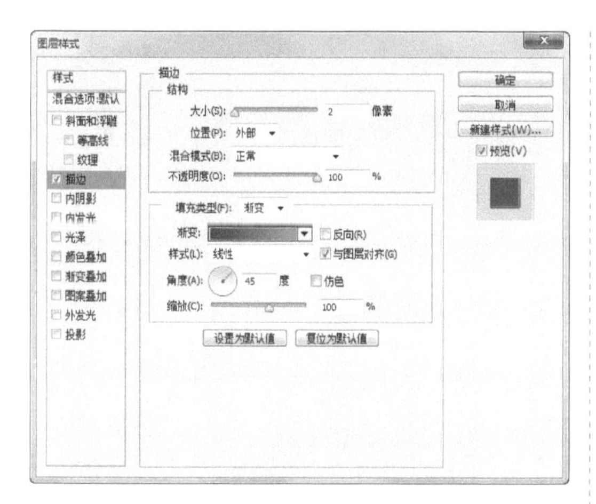

图13-189

图13-190

（21）将前景色设为红色（其R、G、B值分别为225、51、50）。选择“横排文字”工具T，分别在适当的位置输入需要的文字并选取文字，在属性栏中分别选择合适的字体并设置大小，效果如图13-191所示，在“图层”控制面板中分别生成新的文字图层。

图13-191

（22）选择“中天”图层。单击“图层”控制面板下方的“添加图层样式”按钮fx，在弹出的菜单中选择“斜面和浮雕”命令，在弹出的对话框中进行设置，如图13-192所示，单击“确定”按钮，效果如图13-193所示。

（23）在“中天”文字图层上单击鼠标右键，在弹出的菜单中选择“拷贝图层样式”命令，拷贝图层样式。在“zhong tian”文字图层上单击鼠标右键，在弹出的菜单中选择“粘贴图层样式”命令，粘贴图层样式，效果如图13-194所示。

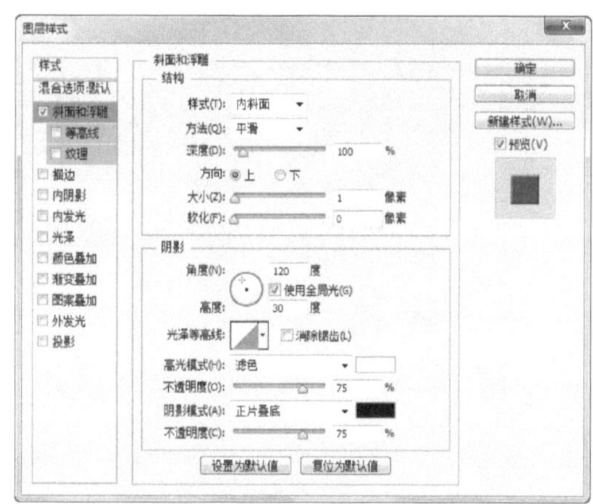

图13-192

图13-193

图13-194

（24）按Ctrl+O组合键，打开本书学习资源中的“Ch13 > 素材 > 制作牙膏广告 > 04、05”文件。选择“移动”工具，将04、05图片拖曳到图像窗口中的适当位置并分别调整其大小，效果如图13-195所示，在“图层”控制面板中分别生成新的图层并将其命名为“文字”“图形”。牙膏广告制作完成，效果如图13-196所示。

图13-195

图13-196

课堂练习1——制作狗粮广告

练习1.1 项目背景及要求

1. 客户名称

Sanpo宠物食品有限公司。

2. 客户需求

Sanpo宠物食品有限公司是一家生产和营销宠物食品的公司。本例是一款新狗粮的宣传广告，主要针对的客户是爱狗爱宠的普通大众，要求能够体现出新产品的主要功能和特色，表现出营养均衡、健康美味的理念。

3. 设计要求

（1）使用橙色和黄色作为背景，营造出明亮、温暖的氛围，给人健康和欢快感。

（2）狗狗与新产品的搭配，迎合爱宠人物的喜好，增加亲近感。

（3）图片和文字完美搭配，醒目直观，宣传性强。

（4）装饰图形的搭配起到点缀的效果，增强画面的活泼感。

（5）设计规格为87mm（宽）×52mm（高），分辨率为300像素/英寸。

练习1.2 项目创意及制作

1. 设计素材

图片素材所在位置：本书学习资源中的“Ch13/素材/制作狗粮广告/01~03”。

文字素材所在位置：本书学习资源中的“Ch13/素材/制作狗粮广告/文字文档”。

2. 设计作品

设计作品效果所在位置：本书学习资源中的“Ch13/效果/制作狗粮广告.psd”，最终效果如图13-197所示。

3. 制作要点

使用通道控制面板、色阶命令和画笔工具抠出小狗图片，使用图层样式为图片添加投影效果，使用横排文字工具宣传文字。

图13-197

课堂练习2——制作冰霜夏日广告

练习2.1　项目背景及要求

1. 客户名称

思源月商城。

2. 客户需求

思源月商城是一家平民化的网上综合性购物商城，致力于打造更贴合平民大众的线上购物平台。该商城现阶段需要设计一个关于夏日低价折扣的广告，要求能突出体现广告宣传的主题，同时符合清爽、夏日的宣传特点。

3. 设计要求

（1）使用淡蓝色的主体色，营造出清凉、舒适的氛围。

（2）立体化的文字突出宣传主题，同时给人信服感。

（3）放射光的设计形成具有冲击力的画面，突出主题。

（4）以真实、直观的方式向用户传达宣传信息。

（5）设计规格为71mm（宽）×57mm（高），分辨率为300 像素/英寸。

练习2.2　项目创意及制作

1. 设计素材

图片素材所在位置：本书学习资源中的“Ch13/素材/制作冰霜夏日广告/01～05”。

2. 设计作品

设计作品效果所在位置：本书学习资源中的“Ch13/效果/制作冰霜夏日广告.psd”，最终效果如图13-198所示。

3. 制作要点

使用移动工具和图层蒙版制作图片融合，使用矩形工具、直接选择工具和动作面板制作背景装饰线条，使用横排文字工具和变换命令添加并编辑文字。

图13-198

课后习题1——制作美食广告

习题1.1 项目背景及要求

1. 客户名称

玉石龙餐厅。

2. 客户需求

玉石龙餐厅是一家规模庞大、菜系众多的餐饮经营公司，现阶段餐厅需设计一个关于酸辣鸡杂饭的美食广告。广告要求不仅展现酸辣鸡杂饭的配菜和吃法，还要强调酸辣鸡杂饭对人们身心健康的益处，起到宣传的效果。

3. 设计要求

（1）设计风格要求高端大气，制作精良。

（2）体现出酸辣鸡杂饭独有的特色。

（3）画面色彩以红色和黄色为主，增强食欲感。

（4）以真实、简洁的方式向用户传达信息内容。

（5）设计规格为119mm（宽）×59mm（高），分辨率为300像素/英寸。

习题1.2 项目创意及制作

1. 设计素材

图片素材所在位置：本书学习资源中的“Ch13/素材/制作美食广告/01～10”。

文字素材所在位置：本书学习资源中的“Ch13/素材/制作美食广告/文字文档”。

2. 设计作品

设计作品效果所在位置：本书学习资源中的“Ch13/效果/制作美食广告.psd”，最终效果如图13-199所示。

3. 制作要点

使用移动工具和图层混合模式制作背景效果，使用椭圆工具、图层样式和横排文字工具制作宣传美食主体，使用椭圆工具、图层蒙版和横排文字工具制作美食。

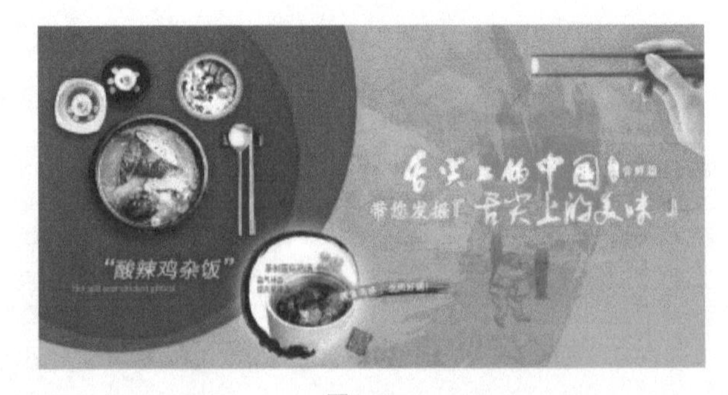

图13-199

课后习题2——制作房地产广告

习题2.1　项目背景及要求

1. 客户名称

优悦乐房产开发有限公司。

2. 客户需求

优悦乐房产开发有限公司是一家以新楼盘开发和二手房买卖为主的综合性房产企业。本例是为新开发的住宅楼盘设计的宣传广告，设计要求能够体现出自然、田园的居住环境和现代、舒适的楼房建筑，能够让人一目了然。

3. 设计要求

（1）草地与花车的完美融合展示出自然清新的居住氛围。

（2）将楼房与自然环境相融合，突出宣传主体，表现出安全稳重之感。

（3）图文合理搭配，能够清晰地表明广告信息。

（4）简洁直观的设计给人干练的舒适感，能够突显公司的服务特色。

（5）设计规格为41mm（宽）×53mm（高），分辨率为300像素/英寸。

习题2.2　项目创意及制作

1. 设计素材

图片素材所在位置：本书学习资源中的“Ch13/素材/制作房地产广告/01~05”。

2. 设计作品

设计作品效果所在位置：本书学习资源中的“Ch13/效果/制作房地产广告.psd”，最终效果如图13-200所示。

3. 制作要点

使用图层蒙版和画笔工具擦除不需要的花车背景效果，使用外发光命令为建筑添加外发光，使用动感模糊滤镜命令制作楼房的背景模糊效果，使用横排文字工具添加宣传性文字。

图13-200

13.5 制作果汁饮料包装

13.5.1 项目背景及要求

1. 客户名称

黄湖云天饮品有限公司。

2. 客户需求

黄湖云天饮品有限公司是一家生产、经营和销售各种饮料产品的公司。本例是为饮料公司设计的葡萄果粒果汁包装，主要针对的消费者是关注健康、注意营养膳食结构的人群。在包装设计上，要体现出果汁来源于新鲜水果的概念。

3. 设计要求

（1）暗绿色的背景突出前方的产品和文字，起到衬托的效果。

（2）图片和文字展示出产品口味和特色，体现出新鲜清爽的特点，给人健康活力的印象。

（3）易拉罐展示出包装的材质，用明暗变化使包装更具真实感。

（4）整体设计简单大方，颜色清爽明快，易使人产生购买欲望。

（5）设计规格为48mm（宽）×72mm（高），分辨率为300像素/英寸。

13.5.2 项目创意及制作

1. 设计素材

图片素材所在位置：本书学习资源中的“Ch13/素材/制作果汁饮料包装/01～04”。

文字素材所在位置：本书学习资源中的“Ch13/素材/制作果汁饮料包装/文字文档”。

2. 设计作品

设计作品效果所在位置：本书学习资源中的“Ch13/效果/制作果汁饮料包装.psd”，最终效果如图13-201所示。

3. 制作要点

使用直线工具和图层混合模式制作背景效果，使用多边形工具绘制装饰星形，使用光照效果滤镜命令制作背景光照效果，使用切变命令使包装变形，使用矩形选框工具、羽化命令和曲线命令制作包装的明暗变化。

图13-201

13.5.3 案例制作及步骤

1. 添加并编辑文字

（1）按Ctrl+O组合键，打开本书学习资源中的“Ch13 > 素材 > 制作果汁饮料包装 > 01”文件，如图13-202所示。将前景色设为黄色（其R、G、B值分别为255、255、0）。选择“横排文字”工具 T，在适当的位置输入需要的文字并选取文字，在属性栏中选择合适的字体并设置大小，效果如图13-203所示，在“图层”控制面板中生成新的文字图层。

图13-202　　图13-203

（2）单击属性栏中的“创建文字变形”按钮[图标]，弹出“变形文字”对话框，选项的设置如图13-204所示，单击“确定”按钮，效果如图13-205所示。

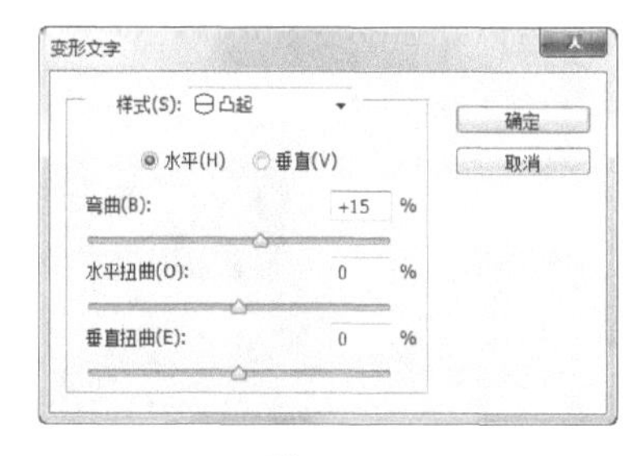

图13-204

图13-205

（3）单击“图层”控制面板下方的“添加图层样式”按钮[fx]，在弹出的菜单中选择“投影”命令，在弹出的对话框中进行设置，如图13-206所示，单击“确定”按钮，效果如图13-207所示。

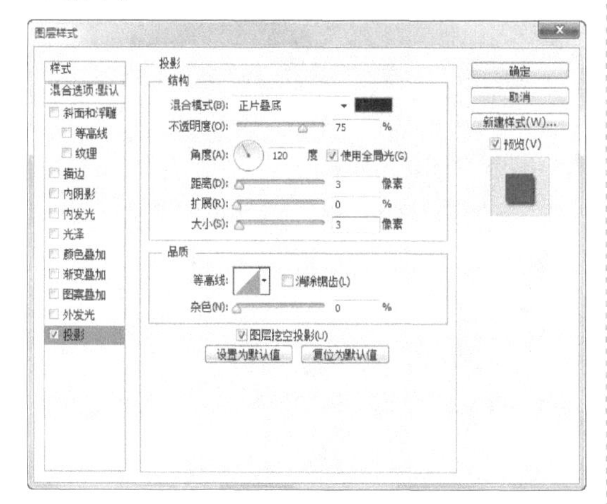

图13-206

图13-207

（4）将前景色设为白色。选择“横排文字”工具[T]，在适当的位置输入需要的文字并选取文字，在属性栏中选择合适的字体和文字大小，效果如图13-208所示，在“图层”控制面板中生成新的文字图层。

图13-208

（5）新建图层并将其命名为“注册标志”。选择“自定形状”工具[图标]，单击属性栏中“形状”选项右侧的按钮[图标]，弹出“形状”面板，选择需要的图形，如图13-209所示。在属性栏中的“选择工具模式”选项中选择“像素”，在图像窗口中适当的位置绘制图形，效果如图13-210所示。

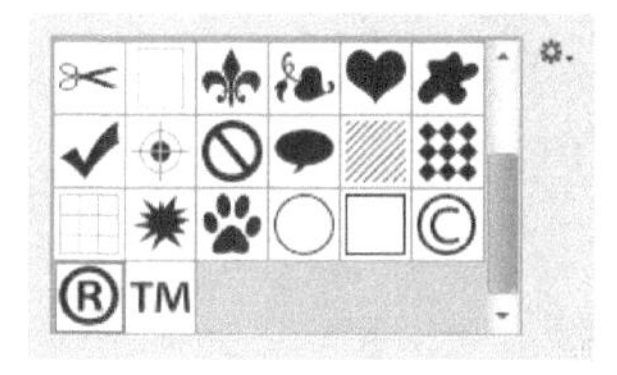

图13-209　　图13-210

（6）选择“横排文字”工具[T]，在适当的位置输入需要的文字并选取文字，在属性栏中选择合适的字体并设置大小，在“图层”控制面板中生成新的文字图层。按Ctrl+T组合键，弹出“字符”面板，设置如图13-211所示，按Enter键确认操作，文字效果如图13-212所示。

图13-211　　图13-212

（7）单击“图层”控制面板下方的“添加图

层样式”按钮![fx], 在弹出的菜单中选择“投影”命令，在弹出的对话框中进行设置，如图13-213所示，单击“确定”按钮，效果如图13-214所示。

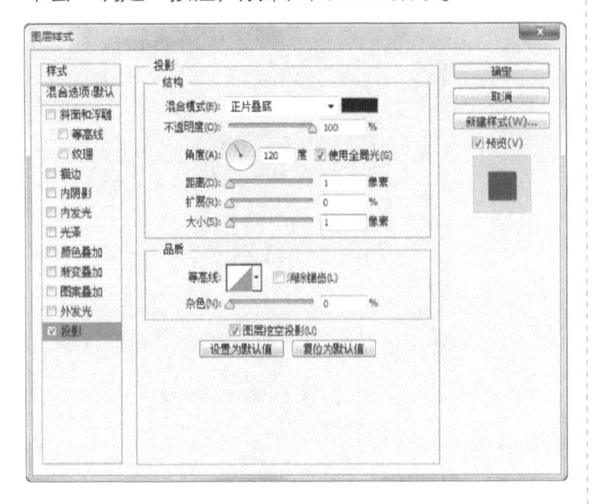

图13-213

图13-214

（8）新建图层并将其命名为“星星”。选择“自定形状”工具![], 单击属性栏中“形状”选项右侧的按钮![], 弹出“形状”面板。单击面板右上方的按钮![], 在弹出的菜单中选择“形状”，弹出提示对话框，单击“追加”按钮。在形状面板中选择需要的图形，如图13-215所示。在属性栏中的“选择工具模式”选项中选择“像素”，在图像窗口中适当的位置绘制图形，效果如图13-216所示。

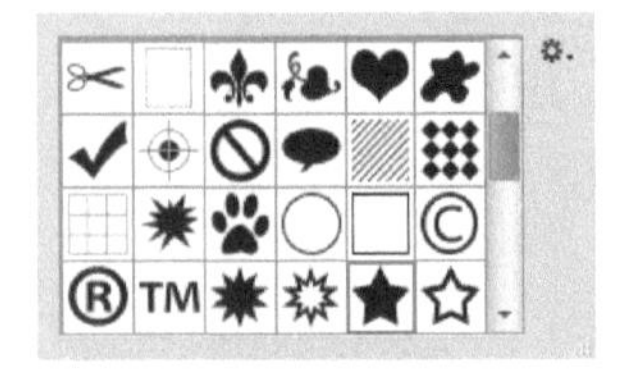

图13-215　　图13-216

（9）选择“移动”工具![], 按住Alt键的同时，拖曳星星到适当的位置，复制图形，效果如图13-217所示，在“图层”控制面板中生成新的图层“星星 副本”。

（10）将前景色设为红色（其R、G、B值分别为153、0、0）。选择“横排文字”工具![T], 在适当的位置输入需要的文字并选取文字，在属性栏中选择合适的字体并设置大小，效果如图13-218所示，在“图层”控制面板中生成新的文字图层。

图13-217　　图13-218

（11）单击“图层”控制面板下方的“添加图层样式”按钮![fx], 在弹出的菜单中选择“描边”命令，弹出对话框，将描边颜色设为白色，其他选项的设置如图13-219所示，单击“确定”按钮，效果如图13-220所示。

（12）按Shift+Ctrl+E组合键，将所有的图层合并，果汁饮料包装平面图制作完成，效果如图13-221所示。按Ctrl+S组合键，弹出“存储为”对话框，将其命名为“果汁饮料包装平面图”，保存图像为JPG格式，单击“保存”按钮，将图像保存。

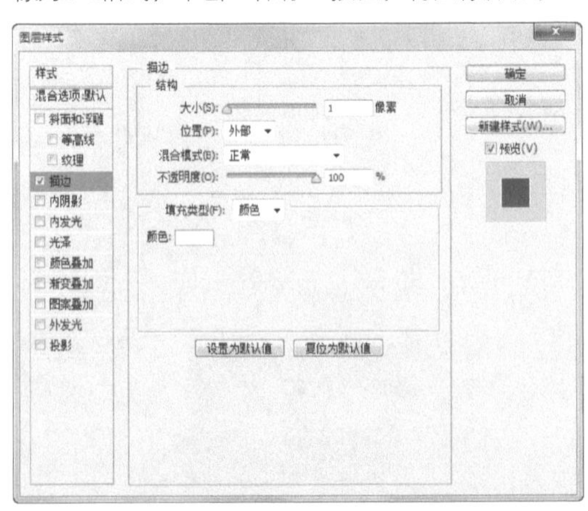

图13-219

图13-220

图13-221

2. 制作包装立体效果

（1）按Ctrl+N组合键，新建一个文件，宽度为15厘米，高度为15厘米，分辨率为72像素/英寸，颜色模式为RGB，背景内容为白色，单击“确定”按钮。将前景色设为绿色（其R、G、B的值分别为0、204、105）。按Alt+Delete组合键，用前景色填充背景图层。

（2）选择“滤镜 > 渲染 > 光照效果”命令，弹出“光照效果”面板，设置如图13-222所示，在图像窗口中调整光源，如图13-223所示，在属性栏中单击“确定”按钮，效果如图13-224所示。

图13-222

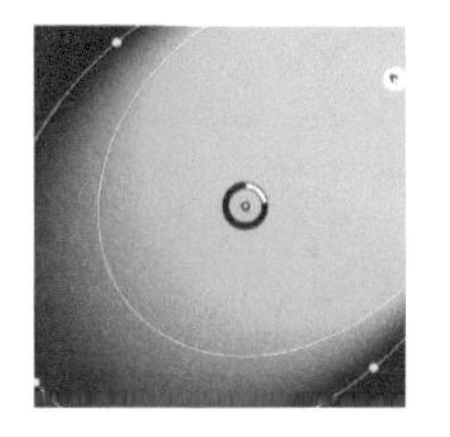

图13-223

图13-224

（3）按Ctrl+O组合键，打开本书学习资源中的“Ch13 > 素材 > 制作果汁饮料包装 > 02”文件。选择“移动”工具，将易拉罐图片拖曳到图像窗口中的适当位置并调整其大小，效果如图13-225所示，在“图层”控制面板中生成新的图层并将其命名为“易拉罐”。

（4）按Ctrl+O组合键，打开本书学习资源中的“Ch13 > 效果 > 果汁饮料包装平面图.jpg”文件。选择“移动”工具，拖曳图片到图像窗口中的适当位置，效果如图13-226所示，在“图层”控制面板中生成新的图层并将其命名为“包装平面图”。

图13-225

图13-226

（5）按Ctrl+T组合键，在图像周围出现变换框，在变换框中单击鼠标右键，在弹出的菜单中选择“旋转90度（顺时针）”命令，将图像旋转，按Enter键确认操作，效果如图13-227所示。选择“滤镜 > 扭曲 > 切变”命令，在弹出的对话框中设置曲线的弧度，如图13-228所示，单击“确定”按钮，效果如图13-229所示。

图13-227

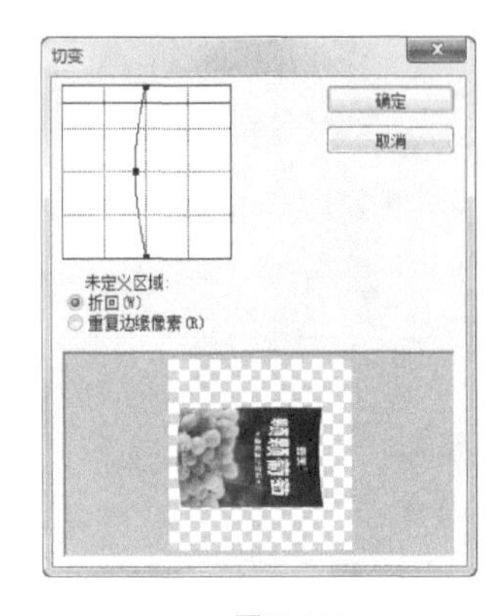

图13-228　　图13-229

（6）按Ctrl+T组合键，在图像周围出现变换框，在变换框中单击鼠标右键，在弹出的菜单中选择“旋转90度（逆时针）”命令，将图像逆时针旋转，按Enter键确认操作，效果如图13-230所示。在“图层”控制面板上方，将该图层的“不透明度”选项设为50%，如图13-231所示，按Enter键确认操作，图像效果如图13-232所示。

图13-230　　图13-231

图13-232

（7）按Ctrl+T组合键，在图像周围出现控制手柄，拖曳鼠标调整图片的大小及位置，按Enter键确认操作，效果如图13-233所示。选择“钢笔”工具，在属性栏中的“选择工具模式”选项中选择“路径”，在图像窗口中沿着易拉罐的轮廓绘制路径，如图13-234所示。

图13-233　　图13-234

（8）按Ctrl+Enter组合键，将路径转换为选区。按Shift+Ctrl+I组合键，将选区反选。按Delete键，将选区中的图像删除。按Ctrl+D组合键，取消选区，效果如图13-235所示。在“图层”控制面板上方，将该图层的“不透明度”选项设为100%，按Enter确认操作，图像效果如图13-236所示。

图13-235　　图13-236

（9）选择“矩形选框”工具，在易拉罐上绘制一个矩形选区，如图13-237所示。按Shift+F6组合键，在弹出的“羽化选区”对话框中进行设置，如图13-238所示，单击“确定”按钮，效果如图13-239所示。

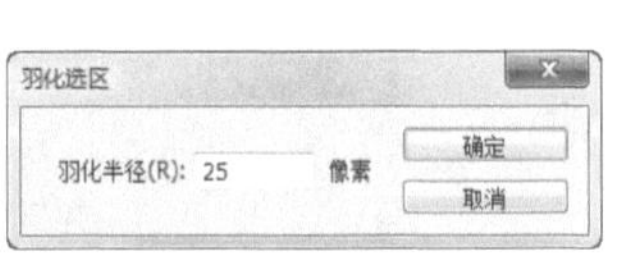

图13-237　　图13-238

图13-239

（10）按Ctrl+M组合键，在弹出的“曲线”

对话框中进行设置，如图13-240所示，单击“确定”按钮。按Ctrl+D组合键，取消选区，效果如图13-241所示。

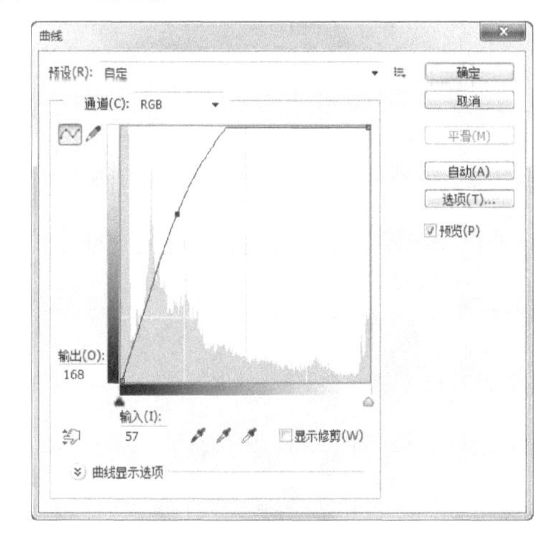

图13-240

图13-241

（11）按Ctrl+O组合键，打开本书学习资源中的“Ch13 > 素材 > 制作果汁饮料包装 > 03”文件。选择“移动”工具，将03图片拖曳到图像窗口中的适当位置并调整其大小，效果如图13-242所示，在“图层”控制面板中生成新的图层并将其命名为“高光”。在控制面板上方，将该图层的“不透明度”选项设为40%，按Enter键确认操作，效果如图13-243所示。

图13-242　　图13-243

（12）新建图层并将其命名为“阴影1”。将前景色设置为黑色。选择“椭圆选框”工具，在属性栏中将“羽化”选项设为3像素，拖曳鼠标绘制一个椭圆选区，效果如图13-244所示。按Alt+Delete组合键，用前景色填充选区。按Ctrl+D组合键，取消选区，效果如图13-245所示。

图13-244　　图13-245

（13）新建图层并将其命名为“阴影2”。选择“钢笔”工具，在图像窗口中绘制一个封闭的路径，如图13-246所示。按Shift+F6组合键，在弹出的“羽化选区”对话框中进行设置，如图13-247所示，单击“确定”按钮。按Alt+Delete组合键，用前景色填充选区。按Ctrl+D组合键，取消选区，效果如图13-248所示。

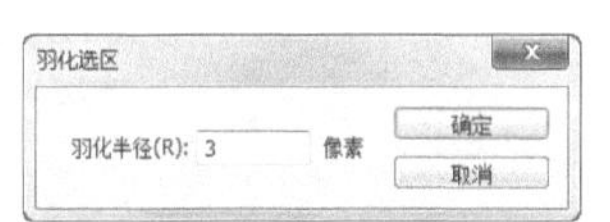

图13-246　　图13-247

图13-248

（14）在“图层”控制面板上方，将“阴影2”图层的“不透明度”选项设为70%，如图13-249所示，按Enter键确认操作，效果如图13-250所示。按住Ctrl键的同时，单击“阴影1”图层，将其同时选取，拖曳到“背景”图层的上方，图像效果如图13-251所示。果汁饮料包装效果制作完成。

图13-249

图13-250

图13-251

3. 制作包装展示效果

（1）按Ctrl+O组合键，打开本书学习资源中的“Ch13 > 素材 > 制作果汁饮料包装 > 04”文件，如图13-252所示。

（2）按Ctrl+O组合键，打开本书学习资源中的“Ch13 > 效果 > 果汁饮料包装.psd”文件。按住Shift键的同时，单击“高光”图层和“易拉罐”图层，将其同时选取。按Ctrl+E组合键，合并图层并将其命名为“效果”。选择“移动”工具，在图像窗口中拖曳选中的图片到04素材的适当位置，并调整其大小和角度，效果如图13-253所示。

图13-252

图13-253

（3）按Ctrl+J组合键，复制“效果”图层，生成新的副本图层。在图像窗口中将复制的图片拖曳到适当的位置，并调整其大小和角度，效果如图13-254所示。选择“效果”图层。将前景色设为黑色。单击“图层”控制面板下方的“添加图层蒙版”按钮，为图层添加蒙版。

（4）选择“画笔”工具，在属性栏中单击“画笔”选项右侧的按钮，弹出画笔选择面板，设置如图13-255所示，在图像窗口中单击擦除不需要的图像。用相同的方法擦除“效果 副本”图层中不需要的图像，效果如图13-256所示。果汁饮料包装制作完成，效果如图13-257所示。

图13-254

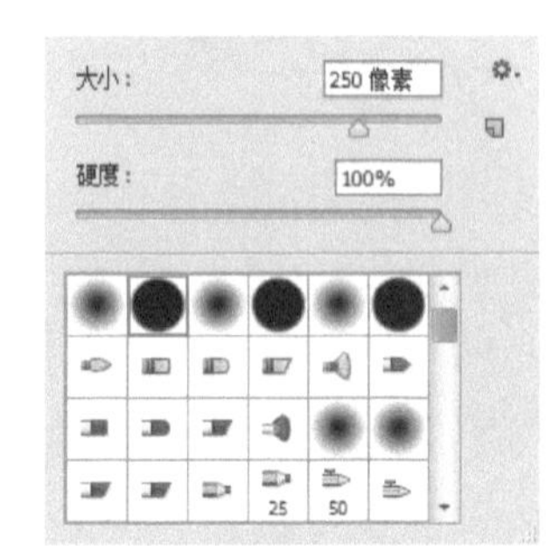

图13-255

图13-256

图13-257

课堂练习1——制作方便面包装

练习1.1　项目背景及要求

1. 客户名称

旺师傅食品有限公司。

2. 客户需求

旺师傅食品有限公司是一家以经营方便面为主的食品公司，目前其经典品牌的红烧牛肉面需要更换包装全新上市，要求制作一款方便面外包装。方便面因其方便味美得到广泛认可，所以包装设计要抓住产品特点，达到宣传效果。

3. 设计要求

（1）包装要使用红色，以体现中国传统特色。

（2）字体要使用书法字体，配合整体的包装风格，使包装更具文化气息。

（3）设计要简洁大气，图文搭配编排合理，视觉效果强烈。

（4）以真实的产品图片展示，向观者传达信息内容。

（5）设计规格为210mm（宽）×285mm（高），分辨率为300像素/英寸。

练习1.2　项目创意及制作

1. 设计素材

图片素材所在位置：本书学习资源中的“Ch13/素材/制作方便面包装/01～06”。

2. 设计作品

设计作品效果所在位置：本书学习资源中的“Ch13/效果/制作方便面包装.psd”，最终效果如图13-258所示。

3. 制作要点

使用钢笔工具和剪贴蒙版制作背景效果，使用载入选区命令和渐变工具添加亮光，使用文字工具和描边命令添加宣传文字，使用椭圆选框工具和羽化命令制作阴影，使用创建文字变形工具制作文字变形，使用矩形选框工具和羽化命令制作封口。

图13-258

课堂练习2——制作茶叶包装

练习2.1 项目背景及要求

1. 客户名称

福建茗爽茶叶股份有限公司。

2. 客户需求

福建茗爽茶叶股份有限公司生产的茶叶均选用上等原料并采用独特的加工工艺，以其“享人生之乐 品世间真味”的特色，深得国内外茶客的欢迎。公司要求制作新出品的绿茶茶叶包装，此款茶叶面向的是普通大众，所以茶叶包装要求自然平实，并且能够给人清爽、健康之感。

3. 设计要求

（1）设计人员深入了解茶叶文化，根据产品特色进行设计。

（2）包装设计要表现自然真实的特色，以茶叶作为包装封面的元素。

（3）用色能够体现出无限的生命力。

（4）以真实简洁的方式向观者传达信息内容。

（5）设计规格为71mm（宽）×50mm（高），分辨率为300像素/英寸。

练习2.2 项目创意及制作

1. 设计素材

图片素材所在位置：本书学习资源中的“Ch13/素材/制作茶叶包装/01～08”。

2. 设计作品

设计作品效果所在位置：本书学习资源中的“Ch13/效果/制作茶叶包装.psd”，最终效果如图13-259所示。

3. 制作要点

使用色阶命令和色相/饱和度命令调整图片的颜色，使用投影命令为叶子添加投影，使用钢笔工具和喷溅滤镜命令制作印章图形，使用椭圆工具和描边命令制作装饰图形，使用自由变换命令制作茶叶包装的立体效果。

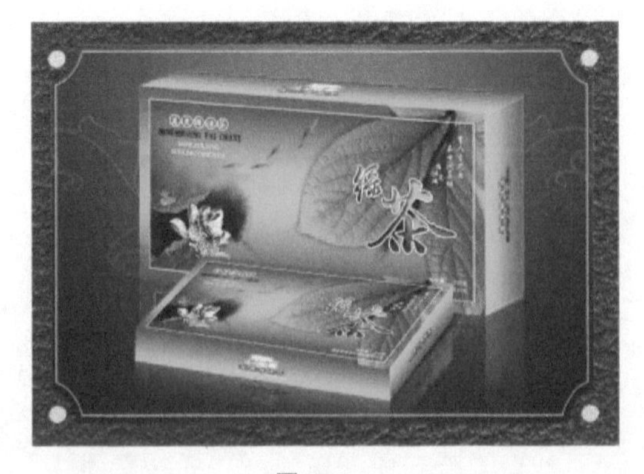

图13-259

课后习题1——制作CD唱片包装

习题1.1　项目背景及要求

1. 客户名称

星星唱片。

2. 客户需求

星星唱片是一家经营唱片印刷、唱片出版、音乐制作、版权代理及无线运营等业务的唱片公司。公司即将推出一张名为《音乐嘉年华—小提琴篇》的音乐专辑，需要制作专辑封面，封面设计要能表现出小提琴优美的音色和宽广的音域。

3. 设计要求

（1）背景图片营造出自然舒适的氛围，给人质朴率真、清爽透彻的印象。

（2）不断演奏的小提琴体现出不断延伸、柔和优美的特点。

（3）设计的文字充分表现出小提琴的韵律和节奏感，突出唱片的主题。

（4）整体设计将艺术、音乐与生活完美融合，给人亲近感。

（5）设计规格为115mm（宽）×36mm（高），分辨率为300像素/英寸。

习题1.2　项目创意及制作

1. 设计素材

图片素材所在位置： 本书学习资源中的“Ch13/素材/制作CD唱片包装/01～08”。

2. 设计作品

设计作品效果所在位置： 本书学习资源中的“Ch13/效果/制作CD唱片包装.psd”，最终效果如图13-260所示。

3. 制作要点

使用横排文字工具输入介绍性文字，使用渐变工具和图层样式制作主体文字，使用剪贴蒙版制作光盘封面，使用图层样式为图像添加投影制作包装展示效果。

图13-260

课后习题2——制作洗发水包装

习题2.1 项目背景及要求

1. 客户名称

BINGLINGHUA。

2. 客户需求

BINGLINGHUA是一家生产和经营美发护理产品的公司。现为该公司最新生产的洗发水制作产品包装，设计要求与包装产品契合，抓住产品特色。

3. 设计要求

（1）白色和绿色的包装外表，给人洁净清爽之感。

（2）水和斜雨与产品形成动静结合的画面，凸显出产品的特色。

（3）字体的设计与宣传的主体相呼应，达到宣传的目的。

（4）整体设计清新自然，易给人好感，使人产生购买欲望。

（5）设计规格为297mm（宽）×210mm（高），分辨率为72像素/英寸。

习题2.2 项目创意及制作

1. 设计素材

图片素材所在位置：本书学习资源中的“Ch13/素材/制作洗发水包装/01～07”。

2. 设计作品

设计作品效果所在位置：本书学习资源中的“Ch13/效果/制作洗发水包装.psd”，最终效果如图13-261所示。

3. 制作要点

使用渐变工具和图层混合模式制作图片渐隐效果，使用圆角矩形工具和图层样式制作装饰图形，使用横排文字工具添加宣传性文字。

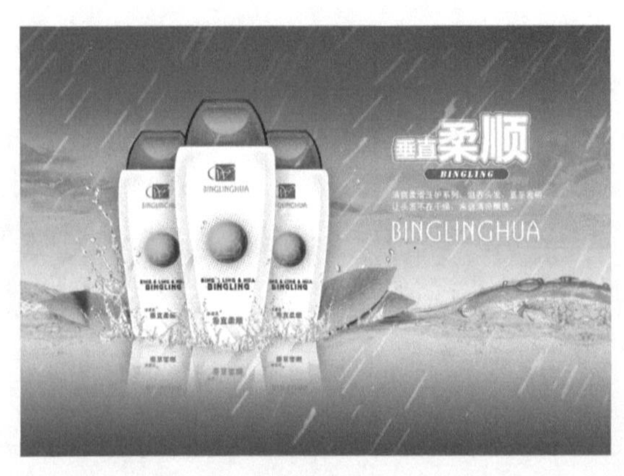

图13-261